软件定义芯片
（下册）

刘雷波　魏少军　朱建峰　邓辰辰　著

科学出版社

北　京

内 容 简 介

《软件定义芯片》共分上、下两册，本书为下册。通过回溯现代通用处理器和编程模型协同演化历程分析了软件定义芯片编程模型的研究重点，介绍了如何利用软件定义芯片的动态可重构特性提升芯片硬件安全性和可靠性，分析了软件定义芯片面临的挑战并展望未来实现技术突破的发展方向，涵盖了软件定义芯片在人工智能、密码计算、5G 通信等领域的最新研究以及面向未来的新兴应用方向。

《软件定义芯片》适合电子科学与技术和计算机科学与技术专业的科研人员、高年级研究生，以及相关行业的工程师阅读。

图书在版编目（CIP）数据

软件定义芯片. 下册/ 刘雷波等著. — 北京：科学出版社，2021.9
ISBN 978-7-03-068780-7

Ⅰ. ①软… Ⅱ. ①刘… Ⅲ. ①芯片－应用软件 Ⅳ. ①TN43-39

中国版本图书馆 CIP 数据核字（2021）第 091898 号

责任编辑：赵艳春 / 责任校对：胡小洁
责任印制：赵 博 / 封面设计：蓝正

科学出版社 出版
北京东黄城根北街 16 号
邮政编码：100717
http://www.sciencep.com
北京建宏印刷有限公司印刷

科学出版社发行 各地新华书店经销

＊

2021 年 9 月第 一 版 开本：720×1 000 1/16
2024 年 5 月第三次印刷 印张：19 3/4 插页：7
字数：380 000

定价：158.00 元
（如有印装质量问题，我社负责调换）

序

老朋友魏少军教授嘱我为其专著《软件定义芯片》作序，着实有些惶恐。少军教授是我国集成电路领域的大家，我则是芯片的外行，按理没有资格！只是一方面芯片和软件密不可分，共为信息时代各类系统最基本的构成元素，另一方面书名中涉及"软件定义"，这既和我专业相关，也是我近几年来一直在大力宣传、推广的理念，故而斗胆应允。

回顾计算机的发展历史，从 1940 年代计算机问世以来，在相当长的一段时间里，软件都是作为硬件（主体是集成电路芯片）的"附属物"形态而存在。直到 1950 年代末期，高级程序设计语言出现后，"软件"才开始作为与"硬件"对应的词被提出，并逐步成为相对独立的制品，进而形成计算机领域一个独立的分支学科。但是，直到 1970 年代后期，随着软件产业的兴起，软件才脱离硬件成为独立的产品和商品。几十年以来，软件和硬件协同发展铸就了现代信息产业的基础，为人类社会的信息化发展提供了不断升级的源动力，特别是 1990 年代中期互联网进入大规模商用之后，更是引发了一场宏大且深远的社会经济变革。我们熟知的 Wintel 体系，就是软硬件协同发展的范例。软件和集成电路共同构成了信息技术产业的核心与灵魂，发挥着巨大的使能和辐射作用。

近年来，以云计算、大数据、人工智能、物联网等为代表的新一代信息技术及其应用，已经广泛覆盖并影响到社会经济生活的方方面面，传统行业数字化转型发展已成为时代趋势，数字经济成为工业经济之后的新经济形态，数字文明正在开启，人类社会已经站在信息社会的门口。软件作为这个时代核心的使能技术之一，已经无所不在，渗透到各行各业，并促进其发生深刻变革。软件不仅是信息基础设施的重要构成成分，也正通过重新定义传统物理世界基础设施和社会经济活动基础设施，成为信息时代人类社会经济活动的基础设施，对人类文明的运行和进步起到关键支撑作用。就这个意义而言，我们正在步入一个"软件定义一切"的时代，其基本特征表现为万物均需互联、一切皆可编程。

"软件定义"是近年来信息技术领域的热点术语，发端于"软件定义的网络"，软件定义网络对网络通信行业产生了重要影响和变革，重新"定义"了传统的网络架构，甚至改变了传统通信产业结构。随后，又陆续出现了软件定义的存储、软件定义的环境、软件定义的数据中心等。当前，针对泛在信息技术资源的"软件定义一切（Software-Defined Everything，SDX）"正在重塑传统的信息技术体系，成为信息技术产业发展的重要趋势。同时，软件定义也开始延伸并走出信息世界的范畴，向物理世界和人类社会渗透，发挥全面"赋能、赋值、赋智"的重要作用，甚至开始扮演重新定义整个"人机物"融合世界图景的重要角色。

从软件技术研究者的视角，我理解的软件定义的技术本质是"基础资源虚拟化"

和"管理任务可编程",实际上,这也一直都是计算操作系统设计与实现的核心原则,关注点在于将底层基础设施资源进行虚拟化并开放 API,通过可编程的方式实现灵活可定制的资源管理,同时,凝练和承载行业领域的共性,以更好支撑和适应上层业务系统的需求和变化。因此,我将"软件定义"视为一种基于平台思维的方法学,所谓"SDX",意味着构造一个针对"X"的"操作系统"。

最近几年,我和我的团队一直在计算系统和工业物联领域开展软件定义的研究和实践,取得了一些不错的成果,同时,我也尽力在不同的场合宣传和推广软件定义理念,包括针对制造、装备、智慧城市、智慧家庭等行业和领域。不过,从来没有想到过芯片。由于软件必须运行在芯片之上,我的思维惯性导致我一直认为,似乎只能针对基于芯片构建的系统进行软件定义。第一次听到"软件定义芯片"一词还是从少军教授处。2018 年底,他组织第三届未来芯片论坛,主题就是"可重构芯片技术(软件定义芯片)",邀我就"软件定义一切"做了一个报告,同时也给了我学习了解软件定义芯片的机会,拓展了我对软件定义的认知。

集成电路拥有人类历史上最复杂的设计制造工艺,它的发展高度凝聚了人类智慧的结晶。同时,集成电路也是支撑国家经济社会发展和保障国家安全的战略性、基础性和先导性产业,是我们国家战略必争的研究领域。特别地,随着信息技术的不断突破,大量新兴应用领域不断涌现并迅猛发展,对数据处理和计算效率提出了极高的要求,传统的芯片架构面临巨大挑战,数字芯片难以同时兼具高能效和高灵活性成为国际公认的难题。

少军教授团队基于在集成电路设计方法学研究上的深厚积累,提出了软件定义芯片架构与设计范式,实现了软件对芯片功能的动态定义,推动了数字芯片架构和设计范式的变革,在广义计算芯片领域形成了引领,其研究也为软件定义时代面临的共性问题提供了重要的借鉴。我非常高兴地看到,他们基于对信息产业技术趋势的把握和长期在相关领域的研究成果,对软件定义芯片的发展背景、技术内涵、关键应用和未来发展等进行了深刻阐述,形成了我国在该领域的第一部专著。在此,谨致以真诚的祝贺!

相信本书能为信息技术科研人员和从业人员提供重要的参考,从而加深对"软件定义"的认识和理解,并为推动我国信息技术人才培养、产业发展和生态建设贡献积极力量。

是为序。

梅宏

辛丑年孟夏

前　　言

　　自 2006 年起，我们团队就开始研究动态可重构芯片。2014 年，我们撰写了《可重构计算》一书，在科学出版社出版。该书介绍了可重构计算的基本概念，以及动态可重构芯片的硬件架构、映射机制等技术。近 5～6 年来，我们在前期可重构计算研究的基础上，进一步开展了对软件定义芯片理论与技术的研究工作。软件定义芯片与动态可重构芯片存在很大交集，但也有不小差异。动态可重构芯片是从芯片向上看问题，更侧重如何解决电路本身存在的问题，而软件定义芯片是从系统向下看问题，除一如既往关注电路外，还会重点关注编程范式、编译系统等方面。经过我们团队的持续努力，在软件定义芯片所涉及的固态电路、计算机体系结构、电子设计自动化等领域相继发表了数十篇有一定影响力的学术论文，授权了多项国内外发明专利，实现了一系列面向商业市场和面向国家重大工程的技术应用，解决了工业生产中存在的一些实际难题。现在能将我们团队在软件定义芯片上的研究积累、对前沿工作的分析以及对计算芯片未来发展的思考整理成书，与广大读者分享。需要说明的是，我们水平很有限，如果书中有描述不妥之处，还请业内同行多多批评指正。

　　软件定义芯片是一种计算芯片架构设计的新范式，希望能够打破软件和硬件之间的隔阂，用软件直接定义硬件的运行时功能，使芯片能够随着软件变化而快速变化，兼具高性能、低功耗、高灵活性、高可编程性、容量不受限和易于使用这些传统计算芯片难以同时具备的特点。软件定义芯片之所以具备这样的技术优势，其主要原因有二：第一，采用以粗粒度为主的混合粒度可编程单元架构而不是传统的细粒度查找表逻辑，冗余资源因此大幅减小，能量效率相比传统可编程器件（如 FPGA）有 1～2 个数量级的提高，相比指令驱动处理器（如 CPU）有 2～3 个数量级的提高，可达到与专用电路（如 ASIC）同一量级；第二，支持动态局部重构，重构时间可缩短到纳秒量级，承载容量因此可通过硬件的快速时分复用得到扩展，不再受晶体管物理规模的限制。换句话说，与 CPU 可以运行任意规模的软件代码类似，一款软件定义芯片装得下任意规模、任意门数的数字逻辑，这跟 FPGA 大不相同。同时，动态重构比静态重构更加契合软件程序的串行化特性，在使用高级语言编程时效率更高，不具备电路知识的软件人员采用纯软件思维就能对软件定义芯片进行高效的编程。使用门槛降低将实现真正意义上的芯片敏捷开发，加快应用的迭代与系统部署速度，大大拓展芯片使用范围。

　　《软件定义芯片》分上、下两册。上册主要介绍了软件定义芯片的概念演变、技术原理、关键问题、硬件架构以及编译系统。本书为下册，将围绕如下这些问题进行阐述：软件定义芯片的易用性是如何实现的？编程模型面临怎样的挑战？在安全性和可靠性上具有哪些本征优势？软件定义芯片目前仍面临哪些技术难点？未来的技术发展趋势又是怎样的？已经在哪些领域实现了技术应用？应用效果相比较于传统计算芯片有哪些优势？未来在哪些领域更有发展前景？

　　本书共分为五章：第 1 章介绍了软件定义芯片的编程模型，通过回溯现代通用处理器体系结构和编程模型协同演化的历程，分析了作为新兴计算架构的软件定义芯片的编程模型和芯片设计该如何应对半导体器件工艺发展不平衡带来的"内存墙""功耗墙""I/O 墙"等难题，并总结出编程模型的三元悖论,即编程模型无法同时获得高通用性、高开发效率和高执行效率，提出了针对软件定义芯片编程模型困境的三个可能研究方向。第 2 章介绍了软件定义芯片的本征安全性和可靠性。在安全性方面，以密码芯片的故障攻击为例，介绍如何利用动态局部重构特性来提高抵御侧信道攻击的能力，以及如何充分利用丰富的阵列计算单元与互连资源来构建物理不可克隆函数（PUF），从而提高硬件安全性。在可靠性方面，以软件定义芯片的片上网络为例，介绍了高效的拓扑结构重构方法以提高系统的容错能力，以及拓扑结构动态改变后的算法映射优化技术。第 3 章重点阐述了软件定义芯片在灵活性、高效性和易用性等方面所面临主要技术瓶颈，进而探讨了新型设计理念的可能性，并展望软件定义芯片技术的未来发展趋势。第 4 章分析了软件定义芯片的目标应用领域，介绍了人工智能、5G 通信、加解密、图计算、网络协议处理等应用在软件定义芯片上的设计实例。第 5 章对软件定义芯片在未来新兴场景中的应用进行了展望，重点对软件定义芯片在可演化智能计算、后量子密码以及全同态加密等新兴技术中的应用进行了分析。

　　本书凝聚了清华大学可重构计算团队 10 多年的集体智慧。感谢众多博士后、博士生、硕士生、本科生，以及工程师们的不懈努力。他们是朱建峰、邓辰辰、朱文平、姜红兰、何家骧、杨博翰、李兆石、张能、莫汇宇、满星辰、陈龙龙、黄羽丰、吴一波、孙伟艺、陈迪贝、原宝芬、孙立伟、李昂、陈锦溢、孔祥煜、王汉宁和寇思明等。感谢魏少军教授对本书撰写工作的大力支持与指导，特别感谢我国计算机软件领域著名专家梅宏院士百忙之中对本书的内容进行审阅并作序。最后，还要感谢我的爱人和孩子们（拓拓和兜兜）对我工作的理解和宽容，你们是我今后继续努力和前进的重要动力！

刘雷波

刘雷波

2021 年 6 月于清华园

目　录

上　册

<h1 style="text-align:center">下　　册</h1>

彩图

第 1 章　编 程 模 型

All problems in computer science can be solved by another level of indirection, except for the problem of too many layers of indirection.

计算机科学中几乎所有的难题都可以通过增加中间层解决，但计算机科学的难题在于已经有了太多中间层。

—— David Wheeler[1]

软件定义芯片与 ASIC 的最大区别在于，软件定义芯片需要像通用处理器那样执行用户编写的软件。ASIC 仅针对特定应用，它只需提供专用的 API，无须考虑程序员如何对其进行编程的问题。而软件定义芯片的功能，最终是靠程序员来实现的。一套硬件能吸引大量用户投入精力开发软件的一个必要条件是硬件上的软件是向前兼容的：即使新一代的硬件设计发生了翻天覆地的变化，之前用户编写的软件依然可以在新的芯片上正确运行。软件与硬件间进行对话的"语言"即编程模型。

广义的编程模型是指从应用到芯片之间的所有抽象层次。通用处理器芯片在漫长的发展过程中，逐渐形成了由编程语言、编译器中间表示、指令集架构等抽象层次构成的复杂的层次化中间层(indirection)模型。在这些模型中，上层中间层依次掩藏下层中间层的复杂性。例如，为了掩藏指令集架构层指令计数器可以任意跳转(如 x86 指令集中的 jump 类指令)所带来的复杂流程控制，编程语言层提供了多种流程控制语句，如 C 语言中的语句。这样程序员在开发应用时，只需要面向特定中间层开发应用，而无须考虑底层实现的复杂性。

然而，作为一种与通用处理器和 ASIC 在芯片架构和编程模型设计上都不同的新兴计算架构，软件定义芯片的编程模型面临着"先有鸡还是先有蛋"的困境：没有软件定义芯片的编程模型，软件定义芯片的芯片设计如"无源之水"，缺少指引芯片设计方向的软件；没有软件定义芯片的芯片设计，软件定义芯片的编程模型设计如"无本之木"，缺少检验编程模型有效性的硬件。

为了破解这个僵局，本章将回溯现代通用处理器体系结构和编程模型协同演化的历程。1.1 节详细分析僵局的成因和影响。1.2 节考察现代编程模型的中间层结构，然后从中归纳出三种编程模型的设计路线。1.3 节考察芯片设计和编程模型应当如何应对半导体器件工艺发展不平衡带来的"三堵高墙"，即"内存墙"、"功耗墙"和"I/O 墙"。越来越复杂的硬件催生了五花八门的编程模型。1.4 节将从编程模型的演化历程总结"编程模型三元悖论"：新的编程模型无法同时获得高通用性、高开发效率和高执行效率，最多只能同时实现两个目标，而放弃另一个目标。结合计算系统抽象层次对硬件复杂性的处理方法，可以经验性地说明三元悖论的合理性。最后，1.5 节基于"三元悖论"，针对软件定义芯片的编程模型困境提出三个可能的研究方向。

1.1　软件定义芯片的编程模型困境

在过去 60 年里，人类创造了一个指数增长的奇观：芯片性能持续指数增长，芯片之上的应用愈发复杂多样。编程模型作为芯片与应用之间的契约，借由契约的前后一致性，确保了过去的应用可以方便地移植到未来的芯片上。但摩尔定律的终结，如釜底抽薪，破坏了计算产业的奇观。对于软件定义芯片，必须将芯片设计从旧的契约中解放出来，重新思考芯片、编程模型和应用的关系。

没有软件定义芯片编程模型，软件定义芯片的体系结构设计如"无源之水"，缺少指引硬件设计方向的软件。体系结构研究中，对硬件范式转换最直接的应对方法是发明一种新的(领域定制)编程模型。尽管新编程模型在短期内很有吸引力，但这通常意味着程序员必须重新编写代码，并且会给软件开发团队带来严重的理解、交流障碍，令学习曲线变得陡峭。而在硬件架构快速迭代的阶段，直接花费大量人力物力，针对不断演化的体系结构设计开发自动化的编译器也不现实。这导致在设计新硬件范式时，目标应用难以对硬件设计中的决策进行快速响应，因而通常面临无软件可用的困境。

没有软件定义芯片体系结构，软件定义芯片的编程模型设计如"无本之木"，缺少给编程模型开发提供着力点的硬件。编程模型的作用是掩藏复杂的硬件机制。在摩尔定律对增强通用处理器性能还有效的时代，编程模型的设计远比今天简单。虽然处理器的硬件机制可能在代际之间发生巨变，但是新一代处理器的指令集架构(instruction set architecture，ISA)只需要增加少数几条或几类指令。因此，上一代的编程模型、编译器和编程语言只需要做少许改动便可应用在新一代处理器上。然而，随着摩尔定律在增强处理器性能方向上的失效，定制化成为新一代硬件最重要的性能来源。这些定制化硬件很难用一套统一的或者类似的 ISA 进行抽象。所以，不同的新硬件都需要不同的编程模型。在新兴硬件范式还没有定型之时，编程模型难以明确到底要掩藏哪些硬件机制。

如果无法解决这个"先有鸡或者先有蛋"的悖论，软件定义芯片的发展将会面临两种结局，即要么由软件无法适应而导致硬件发展停滞，要么软件无法利用硬件进行创新。为了打破这种僵局，需要从根本上重新思考如何设计、编程和使用软件定义芯片。

我们相信，通过回溯现代通用处理器体系结构和编程模型协同演化的历程，对历史经验进行反思和概念探讨，可以克服常识的零散和碎片化，进而更为连贯一致地理解软件定义芯片编程模型的设计方法。

1.2　三 条 路 线

正如本章引言所述，中间层是计算行业增长和生产力进步的主要驱动力。如今大多数计算机专业从业者可能都不知道现代微处理器的工作原理和半导体制程的工艺流程。但是通过维护这些层层相扣的中间层，计算机专业从业者可以在更高的抽象层次，如使用 Python，高效率地进行编码工作。由此才使得今天的应用得以百花齐放。

图 1-1 展示了当代计算行业中，自顶(应用)向下(芯片)的典型中间层。按照传统的软硬件划分方法，自 ISA 以上是软件，ISA 以下是硬件。越靠上的中间层抽象层次越高，程序的开发效率越高；越靠下的中间层复杂度越高，程序的执行效率越高。引入新的中间层的目的，就是要掩藏其下方中间层的复杂性，从而提高开发效率。

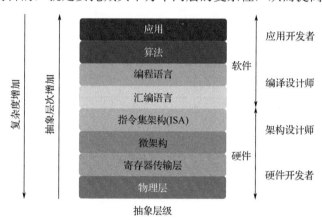

图 1-1　计算机科学中自顶(应用)向下(芯片)的典型中间层示意

如果说整个计算行业琳琅满目的应用像是鳞次栉比的高楼大厦，那么每一个中间层就是一层楼，编程模型就是黏合这些琼台玉宇的水泥。狭义的编程模型是指从应用层到微架构层中，层与层之间的契约。具体而言，编程模型规定了上层的哪些行为合法，以及每个行为在下一层的执行机制。微架构层到物理层中同样存在类似的契约，如寄存器传输层到器件层之间使用网表文件作为契约。由于应用开发者不会与这些契约打交道，因此它们不属于本章讨论的编程模型范畴。

但是，正如本章引言的后半句所言，过多的中间层是一个难以解决的问题。这里的一个关键问题在于，每一个中间层的引入都会对应用在芯片上的性能造成损失。中间层越多，性能损失越大。因此，抽象层次极高的编程语言，如 Python、JavaScript

等，主要的设计目标都是提高开发效率和扩大应用范围。为了达到这两个目标，高抽象层次语言具有许多共同的特征，例如，通常被单线程地解释，以及具有基于引用计数等简单算法的垃圾回收机制等。因为这些特征，高抽象层次语言的执行效率极为低下。2020 年《科学》杂志刊登了一篇计算机体系结构的论文《顶部还有足够的空间》[2]，其中的一个例子表明，使用 Python 编写的矩阵乘法程序的运行时间是同等水平开发者使用高度优化的 C 语言编写的程序运行时间的 100～60000 倍，如表 1-1 所示。不仅如此，高抽象层次语言执行时也需要更大的内存。例如，Python 中的整数占用的是 24 个字节，而不是 C 语言的 4 个字节(因为每个对象都携带类型信息、引用计数等)，而列表或字典等数据结构的内存开销则是 C++开销的 4 倍以上。当然，这些高抽象层次语言的设计目标并不是高效地利用硬件。但当芯片的性能不再随着摩尔定律的前进而增长时，高抽象层次语言和高性能语言之间的执行效率差距就成为尚未充分发掘的金矿。

表 1-1　不同程序执行 4096×4096 矩阵乘法运算的加速对比[2]

版本	实现方式	运行时间/s	GFLOPS	绝对加速	相对加速	峰值占比/%
1	Python	25552.48	0.005	1	—	0.00
2	Java	2372.68	0.058	11	10.8	0.01
3	C	542.67	0.253	47	4.4	0.03
4	Parallel loops	69.80	1969	366	78	0.24
5	Parallel divide and conquer	3.80	36.180	6.727	18.4	4.33
6	Plus vectorization	1.10	124.914	23224	3.5	14.96
7	Plus AVX intrinsics	0.41	337	62806	2.7	40.45

注：每个版本代表了一种对 Python 源码的连续改进。运行时间是该版本的运行时间。GFLOPS 是该版本每秒执行 64 位浮点操作的次数(单位为十亿)。绝对加速是相对 Python 的速度，而在展示中有附加精度位数的相对加速则是相比前一版本的加速。峰值占比是相比于计算机的 835 GFLOPS 的占比。

　　根据开发过程中开发者主要使用哪个中间层，将计算产业的从业者大致分为四种类型(图 1-1)：硬件开发者，负责设计电路和制造芯片，主要在电路的层次设计 ALU、高速缓存等模块；架构设计师，负责设计微架构 ISA，利用硬件开发者设计的模块搭建计算系统，并将计算系统的功能以 ISA 或者 API 的形式提供给上层开发者；编译设计师，根据应用需求和架构特性，负责设计编程语言和编译工具链，从而可以将应用开发者编写的应用自动地转化为目标架构可以执行的机器码；应用开发者，使用编程语言开发应用。参照前面的定义，编程模型可以看成应用开发者与硬件开发者进行对话的语言，该语言由架构设计师和编译设计师设计。

　　考虑到负责掩藏复杂硬件机制从业者类型的不同，可以简要地归纳出三种编程模型的设计路线。首先，有些硬件机制只需要交给架构设计师考虑，一般不需要编译器的干预。例如，当今流行的领域定制加速单元，通常都是由架构设计师提供一组简单的 API 或者专用指令，供上层的编译器和应用开发者直接调用。其次，有些硬件机制可以交由编译设计师处理，而不需要让应用开发者了解。例如，CPU 中成百上千个寄存器，都可以由编译器自动完成分配。最后，很多硬件机制的性能潜力，必须由应用开发者根据应用的需求编写程序才能被充分开发。例如，多线程处理器的并发执行机制需要应用开发者使用并行编程语言编写程序才能被充分利用。

　　三种设计路线给编程模型带来截然不同的特征。编程模型的发展历程就是这三条路线相互角力达到平衡的过程。下面将按照时间顺序回溯典型硬件机制的设计动机和编程方法。

1.3　三 大 障 碍

　　Gene Amdahl 因"Amdahl 定律"[3]而举世闻名。这个定律指出，并行计算性能随着线程数的增加，边际收益递减。但 Amdahl 于 1967 年同时提出了第二条原则[3]，称为"Amdahl 经验法则"或"Amdahl 的另一条定律"：硬件架构设计需要平衡算力、内存带宽和 I/O 带宽，理想的处理器计算性能、内存带宽与 I/O 带宽的比例为 1 ∶ 1 ∶ 1，即每秒百万条指令数(million instructions per second，MIPS) 的处理器计算性能需要 1MB 的内存和 1 Mbit/s 的 I/O 带宽。

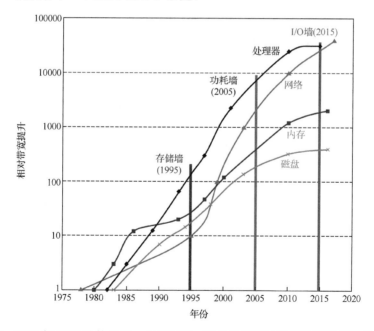

图 1-2　1980～2020 年 CPU 计算性能、内存带宽、磁盘带宽和网络带宽随时间的变化(当硬件性能错位的张力无法在之前的体系结构-编程模型的设计中得以解决时，计算系统遇到了"内存墙"、"功耗墙"和"I/O 墙"[4]) (见彩图)

　　"Amdahl 经验法则"在提出时曾被作为金科玉律，但时至今日已鲜为人知。其原因在于，自 1985 年，由于集成电路工艺的发展，计算系统的内存带宽与 I/O 带宽的比例，无法与计算性能维持在 1∶1∶1 的理想比例。如图 1-2 所示，在不同的时间段，CPU 计算性能、内存带宽、磁盘带宽和网络带宽的增速各有不同。如同地壳运动中两个板块间的错位会形成悬崖峭壁，计算系统中不同模块的性能错位也会形成一堵堵"高墙"。集成电路诞生 60 年后的今天，产业界和学术界公认三堵"高墙"分别为：1995 年后内存性能和 CPU 性能错位形成的"内存墙"（memory wall）、2005 年后 CPU 性能和芯片功耗错位形成的"功耗墙"（power wall）和 2015 年后 CPU 性能和 I/O 带宽错位形成的"I/O 墙"（I/O wall）。为了跨越这三堵高墙，维持系统的平衡，体系结构、编程模型、编译器和软件工程的研究人员设计了很多复杂的机制。以编程模型为轴线，存在一些机制可以在不改变编程模型的前提下，仅通过硬件设计来实现，如多级高速缓存；另一些机制，虽然要求改变编程模型，但可以通过自动化的编译技术完成新老应用程序的转换，从而对程序员保持透明，如 VLIW 技术；还有一些机制，必须依赖程序员对其进行显式的开发和利用，如多线程技术。虽然所有编程模型的设计目标都是方便程序员开发利用底层硬件机制，但由于硬件机制的复杂性，对应的编程模型也芜杂多样，难以统一[5]。

1.3.1　冯·诺依曼架构与随机存取机模型

　　为了理清编程模型的技术脉络，给软件定义芯片编程模型设计提供破局思路，本节将回归经典的冯·诺依曼架构与随机存取机（random access machine，RAM）编程模型，开始溯源之旅。旅程之中，将以消息队列数据结构中"写数据"和"写标记"间的内存访问序关系为例，来阐释不断丰富的硬件机制和编程模型的出现，如何满足该应用需求。

　　最初的计算机仅仅装载具有固定用途的程序，其硬件由各种门电路构成。一个特定的程序通过由这些门电路组装成的一个固定电路板来执行。因此，若需修改程序功能，则必须重新组装电路板。1945 年，冯·诺依曼提出了"存储程序"的计算机设计理念，其基本思想为将计算机指令进行编码后存储在计算机的存储器中，即存储程序型计算机（stored-program computer）。通过将指令当成一种特别类型的静态数据，一台存储程序型计算机可轻易改变其程序，并能够在程序控制下改变其工作任务。这就是冯·诺依曼计算机体系的开端。这种设计理念导致了软、硬件的分离，从而催生了程序员这一职业。同时，将指令当成数据这一做法，催生了汇编语言、编译器及其他自动编程工具，并孕育了编程模型的雏形。此外，借助"自动编程的程序"，即编译器，程序员可以以人类较易理解的方式编写程序。

　　图 1-3 展示了冯·诺依曼架构的结构图。冯·诺依曼的论文确定了"计算机结构"中的五大部件：运算器、控制器、存储器、输入设备和输出设备。从此以后，运

算器和控制器单元集成在处理器中实现，存储器的容量不断扩大，输入输出设备不断更新。这些基本部件的演进过程，正是现代计算系统的发展历程。然而，处理器、内存和外设在演进中的性能错位，迫使人类设计出了越来越复杂的硬件机制和编程模型。

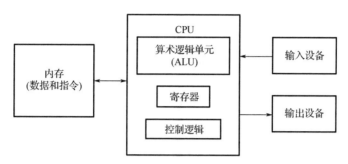

图 1-3　冯·诺依曼结构的设计概念

冯·诺依曼架构对应的编程模型是 RAM 模型[5]。RAM 模型是图灵机的一种，等价于通用图灵机。在 RAM 模型下，应用程序的执行状态和数据保存在处理器内的有限数量的寄存器以及外部的存储器中，如图 1-4 所示。处理器中的寄存器仅保存应用程序执行的中间状态，所有的数据最终都要体现在存储器中。

为了让溯源之旅有一条主线，本节简单介绍循环队列中插入元素的过程。

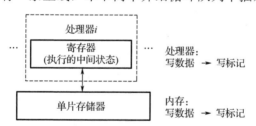

图 1-4　RAM 模型下处理器的两次写与内存中两次写的顺序

队列是一种基本的抽象数据结构，是 FIFO 的线性表。图 1-5 展示了使用数组实现的循环队列，它需要维持两个标记：队列前端标记和队列后端标记。该队列只允许在后端进行插入操作和在前端进行读出操作。为了简化讨论，这里只考虑单生产者-单消费者队列，即在任意时刻，最多只有一个写线程向队列插入数据，一个读线程从队列读出数据。当在队列中插入一个元素时，程序需要先查询后端标记状态（!queue.full()）；然后写入数据（queue[tail]=x），最后更新队列后端标记（tail++），如图 1-5 的代码所示。下面将逐步探究各种硬件机制和编程模型如何满足"读标记-写数据-写标记"间的保序需求。

作为旅程的第一站，RAM 模型中保序的方法简单直接。只要处理器执行应用程序时，读标记在写数据之前，写数据在写标记之前，存储器中的队列数据就会在队列后端标记之前进行更新。

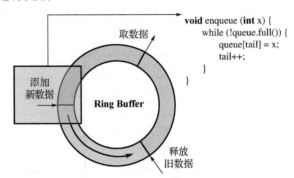

图 1-5　循环队列中添加元素时，需要保证写数据在写标记之前

1.3.2　内存墙

自 1958 年 Robert Noyce 和 Jack Kilby 发明集成电路以后，冯·诺依曼架构中的各个部件开始逐渐被集成电路取代：首先是处理器，然后是存储器(1965 年 IBM 发明了基于集成电路的 DRAM，早期的磁性存储器被集成电路所取代)。1965 年的摩尔定律和 1974 年的登纳德定律为集成电路的发展制定了路线图。因为处理器和存储器都适用于摩尔定律，"Amdahl 经验法则"也得到了保证。在很长一段时间内，计算系统的性能跟着摩尔定律大步前进。

然而，盛世之下，危机潜藏。由于晶体管级电路设计的局限性，DRAM 的读延迟首先开始落后于摩尔定律的步伐。如图 1-6 所示，DRAM 存储器中存储 1 位数据的单元由一个电容器和一个晶体管组成。电容器用于存储数据，晶体管用于控制电容器的充放电。读数据时，晶体管被选通。电容器上存储的电荷将非常轻微地改变源极的电压。之后，感测放大器(sense amplifier)可以检测到这种轻微变化，该结构将电压微小的正变化放大到高电平(代表逻辑 1)，并将电压微小的负变化放大到低电平(代表逻辑 0)。感测过程是一个缓慢的过程，而且，随着晶体管尺寸变得越小，电容器尺寸也变得越小，感测过程花费的时间就越长。该感测过程的时间决定了 DRAM 的访问时间。因此，DRAM 访问时间的缩小速度远远落后于摩尔定律下处理器两次访存间时间间隔的缩小速度。这就是冯·诺依曼体系结构发展中遇到的"内存墙"。

图 1-7 清晰地展示出了"内存墙"问题。如果每一次访存都需要花费几十到几百个周期等待 DRAM 的响应，那么处理器的性能提升会变得没有意义。为了解决这一问题，计算机体系结构研究中铸造了两把利剑：高速缓存(Cache)和存储级并行(memory-level parallelism，MLP)。

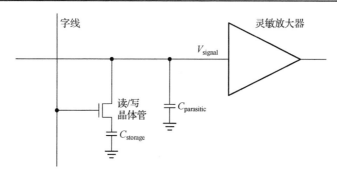

图 1-6 DRAM 中 1 位数据单元的示意图(数据存储在 $C_{storage}$ 中,受读写晶体管的控制,经过感测放大器读出数据)

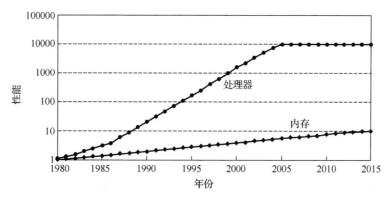

图 1-7 以 1980 年的性能为基准,处理器的性能(处理器两次访存的时间间隔)和 DRAM 访存延迟间的差距逐渐拉大(在 2005 年左右,随着处理器性能受限于功耗,差距又逐渐缩小[4])

高速缓存利用局部性原理,减少了 CPU 访问主存的次数。简单地说,处理器正在访问的指令和数据及其附近的 DRAM 区域,可能会被以后多次访问到。因此,在第一次访问这一块区域时,这个区域将被复制到高速缓存中,以后再访问该区域的指令或者数据时,就不需要再访问 DRAM 了。引入高速缓存后,冯·诺依曼架构中的存储器变成了一种层次化的存储结构。

高速缓存对于编程模型是一个完全透明的部件。虽然程序员可以根据高速缓存的特点对程序代码实施特定优化,从而获得更好的性能,但程序员通常无法直接干预对高速缓存的操作。因此,在编程模型设计空间探索中,一般不会考虑高速缓存的问题[1]。

MLP 是指处理器同时处理多个内存访问指令的能力。在层次化存储结构的高速缓存和 DRAM 之间,以及 DRAM 的多个存储体(bank)之间,多个来自处理器的访存请求可以并发处理。例如,当访存指令在高速缓存中未命中,需要等待 DRAM 中

---

① 偏底层的编程模型会将高速缓存行大小作为处理器的重要参数开放给程序员。但这一点已经成为所有编程模型的共识,无须在设计空间中进行探索。

的数据时,一旦后续访存指令在高速缓存中命中,处理器可以先完成后续访存指令,从而避免处理器阻塞在那些延迟很大的未命中访存指令上。MLP 虽然不能减少单个操作的访问延迟,但它增加了存储系统的可用带宽,从而提高了系统的总体性能。

为了实现 MLP,硬件开发者设计了多线程并发执行、指令多发射和指令重排序等硬件机制。他们的目的都是引入多个并发的、没有依赖关系的访存指令,从而开发 MLP。但它们与编程模型之间的相互作用远比高速缓存复杂。

多线程并行性需要应用开发者使用并行编程语言,显式地进行开发和调试。虽然处理器上线程并发执行的调度过程可以完全由硬件机制完成,对编程模型保持透明,但是应用中多个线程间的并行性必须依靠开发者根据目标应用需求开发。依赖编译器的自动并行化一直是编程语言和编译器研究的热点,但时至今日,实际应用中的任务级、线程级并行性的发掘过程依然依靠应用开发者的努力。多线程并行编程仍然是一个门槛很高的任务。

指令多发射需要发现没有依赖关系的指令。发现无依赖关系的指令这一步骤,即可以完全使用硬件机制,在处理器执行指令时动态完成,即超标量(superscalar)处理器架构;也可以使用编译器,在编译时静态开发指令级并行,即 VLIW 处理器架构。对于通用处理器,由于编译器静态分析难以发掘出足够多的可以发射的指令,VLIW 架构的性能远逊于超标量架构。由于编译器带来的性能损失大于完全由硬件实现带来的性能和功耗损失,通用处理器的指令多发射机制最终舍弃了 VLIW,完全由硬件来实现。与高速缓存类似,指令多发射最终对编程模型完全透明。

指令重排序将延迟较长的指令挂起,尤其是发生了高速缓存未命中的访存指令,先执行之后的指令。虽然超标量处理器的指令重排序缓存(reorder buffer)可以对少数几十条指令进行重排序,但更大范围内的指令重排序会导致硬件设计的复杂度急剧上升,边际成本很快就会超过边际效用。因此,大范围(上百条)指令间的重排序,只能依靠编译器的静态分析完成。指令重排序最终经过硬件开发者和编译器设计师的共同努力,实现了对应用开发者的透明。

单个硬件机制与编程模型的作用关系已经需要如此之多的设计考虑,多个硬件机制共存将使得编程模型的设计更加复杂。这里使用一个写数据-写标记的例子,观察同时具有多线程和指令重排序机制的处理器会给编程模型设计带来的麻烦。

图 1-8 展示了在单生产者-单消费者队列中,利用多线程和指令重排序开发 MLP 的一种情况。Thread 0 和 Thread 1 分别对消息队列进行写操作和读操作,两个线程内的内存访问指令可以并发执行。在 x86 指令集架构的写全序(total-store order,TSO)模型下,Thread 0 两次写的顺序,与内存看到的写顺序完全一致。但为了在更大范围开发 MLP,编译器也会对写指令的顺序进行重排序。这两种硬件机制的相互作用,会使得编程模型变得更加复杂。图 1-8 就展示了一种可能出错的情况:如果编译器对写数据(I1)和写标记(I2)指令进行了重排序,那么处理器会先执行 I2,后执行 I1;

若执行 I2 后处理器从 Thread 0 切换到 Thread 1，则 Thread 1 将根据读标记的结果，认为 Thread 0 数据已经写入，进而读到错误的数据。可以看到，两种机制共同作用下，原有的编程模型失效了。

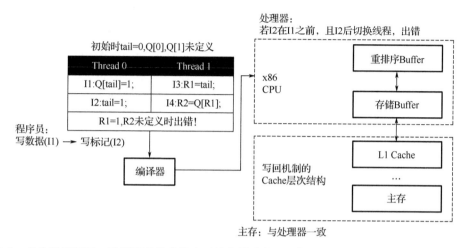

图 1-8 多线程情况下，编译器重排序指令可能会导致处理器执行时因为写的顺序发生改变而出错

为了避免编译器的指令重排序在多线程环境下产生错误的结果，编程模型需要进一步的优化。不同的应用对是否要进行特定指令重排序的需求完全不同，难以用一套编译器静态分析的方法囊括，因此决定是否要对特定指令重排序的重任就交给了应用开发者。在 C 语言中，与指令重排序相关的语义主要有两种：① 带有 volatile 限定词的变量对应的指令将完全不被编译器重排序。图 1-8 中，应用开发者可以在定义 tail 变量时添加 volatile 限定词，避免了读写 tail 相关的指令被编译器重排序。但是，volatile 的加入阻止了很多本来不会造成错误的重排序，造成了性能的损失。② fence 编程原语可以避免 fence 前后的指令被编译器重排序。图 1-8 中，应用开发者可以在写标记和写数据之间插入一个 fence 原语，避免这里写标记和写数据被编译器重排序。但是，如果程序不像例子中这么简单，要准确无误地插入 fence 原语，需要应用开发者对多线程并发执行的过程有很深刻的了解，同时需要大量的调试工作，这将极大地降低编程模型的易用性。

通过这个例子可以看出，对于通用处理器上的通用编程模型，如果一个硬件机制需要编程模型的处理，那么相关的编程模型设计可能会有两种结果，即因为编译器中间层的加入而损失执行效率，如 volatile 限定词；或者因为需要应用开发者洞察硬件机制而损失开发效率，如 fence 原语。

高速缓存和 MLP 都是这一时期通过实践检验后广泛采用的硬件机制。但还有非常多的硬件机制，由于没有找到合适的使用方法，而被埋没在历史之中。其中最典型的一个例子，就是完全由程序员控制的暂存器，暂存器按需缓存数据，减少了对 DRAM 的访问。图 1-9 对比了暂存器与高速缓存的异同，它们都是与主存不同的存储体，通常读写速度比主存要快很多。但高速缓存与主存在同一个地址空间，对编程模型透明；而暂存器与主存分属不同的地址空间，需要应用开发者或编译设计师显式地使用。由于不需要维护高速缓存中复杂的数据标记，暂存器在执行相同的数据流时，性能和功耗都要优于高速缓存。但是，暂存器在通用处理器的应用领域中始终没有找到与编程模型结合的方法。首先，暂存器会引入具有不同行为的地址空间，破坏 RAM 编程模型中具有统一地址的存储器模型。其次，与基于编译器的高速缓存优化不同，使用暂存器进行的内存转换必须完全处理主内存地址与虚拟内存相关的重新映射。这些弊端使得它从未成为通用处理器的主流机制。暂存器直到在十几年后的 GPU 中才得到了大规模的使用。

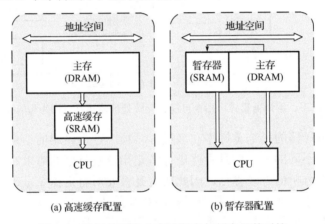

图 1-9　通用处理器中高速缓存与暂存器的对比

　　总之，在"内存墙"时期，新的硬件机制在设计过程中努力避免破坏冯·诺依曼架构的 RAM 编程模型的"单一线程+单一内存"的幻象。高速缓存机制在原有 DRAM 的基础上增加了更快的 SRAM 存储器，但这些 SRAM 只缓存主存 DRAM 中的拷贝，维持了单一内存的假象。多线程开发 MLP 的难题，在以单核处理器为主流平台的时代，不需要普通应用开发者操心。而且由于物理上只有一个核，任意时间点只有一个线程在执行，验证多线程程序的正确性也比多核处理器容易很多。相反，破坏这一幻象的硬件机制，如暂存器，则没有进入主流的硬件设计。

1.3.3　功耗墙

　　摩尔定律保证了单个晶体管的速度呈指数上升，以及面积和造价指数下降。随着单个芯片上集成的晶体管数量越来越多、密度越来越大，芯片制造时必须要考虑散热的问题。1974 年，Dennard 等提出[6]，芯片的尺寸缩小 $1/S$，频率提升 S 倍，只要芯片的工作电压相应地降低 $1/S$，单位面积的功耗就会保持恒定。图 1-10 展示了 Dennard

缩放是如何确保芯片单位面积的功耗恒定的。在新一代半导体工艺制程下，单位面积的晶体管数量会增大 S^2 倍，频率提升 S 倍，单位面积的功耗却能保持不变。在 Dennard 缩放的担保下，Intel 等芯片制造公司可以快速地提高芯片的工作频率，同时集成更多的晶体管提供更复杂的功能，而不需要考虑芯片的散热问题。从 1971 年的 Intel 4004 到 2006 的 Intel Core 2 处理器，芯片的工作电压从 15V 逐渐下降到了 1V 左右。

但在 2005 年，芯片的工作电压已经降低到 0.9V 左右，非常接近晶体管的阈值电压（0.4～0.8 V）。受限于晶体管的材料和结构，阈值电压很难进一步降低，因此芯片的工作电压也无法再降低。从此，芯片的尺寸每缩小一半，单位面积的功耗将提高一倍。更糟糕的是，当工作电压接近阈值电压时，晶体管栅极到衬底之间的漏电功耗在总功耗中的占比也越来越大[7]。新一代半导体工艺制程将面临芯片单位面积功耗上升的挑战，这就是芯片的"功耗墙"问题。

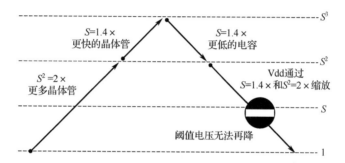

图 1-10　Dennard 缩放因为阈值电压的缘故于 2006 年左右终结（图中 S 是两代半导体工艺制程之间的缩放因子，一般而言，$S=1.4$，即下一代制程单个晶体管的面积是上一代的 1/2（长和宽各缩小为上一代的 1/1.4），性能是上一代的 1.4 倍，电容是上一代的 1/1.4）

为了克服"功耗墙"的问题，2005 年以后的芯片设计中普遍采用了"暗硅"（dark silicon）的思路[8]，即通过多核和异构架构等设计，来限制芯片上全速工作（点亮）的工作区域，从而使得芯片满足功耗约束。图 1-11 展示了 Intel Skylake 架构的处理器版图。以 Skylake 的版图为例，能将实现"暗硅"的硬件机制分为以下三类。

（1）增加低频率模块，如设计更大的高速缓存、SIMD 执行单元等。这里的频率，既指工作频率，又指使用频率。以高速缓存为例，"暗硅"时代的 CPU 上有至多接近一半的面积是用来实现高速缓存的（图 1-11 中 CPU 缓存包括最末级 L3 高速缓存（last-level cache, LLC）和每个 CPU 核中的 L1 高速缓存和 L2 高速缓存）。一方面，由于 MLP 的存在,高速缓存的工作频率可以低于处理器的数据通路,如 Intel Sandybridge 以前的架构中，L3 高速缓存与内核的电压、频率可以单独控制。另一方面，由于 CPU 的高速缓存由许多块 SRAM 构成，当前没有被访问到的 SRAM 的控制逻辑可以通过门控时钟（clock gating）等技术降低功耗。通过增加高速缓存来降低硬件频率的机制对编程模型完全透明。

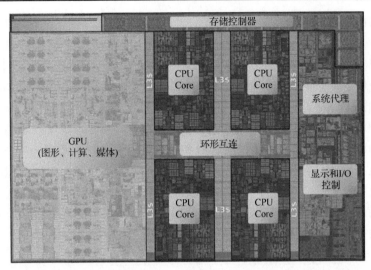

图 1-11　Intel Skylake 架构的处理器版图（单个芯片上有 4 个 CPU 核和一个 GPU，在任何给定的时间点，只有部分电路在工作，从而满足了功耗的约束[9]）（见彩图）

（2）增加并行的硬件模块。根据图 1-10 的 Dennard 缩放原理，当先进工艺制程下晶体管的尺寸缩小为上一代制程的 1/2 时，如果单个处理器内核的频率保持不变，那么它的面积则缩小为原来的 1/4，功耗（由于单个晶体管的电容减小）缩小为原来的 1/2。这样，如果芯片的功耗预算不变，那么可以在芯片上再增加三个较低频率的内核。同时，由于在任何给定的时间点，只有一部分的 CPU 核在工作，所以芯片可以通过门控时钟和门控电压（power gating）等技术关闭部分内核，进一步降低功耗。现实中，自 2005 年以后，x86 架构处理器不再专注于提高芯片的频率，而是在新的芯片上增加处理器内核的数量。ARM 架构的 BIG-LITTLE 架构更是在一个芯片上同时放置高性能 BIG 核和高能效 LITTLE 核，充分利用了并行硬件模块机制带来的设计空间。但是，为了充分利用芯片的性能，应用开发者不得不学习多线程编程的技巧。基于多线程的并行化机制使得硬件的性能难以被应用开发者充分开发。

（3）定制化硬件。通用处理器为了确保其通用性，会有大量的硬件冗余。2010年一项在通用处理器上运行 H.264 解码的研究[10]显示，通用处理器执行单元消耗的能量仅占总能量的 5%，大量的能量被消耗在了处理器的取指、译码等模块上。因此，在一块芯片上根据应用需求设计定制化硬件模块，进而构成异构片上系统（heterogeneous SoC），可以极大地提高其能量效率。图 1-11 中的 Skylake 架构处理器上集成的 GPU 就是专门为处理图像渲染定制的。此外，Intel SSE/AVX 等 SIMD 运算单元也可以看成一种定制化硬件。SIMD 运算单元使用一个控制器来控制多个运算器，同时对一组数据向量中的每一个数据分别执行相同的操作，从而在这组数据向量上摊薄了处理器的取指、译码等开销。当然，SIMD 单元仅仅适用于存在非常规整的数据级并行的场景。定制化硬件和异构片上系统的普及带来了编程模型的"巴别塔难题"：不同的定制化硬件模块需要不同的编程模型；同样的应用运行在不同的定制化硬件上时，需要花费大量的人力对应用进行"翻译"。

"功耗墙"难题虽然没有阻止摩尔定律的步伐，但却摧毁了冯·诺依曼架构上的 RAM 编程模型。由于片上多处理器(chip multi-processor, CMP)和异构架构逐渐成为主流的硬件设计方法，应用开发者被迫直面并行编程模型和异构编程模型。

并行编程模型打破了 RAM 模型"单一线程"的幻象，即物理上多个内核需要应用提供线程级并行性，同时单个内核内的 SIMD 向量运算单元需要应用提供数据级并行性。这些需求都对应用开发者提出了极高的要求。"功耗墙"出现之前，并行编程是少数超级计算机应用开发者才会接触到的艰深学问；"功耗墙"出现之后，几乎所有应用开发者都要面临并行编程的挑战。如何降低并行应用开发的难度变成了体系结构、编程模型和编程语言研究的核心问题。

异构编程模型打破了 RAM 模型"单一内存"的幻象，即 CPU-GPU 异构架构首次违反了单一 CPU 面对唯一地址空间的机制，应用开发者必须开始考虑如何让数据在不同的存储结构或地址空间之间高效迁移。值得一提的是，"内存墙"时代暂存器遇到的对应用开发者不友好的多地址空间数据搬移 ISA/API 设计、虚拟内存重映射等问题，在 CPU-GPU 系统上通过定制化的方式得到了部分解决。

此外，多个并发线程和多个并发存储体相互作用会带来更大的复杂性。例如，单芯片多核处理器与片上多级高速缓存存储系统结合，由于不同高速缓存中数据更新的时机不一致，片上不同处理器访问相同地址上的数据时可能会看到不一致的结果。这类问题统称为缓存连贯性模型(cache-consistency model)问题，极大地影响了处理器体系架构、编程模型和编程语言的设计。

在既有编程模型崩溃之际，新兴编程模型百花齐放。它们的特性难以一言以蔽之。因此，本节将继续采用循环队列中插入元素的例子，追溯"功耗墙"时代编程模型的发展方向。具体而言，本节之后将分析多线程并行、高速缓存连贯性模型和异构编程模型下，插入元素时如何保证"写数据-写标记"的顺序。

第一，自通用处理器全面转向多核架构以后，开发线程级并行性的编程模型不断涌现。从早期的基于 C 语言的 Pthread、OpenMP，到最近的 Golang、C++20 协程等，几乎所有的新路线都对解决多核并行编程的难题做出了美好的承诺。可惜"此事古难全"。这些新路线要么无法发挥特定应用场景在特定架构上的全部潜力(如 Java)，要么有非常陡峭的学习曲线(如 C++)。

Java 是目前应用最为广泛的并行编程语言，广泛应用于企业级网页应用开发和移动应用开发。Sun 微系统公司在 1990 年设计 Java 的动机之一，就是当时广泛使用的 C 语言需要借助平台相关的 Pthread 或 OpenMP 库，缺少对多线程特性的原生支持。Java 在最初设计时就通过引入 synchronized 等关键词在语言层面提供了多线程支持。

对于循环队列，应用开发者可以直接调用 Java 库中提供的多线程安全(thread-safe)队列，也可以仔细阅读 Java 的内存模型和并发控制原语，自己设计一个队列。

然而，Java 的性能问题一直广受诟病。Java 的很多语言特性是为了支持跨平台、全场景开发(提高通用性)，同时 Java 还提供了大量的库来减少学习和调试的开销，提高开发效率。对于 Java 库中的多线程安全队列(java.util.concurrent.Array-BlockingQueue)，用户只需要直接地调用它的 add()函数就可以完成插入元素的操作，不需要考虑前述多次读写间的序关系。但是，ArrayBlockingQueue 为了适应各种队列应用场景，提供的是一个通用的、支持"多生产者-多消费者"的队列实现，即任意多个线程可以并发插入元素，同时任意多个线程可以并发取出元素。对于其他应用场景，如"单生产者-单消费者"队列，虽然应用开发者可以通过更简单的同步获得更高的性能，但是直接调用 ArrayBlockingQueue 失去了这一机会。研究表明，相对原生的 ArrayBlockingQueue，Java 中针对"单生产者-单消费者"的队列设计可以使吞吐率提升数十倍。然而，要想获得更好的性能，应用开发者需要充分理解自己的需求、Java 内存模型、操作系统线程调度机制、多处理器的高速缓存连贯性机制等。从这个例子可以看出，面对多线程并行编程的难题，Java 优先保证了通用性，同时应用开发者可以根据自己的需求，在开发效率和运行效率之间做出选择。

第二，随着 CMP 架构的设计越来越复杂，硬件设计者开始尝试将越来越多的硬件机制直接开放给应用开发者，以期借助应用开发者的力量使硬件更有效地适应使用场景。其中 C++11 后加入标准库的 std::memory_order，可以让应用开发者根据具体处理器平台的多核高速缓存连贯性模型，自主决定多次读写之间的序关系。由于不同处理器平台的高速缓存连贯性模型有非常微妙的差异，应用开发者在使用时需要理解处理器的设计细节，因此，std::memory_order 的学习成本和开发难度极高。下面以循环队列插入操作的"写数据-写标记"的顺序为例，简要介绍一下 std::memory_order 的设计理念。

图 1-12 展示了简化的片上双核处理器架构，两个处理器核心通过共享内存进行数据交换。与图 1-8 相比，影响两次写操作顺序的因素，除了编译器和处理器内核对指令进行重排序，又增加了一个新的因素：在高速缓存的作用下，即使处理器核 0(Core 0)和主存按照"写数据-写标记"的顺序完成了两次写操作，处理器核 1(Core 1)不一定能按照这个顺序观察到写的结果。考虑图 1-8 中的两个线程。假设 Thread 0 在处理器核 0 上运行，Thread 1 在处理器核 1 上运行。当处理器核 0 执行图 1-8 的 I1 和 I2，分别写入 Q[tail]和 tail 时，两次写向处理器核 1 的传播速度可能不一致。例如，I1 写 Q[tail]时发生了写缺失，需要等待主存中 Q[tail]所在的缓存行(cacheline)被取回到 L1 高速缓存中，需要等待上百个周期；而后一个指令 I2 写 tail 会发生 L1 高速缓存的写命中。此时，后一次写是否要等待前一次写的结果可以被处理器核 1 观察到后才写入 L1 高速缓存呢？

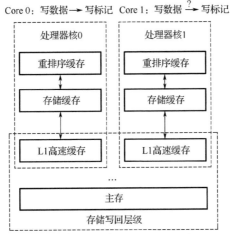

图 1-12 片上多核处理器的高速缓存连贯性模型中,不仅需要考虑主存看到的写操作顺序是否与发起写操作的处理器核一致,还需要考虑其他处理器核是否能观察到同样的顺序

对于这个问题,不同的处理器架构有不同的答案。处理器架构的高速缓存连贯性模型就是要回答多个处理器核是否会观察到相同的写操作、读操作以及原子操作的顺序。图 1-13 展示了几种主流的高速缓存连贯性模型。图中 A~F 代表一个线程多次依次发起的内存访问,其中包括读(如 B=)、写(如=A)、原子化获取(acquire)、原子化释放(release)。两次内存访问间的箭头表示其他处理器核可以确定性地观察到这两次访问的先后次序,"E=" 和 "F=" 是一个处理器核上的先后两次写操作。可以看到,在以 x86 指令集架构为代表的 TSO 模型下,所有处理器核都会观察到完全一致的 "写数据-写标记" 顺序。应用开发者在 x86 多核平台上不用考虑写访问的次序问题,降低了应用开发的难度。但是,x86 平台上所有的写访问,必须要等待同一线程上前一次写访问的效果能被所有处理器核观察到后,才能向其他处理器核传播。这严重限制了处理器核的可扩展性。近些年提出的处理器指令集架构,如 ARMv8、RISC-V,为了获得更好的可扩展性,都采用了释放连贯性(release consistency)模型。从图 1-13 中可以看出,释放连贯性模型对一个处理器核上两次写的传播次序没有任何要求。如果应用开发者对写的传播次序有要求,那么需要依赖编程语言或者汇编语言,显示地调用原子化操作。

类似于 C 语言中的 volatile 标记,C++11 标准库提供了原子化变量库 std::atomic。为了在跨平台开发时,能使程序员根据具体应用场景充分挖掘指令集架构的潜力,C++11 的标准库 std::memory_order 为变量的原子化内存访问加入了四类属性,即宽松顺序(relaxed ordering)、释放获得顺序(release-acquire ordering)、释放消费顺序(release-consume ordering)、序列一致顺序(sequentially-consistent ordering)。默认情况下,std::atomic 的属性是序列一致顺序的:一个线程内多个 atomic 读写操作,以及 atomic 读写和普通读写的次序, 向其他处理器核传播时会保持原有的次序。默认情况下的序列一致顺序 std::atomic 与 C 语言 volatile 标记的语义完全相同。默认的 std::atomic 非常易用,但会有性能损失。例如,在 RISC-V 上,如果图 1-8 中 tail 变量被声明为 std::atomic,那么不仅 Q[tail]与 tail 的写顺序会保序传播(即 Q[tail]的写要等待其他处理器核能看到 tail 写的结果), 而且任何读写操作与 tail 之间的顺序都会保序传播。

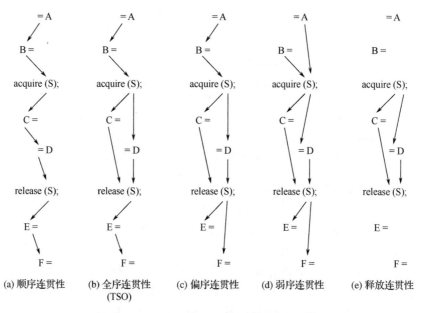

| (a) 顺序连贯性 | (b) 全序连贯性
(TSO) | (c) 偏序连贯性 | (d) 弱序连贯性 | (e) 释放连贯性 |

图 1-13　几种主流的高速缓存连贯性模[4]

std::memory_order 可以实现对内存读写顺序更精细的控制,如图 1-14 所示。tail 标记被声明为 std::atomic 类型。C++11 中 std::atomic 类型可以使用 load()/store()函数进行读写,读写时可以指定 std::memory_order 的属性。图 1-14 使用了释放获取顺序:在 store()之前的所有读写操作,不允许被移动到这个 store()的后面;在 load()之后的所有读写操作,不允许被移动到这个 load()的前面。这样,如果 I2 写入的值成功被 I3 读到,那么 Thread 0 中 I2 之前对内存的所有写入操作,此时对于 Thread 1来说,都是可见的。

Thread 0	Thread 1
I1: Q[tail] = 1;	I3: R1 = tail.load(std::memory_order_acquire);
I2: tail.store(1, std::memory_order_release);	I4: R2 = Q[R1];
如果I2写的结果被I3读到,那么I4必然能观察到I1的写操作	

图 1-14　C++11 中使用 std::memory_order 实现对"写数据-写标记"顺序的细粒度控制

从这个例子可以看出，将片上多处理器高速缓存连贯性等机制直接开放给对硬件架构非常熟悉的应用开发者，可以充分挖掘特定应用场景下硬件机制的潜力。当然，这种方式一方面学习曲线陡峭；另一方面开发成本也很高，即当应用开发者直面硬件机制的复杂性时，需要大量的调试和验证才能确保现实中的应用正确运行。

第三，这一动荡时期过后，最显著的变化就是随着 GPU 的普及，应用开发者开始学习并适应以 CUDA 为代表的异构编程模型。"功耗墙"约束下，CPU 算力的提升速度远远慢于数据量的增长。相比较而言，GPU 通过对数据并行性进行的定制化设计，省掉了大量的取指、译码等过程的开销，从而可以将更多的功耗预算投入提升算力的设计中。图 1-15 展示了近些年 CPU 和 GPU 的单精度及双精度浮点峰值算力的对比。可以看出 CPU 和 GPU 的峰值算力差距越来越大。

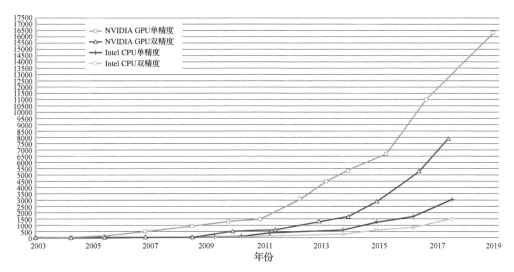

图 1-15　CPU 与 GPU 的浮点峰值算力(GFLOPS/s)对比[11](见彩图)

当然，对于计算芯片，只提高峰值算力是远远不够的。芯片能大规模使用的关键是要有适合的目标应用和编程方法。目前 GPGPU 上最主要的应用是数据密集型应用，最主流的编程方法是 Nvidia 的 CUDA 编程语言。

由于控制逻辑的简化，目前 GPGPU 的编程方法需要应用开发者理解底层硬件机制的细节。虽然这些烦琐的细节会严重影响应用开发者的工作效率，但大多数应用开发者在面对数据密集型应用时，依然选择使用 GPU，而不是 CPU，来获得更高的性能。具体而言，应用开发者需要在控制流中将 32 个或者 64 个(不同的架构会有不同的 SIMD 并发数要求)相互独立的线程打包成步调一致的线程组，以此摊薄多线程 SIMD 处理器中取指、译码等控制逻辑的开销；应用开发者要为每个多线程 SIMD 处理器创建尽可能多的线程组，以此隐藏 DRAM 的访问延迟；应用开发者还需要将数据地址保留或分散在一个或几个内存块中，以此实现预期的内存性能。目前所有 GPU 上的编程模型，包括 CUDA、OpenCL 等，都有着类似的、同样陡峭的编程方法学习曲线。整体来看，GPGPU 编程模型牺牲了易用性，换来了高能量效率。

最初 CUDA 仅仅被用于科学计算等应用开发者少而精的领域。这些开发者倾向于支付较大的学习和开发成本，换取更好的应用执行性能。而大多数的普通应用开发者是没有动力、也没有机会去接触 CUDA 的。然而，2012 年以后，以 AlexNet 为代表的深度学习类应用的兴起[12]，推动了以 CUDA 为代表的 GPGPU 编程方法在普通应用开发者中的普及。

以深度学习为代表的新兴的大数据处理等应用带来了海量的数据级并行性，可以充分利用 GPGPU 的算力。这促使应用开发者愿意付出额外的学习成本，熟悉 GPGPU 的各种硬件机制，从而开发利用 GPGPU 对数据密集型应用的性能潜力。今天，以 CUDA 为代表的 GPGPU 编程模型已经被广泛接受，越来越多对算力需求高的应用根据 GPGPU 编程模型的要求进行了定制裁剪，从而充分利用 GPGPU 的高算力。CUDA 和 OpenCL 也成为通用数据密集型应用中应用最为广泛的编程方法，并推广到 FPGA、CGRA 等其他面向数据密集型应用的架构[13]上。

由于 CUDA 的计算部分不适合也不需要实现队列，因此本节不再对 CUDA 编程模型进行详细论述。不过，CPU 向 GPGPU 派发任务的过程也是以任务队列的方式进行的。这个任务队列的实现方式也随着 GPGPU 架构的演化，变得越来越复杂。现有 GPGPU 以垂直整合的方式，在架构上由驱动程序管理任务队列，从而可以只向应用开发者和编译设计师开放任务队列中插入元素和删除元素的 API。

图 1-16 展示了异构系统中 GPU 与 CPU 的典型连接方式。可以看到，CPU 与集成 GPU 之间通过处理器内部接口（如 Intel 缓存连贯性接口（cache coherent interface，CCI））进行互连，与独立 GPU 之间通过 PCIe 总线进行互连。集成 GPU 与 CPU 在同一个芯片内通信延迟（约几十到几百纳秒）很低，因此集成 GPU 容易与 CPU 保持缓存连贯性。而独立显卡通过 PCIe 与 CPU 通信的延迟高达微秒量级，很难与 CPU 保持缓存连贯性。因此，集成显卡下，任务队列的设计考虑和多核处理器没有太大差别；而独立显卡下，需要考虑如何利用 PCIe 外设的机制提高队列的读写效率。例如，PCIe 提供了 doorbell 机制，避免队列在插入元素时频繁的 PCIe 读写。应用开发者既不需要了解 PCIe 的细节，也不需要了解 PCIe 与处理器内部接口的区别，只需要调用任务队列相关的 API。底层的实现细节完全由架构层和驱动负责。

综上所述，GPGPU 任务队列通过牺牲通用性，极大地增强了其易用性和执行效率。

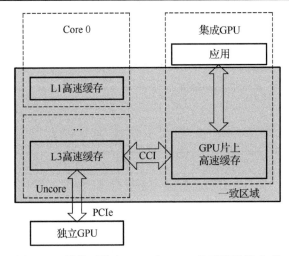

图 1-16　异构系统中 CPU 与 GPU 的两种连接方式

1.3.4 I/O 墙

　　冯·诺依曼架构可以分为存储、计算和外设三大功能模块。之前的两次危机，分别是由于存储速度与计算速度不匹配、计算功耗与存储功耗不匹配造成的。以往的计算机教材中一直在强调，外设速度是远远慢于计算速度的。然而，从 2015 年前后开始，这一延续了几十年的教条逐渐失效。如今，外设速度与计算/存储速度的不匹配，正在形成一道新的"I/O 墙"。

　　图 1-17 展示了 1995～2020 年硬盘、网络和 CPU-DRAM 间带宽的变化趋势。可以看到，2010 年以后网络的带宽飞速增长；2015 年以后硬盘的速度飞速增长。而同时期 CPU-DRAM 的带宽增长速度远远滞后于网络和硬盘的增长速度。造成这一现象的主要原因有两个：①"内存墙""功耗墙"的先后出现，使得 CPU-DRAM 间带宽的增长速度远远落后于摩尔定律的步伐，当前主流的 CPU-DRAM 间的 DDR 接口，带宽每 5～7 年提升一倍；②网络和硬盘在物理层的技术突破，使得它们的带宽爆炸式增长。21 世纪的前十年，主流的网络传输介质是铜双绞线，主流的硬盘存储介质是磁盘。2010 年之后，数据中心光通信模块开始普及，相比基于铜双绞线的网卡，光纤网络单卡的带宽从 1 Gbit/s 快速提升到数 10 Gbit/s。2015 年以后，固态硬盘(solid state disk, SSD)逐渐取代硬盘驱动器(hard disk drive, HDD)。之前的 HDD 使用机械马达在磁碟上寻址，受限于磁碟的转速(约 15000r/min)，单个 HDD 的带宽最高只能达到数百兆字节每秒。但闪存技术的发展，尤其是闪存可持续性的进步，使得 SSD 开始取代 HDD。SSD 的寻址过程与 DRAM 类似，完全由电信号驱动，因此带宽不再受寻址速度的限制。

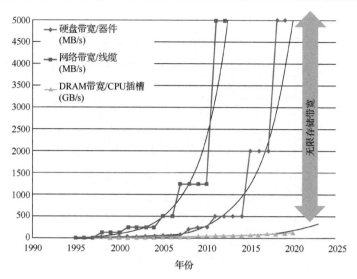

图 1-17　硬盘、网络和 DRAM 带宽随时间的变化[14](见彩图)

　　由于 I/O 带宽的增速远远大于 CPU-DRAM 带宽的增速, 经典的冯·诺依曼体系结构已经难以满足外设的带宽需求, 新兴架构设计喷薄而出。例如, Intel 公司在针对数据中心的"至强"系列处理器产品线中加入了直接数据访问 I/O(data direct I/O, DDIO)技术, 可以绕过 DRAM, 让外设(主要指网卡)直接将数据包写入 CPU 的 LLC 中。虽然 DDIO 成功绕开了 CPU 访问 DRAM 的"内存墙", 并取得了商业成功, 但是随着单个网卡的带宽持续以超越摩尔定律的速度增长, CPU 的计算速度仍然难以跟上网卡的带宽需求。例如, 对于目前数据中心中主流的 100Gbit/s 网卡, 如果使用 64B 的网络数据包, 那么 CPU 每 3.3ns 就需要处理一个数据包。典型的数据中心 CPU 主频在 2GHz 左右, 访问 LLC 的延迟大约为 5ns(20 个处理器周期)。因此, 主流 CPU 在匹配 100Gbit/s 的网卡时, 其性能已经很难满足网卡的带宽需求了; 处理下一代 400Gbit/s 的网卡更是远远不够。在存储方面, 随着 SSD 成为主流技术, 存储的带宽完全受限于 CPU 的 I/O 接口速度。目前主流的存储设备接口采用 NVMe 标准, 基于 PCIe 接口与 CPU 互连。随着 PCIe Gen 5 的普及, 可以预见, CPU 的计算速度也很难跟上存储带宽的增长速度。"I/O 墙"问题越来越成为制约计算系统性能的关键瓶颈。

　　而对于前面的在循环队列中插入元素操作的例子, "I/O 墙"的出现也带来了新的设计空间。目前高性能计算中通常采用的 Infiniband 网络提供了远程直接内存访问(remote direct memory access, RDMA)。RDMA 让本地 CPU 通过 RDMA 网卡直接读写远端内存, 绕过远端 CPU, 从而在一定程度上克服了"I/O 墙"的阻碍。但是, 现有 RDMA 对内存读写原语的支持受限于网卡的复杂度, 仅仅包括读、写和原子 CAS(compare and swap)操作。而且, RDMA 的延迟远远大于内存访问延迟, 现有延迟最低的 Infiniband 网络, 端对端访问的延迟依然远远大于 1μs。如果使用

RDMA 实现循环队列插入元素,考虑到可能有多个主机同时读写这个队列,那么需要支持"多生产者-多消费者"的插入操作:首先检查队列中是否有足够的可用空间,其次原子地修改指针以在队列内分配内存,然后写入数据,最后写标记将数据置为有效(同时需要检测写入是否被破坏)。使用 RDMA,只能通过一系列 RDMA 请求在远程页面上操作。如图 1-18 所示,RDMA 读将首先检查可用空间,其次用原子 CAS 操作占位置,然后发送写数据的请求,最后还需要写标记。总体而言,完成此操作将需要至少 3 次往返网络(写数据和写标记可以共享同一个网络包),对于当今最快的网络也至少需要 5μs。而且,这个延迟已经逼近光电等信号在介质中传输的物理极限,很难再随着技术的进步降低了。

为了解决网络延迟对基于 RDMA 的远端循环队列性能的影响,学术界开始探索增加更复杂的 RDMA 原语,减少请求折返的次数。对于插入操作,一种优化方式是在 RDMA 中加入"原子追加"的原语,如图 1-18 所示。本地节点向远端节点发送队列中追加元素的原语,远端节点负责用本地的内存读写处理这个原语,从而避免了频繁地来回远程读写操作。

时至今日(2021 年),关于如何解决"I/O 墙"问题依然是一个开放性问题。学术界和工业界都提出了大量的研究和解决方案。大多数研究和解决方案都在尝试让冯·诺依曼架构走向更加异构的方向:为网络和存储增加计算的功能,从而将原本 CPU 的计算卸载到外设上进行。在网络和存储两个方向上的探索,被学术界统一概括为软件定义网络/存储。具体而言,软件定义网络将网络协议栈,如 TCP/IP 协议中的传输层安全(transport layer security,TLS)协议,以及一些底层的数据访问 API,卸载到智能网卡上进行计算;软件定义存储将存储器的一些需求,如日志记录、RAID、压缩等,卸载到靠近存储器的运算单元上进行计算。软件定义网络、软件定义存储与软件定义芯片的结合,必将在未来十年大放异彩。

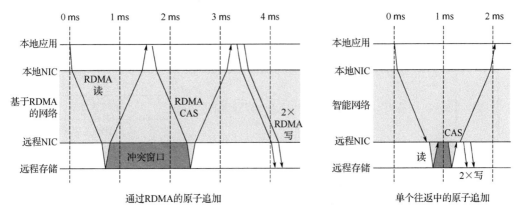

图 1-18 RDMA 中使用现有 read()、write() 和 CAS() 原子追加实现循环队列插入元素时,需要在网络中至少 3 次来回通信;使用新的原子追加原语只需要 1 次来回通信[15]

1.4　三 元 悖 论

在 1.3 节中，随着半导体工艺发展的步伐，简单介绍了冯·诺依曼架构为解决"内存墙"、"功耗墙"和"I/O墙"三大障碍而设计的部分硬件机制。图 1-19 粗略展示了硬件架构为应对"三堵高墙"而发生的演化。整体而言，硬件架构在向着定制化、并行化的方向发展。

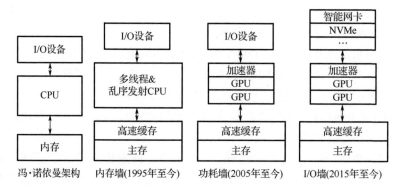

冯·诺依曼架构　　内存墙(1995年至今)　　功耗墙(2005年至今)　　I/O墙(2015年至今)

图 1-19　冯·诺依曼架构遇到"三堵高墙"后，向硬件定制化方向发生的演化

图 1-20 整理了 1.3 节涉及的部分硬件机制及其对编程的优劣。可以看到，这些硬件机制可以根据它们的效果大致分为四类：

分类	优点	缺点	硬件机制
a)	对编程模型完全透明	硬件开销很高	多级高速缓存
			指令多发射
b)	执行效率高、通用	学习和开发成本高	多线程并行
			暂存器
			C++ std::memory_order
c)	易开发、通用	未充分挖掘架构潜力	多线程安全队列容器
			指令重排序
			基于 RDMA 的队列
d)	易开发、执行效率高	兼容性差	GPGPU 任务队列

图 1-20　面对"内存墙"、"功耗墙"和 I/O 设计的部分硬件机制及其对编程而言的优缺点

(1)以高速缓存为代表的一些硬件机制对编程模型完全透明。这些硬件机制对上层的应用开发者和编译器设计师都非常友好，对大多数应用也具有普适性。但是，

这些硬件机制的功耗/面积开销可能会比较大，但大都进入了主流的架构设计之中。

(2) 以多线程并行为代表的一些硬件机制的学习成本和开发成本极高。这些硬件机制的性能潜力得到充分开发的前提是，应用开发者要根据应用的需求和硬件架构的组织方式来编写程序。但是，在优秀的开发者手中，这些硬件机制通常具有极高的性能和很好的应用普适性。在这些硬件机制中，有些在发明后迅速得到了广泛的应用，如多种原子操作指令；有些在发明多年以后，随着应用开发者对机制越来越熟悉，逐渐成为之后硬件架构的标配，如多线程、暂存器等；也有更多的机制，因为始终未能找到让应用开发者高效使用的方法，最终被人遗忘在历史档案之中。或许未来在面临新的挑战时，这些硬件机制会被再次从故纸堆中发现并得以有效利用。

(3) 以指令重排序为代表的一些硬件机制对编译技术有极高的要求，而且现有的编译技术难以充分开发特定应用在特定架构上的全部性能潜力。要充分开发这类硬件的性能，通常需要由专家程序员，绕过编译器，直接使用汇编指令编写程序。例如，x86 架构上的 SIMD 执行单元需要应用开发者直接使用 SIMD 指令集，实现特定应用的数据级并行性；GPU 流处理器中的多端口寄存器文件需要应用开发者根据特定应用的访存特征，将 SIMT 的访存请求分散在不同端口。然而，现有的编译技术很难满足这些需求，因此普通应用开发者使用现有编译器获得的性能与专家程序员比会有较大的差距。值得注意的是，针对某种硬件机制，一种编程模型下的执行效率(或性能)差，指的是针对一系列应用，使用这种编程模型得到的性能与最佳编程模型可以获得的性能之间的差距极大。

(4) 以 GPGPU 任务队列为代表的硬件机制兼容性差，表现在其仅能用于特定架构上的特定应用中。这类机制通常以几条简单的指令或 API 提供给应用开发者，简单易学。同时，定制化的设计可以充分发挥特定架构下的全部潜力。以 Google TPU 为代表的领域定制加速器，大多数都采用了类似的硬件机制和编程模型。

从已有编程模型的经验中，可以总结出编程模型的三元悖论，即一个新兴的、有效的编程模型，无法同时做到开发效率高(易用)、运行效率高(性能高)和通用性好。图 1-21 以"不可能之三角"的形式形象地展示了三元悖论：以 CUDA 为代表的编程模型性能高且通用性好，但开发效率低；以 NumPy 为代表的编程模型，易用且通用，但性能低；以 TensorFlow 为代表的编程模型，性能高且易用性好，但兼容性差(只适用于深度学习)。这三类编程模型，依次对应于将难以完全对编程模型掩藏的复杂硬件机制交给应用开发者、编译设计师、架构设计师等三者来解决，如图 1-22 所示。

需要特别指出，虽然图 1-21 中三类编程模型被固定在三角形的三个顶点上，但是实际上这些编程模型是非极化且在一直演化的。首先，现实中的编程模型往往位于三角形内部，偏向某个顶点或某个边。例如，CUDA 牺牲了一定的通用性，但也不是极端的难以开发。应用广泛的编程模型都需要在三个目标之间寻求折中。其次，编程模型也一直在演化。例如，最早的 CUDA 通用性很差，仅适用于图形渲染和部分科学计算类应用。随着 NVIDIA 在 CUDA 中逐渐加入了统一地址空间等新的机制，以及深度学习在机器学习类应用中的广泛应用，CUDA 的通用性越来越强。

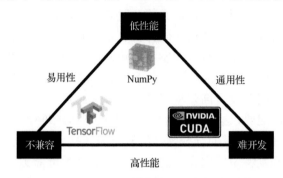

图 1-21　编程模型的三元悖论

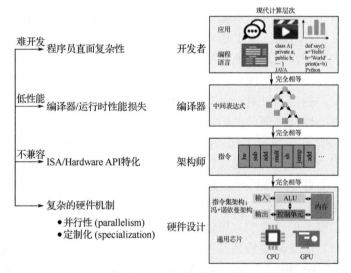

图 1-22　三元悖论的成因：如何处理难以完全掩藏的硬件机制

图 1-23 展示了典型并行性和定制化的硬件机制，并按照对编程模型掩藏的难度进行了排序。其中，难以掩藏的数据级并行性、空域并行性和暂存器都是软件定义芯片中常见的硬件机制，使得可编程性成为软件定义芯片的最重要挑战之一。

	并行性	定制化
易掩藏	指令级并行	异构SoC
	流水线并行	领域加速器
	内存级并行	
	预测并行	近存计算
	数据级并行	
	线程级并行	
难掩藏	空域并行	暂存器

图 1-23　按照掩藏难度对典型的硬件机制进行排序

1.5　三　类　探　索

根据"三元悖论",软件定义芯片的编程模型设计需要从已有的编程模型出发,考虑如何让应用开发者更有效地利用新增加的硬件机制。软件定义芯片中最重要的新硬件机制是空域并行性。因此,本节将结合应用领域,首先从应用的视角,探讨空域并行性与现有的线程级并行性、数据级并行性、数据流并行性等硬件机制的异同。具体而言,相比其他并行性,空域并行性可以更高效地执行具有非规则访存和非规则控制流特性的应用。本节从可以开发空域并行性的现有编程模型出发,根据"三元悖论",从三个方向探索如何在现有软件定义芯片编程模型中增加对空域并行性的支持。

1.5.1　空域并行性与非规则应用

非规则应用泛指稀疏矩阵代数、图计算等领域中的应用,以及使用树、集合等非线性数据结构的应用。很多现实问题都属于非规则应用。例如,机器学习中的协同过滤问题和贝叶斯图模型都属于图计算;数据挖掘中的 K 聚类(K-means)算法等集群分析法需要集合数据结构;关系数据库使用 B+树数据结构实现索引。加利福尼亚大学伯克利分校对算法空间给出的 13 种分类中[16],仅有两类算法(稠密线性代数、谱分析)几乎完全没有非规则部分,而有 4 类算法(非结构化网格、组合逻辑、有限状态机、分支回溯)中的非规则部分占据了主导地位。

空域并行性具有处理各种不规则性的潜力。为了阐明这一观点,本书首先将参考现有研究[17]对应用中的不规则性进行分类,然后通过将软件定义芯片与目前主流加速器 GPGPU 和 ASIC 进行对比,指出软件定义芯片处理非规则应用的潜在优势[18]。

第一类不规则性是由复杂控制流引入的控制依赖关系。在 C 语言中表现为分支语句、定界/不定界循环和子函数调用等。由于控制流表达的控制依赖关系决定了实际的语句执行顺序,复杂控制流将会导致语句的串行化执行。此外,控制流产生的不同分支间的语句经常需要互斥执行,难以简单地同时执行。所以,一旦应用中出现复杂控制流,往往难以实现高效的并行化。

第二类不规则性是由共享数据结构引入的运行期依赖关系。多种常用的数据结构,如树、图等,都会在算法中引入涉及不规则访问的共享数据。这些访问的并发性需要在运行期根据具体访问地址来确定,无法在编译期确定。冯·诺依曼架构下主流并行编程方法提供了多种基于并行随机访存模型(parallel random access machine,PRAM)的同步原语来解决这个问题,如锁、信号量等。这些同步原语为共享内存模型定制,在基于非冯架构的软件定义芯片上实现难度远高于通用处理器。

同时，由于依赖关系不确定，编译器难以在编译期对数据进行调度和预取。这将导致芯片对不规则数据的访问延迟很大。因此，如何在不依赖 PRAM 模型同步原语的情况下实现共享数据不规则访问，并且有效地掩藏访问延迟，是解决这一类不规则性的关键。

在大多数的非规则应用中，这两类不规则性相生相伴。例如，图计算领域中为了访问动态的图数据结构，经常需要在程序中采用嵌套的不定界循环遍历图的节点；分支回溯算法领域为了暂存之前的分支结果供回溯时使用，一般会将分支时未进入的支路保存在一个共享的栈中。因此，为了处理非规则应用，需要同时考虑这两类不规则性的实现。

当下最流行的两类新兴硬件架构分别是基于 SIMT 计算范式的 GPGPU 和基于数据流计算范式的神经网络加速器。这两类硬件架构分别利用了时域上的自由度和空域上的自由度，在规则应用上获得了很好的加速效果。图 1-24 展示了如何将通用处理器上的一个串行的线程(颜色由浅到深表示线程中各个运算的先后顺序)扩展到 SIMT 范式和数据流范式下的并行实现。SIMT 范式下，一个线程被复制多份分配到 GPGPU 在空间上提供的大量并行计算资源上。由于所有的线程受同一个指令流的控制，因此并发的计算资源并没有带来额外的取指、译码操作，从而获得了比通用处理器更高的能量效率。另外，数据流范式下，空间上计算资源依次对应线程中的各个运算，进而组成了一条空间流水线。当不同线程间的数据没有依赖关系时，各个线程对应的数据根据编译器的调度依次送入流水线中。流水线中的各级在数据到来时被激活，从而完全避免了通用处理器额外的取指、译码开销。

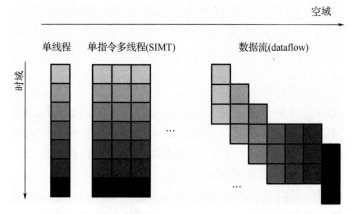

图 1-24　利用 SIMT 计算范式和数据流计算范式对一个规则的单线程程序进行并行(见彩图)

当任务中存在复杂控制流时，SIMT 范式在空域上的单一指令流将导致运算资源的浪费，而数据流范式可以将控制流转化为数据流并使其自由地整合到空域流水线中。图 1-25 以分支语句为例解释了这种情况。在 SIMT 范式中，由于空域上只有唯一一个指令流控制所有线程的执行，该指令流必须先控制所有线程执行第一个分支，再控制所有线程执行第二个分支。当不同线程在执行到分支语句并分别进入不同的支路时，每个线程依然在单一指令流的控制下依次执行第一个分支和第二个分支，而在通用处理器上每个线程只需要执行一个分支。由于 SIMT 范式在空域上不够自由，它在执行复杂控制流时会有大量计算资源浪费在计算不需要的支路上，尤其当应用中有嵌套的分支语句时。而数据流范式中分支语句的判断结果作为流水线中的数据传入下一级计算单元，不同的支路对应空间上不同的计算单元。当某一个线程对应的数据选择了某一个支路时，只有该支路对应的计算单元被这一线程的数据流激活。因此，数据流范式利用其在空域上计算资源的自由度避免了将计算资源浪费在不必要的分支上。

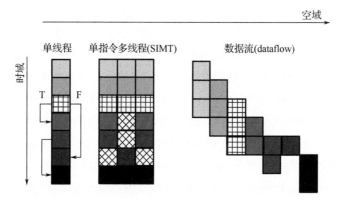

图 1-25　任务中的分支语句(if-else)在 SIMT 范式和数据流范式下的并行(见彩图)

当任务中存在运行期依赖关系时，SIMT 范式可以通过时域上自由的线程切换掩藏访存延迟，而数据流范式的流水线必须等待时域上所有潜在依赖关系都解决后才能继续执行。图 1-26 解释了这种情况。在数据流范式中，一旦编译器发现流水线两级之间存在编译器无法解决的依赖关系，即使该依赖关系在运行期不存在(例如，两个线程通过指针依次读写了两个地址,编译器如果无法确认两个地址一定不一样，那么它必须假定这组读写间存在依赖关系以确保正确性)，流水线中的后一级依然要等待前一级的所有运算完成后才能执行。由于数据流范式在时域上不够自由，它对应的流水线在遇到运行期的依赖关系时必须在时域上等待所有依赖关系都解决之后才能继续运行。而 SIMT 范式在时域上具有和通用处理器类似的自由度。它可以利用 PRAM 模型下的同步原语解决一部分运行期的依赖关系。同时，GPGPU 支持线程的自由切换，一旦一组线程继续计算所需的数据没有就绪，计算资源可以在指令流的控制下快速切换到另一组线程继续计算，直到这组线程所有数据就绪。因此，SIMT 范式利用其在时域上计算资源的自由度掩藏了共享数据访问延迟，并通过支持一部分 PRAM 同步原语简化了共享数据结构的编程。

软件定义芯片(下册)

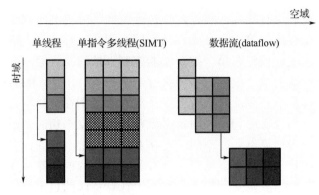

图 1-26　任务中的运行期依赖关系在 SIMT 范式和数据流范式下的并行(见彩图)

　　基于可重构计算范式的软件定义芯片具有"阵列计算、功能重构"的特点,在空域上表现为多处理单元及互联网络的并行执行,在时域上表现为阵列功能连续快速重构。图 1-27 以 3 个操作的 8 次规则循环在软件定义芯片上的映射结果为例,展示了软件定义芯片在时域和空域上的自由度。为了简化讨论,这里假设该软件定义芯片架构上只有 4 个 PE,且这里展示的只是该循环在 4 个 PE 上的一种可行映射结果。由于每个 PE 及 PE 间的互连都在运行时由配置信息指定,软件定义芯片在空域上的功能极为灵活。为了减少读取和加载配置信息的次数,图 1-27 中采用了类似于数据流范式的空间流水线的映射方法,使循环中的数据分别在 PE1-PE3、PE2-PE4 之间流动。同时,由于每个 PE 及互联网络的功能可以在运行时重构,图 1-27 中在流水线上游的 PE1 和 PE2 完成了运算后,将它们重构成循环中的第三个操作。这样既确保了循环可以在有限的计算资源上展开,又避免了计算资源的限制。

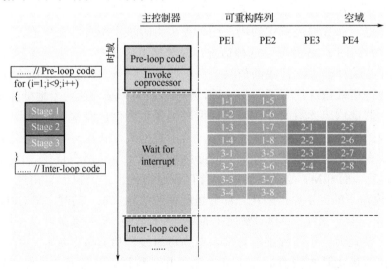

图 1-27　可重构计算范式在时域和空域上的自由度(见彩图)

从图 1-27 的例子可以看出，软件定义芯片兼备了时域和空域上的自由度。因此，在软件定义芯片上有可能存在同时解决上述两类不规则性的设计方案，从而将软件定义芯片可以支持的应用领域扩展到非规则应用。当然，软件定义芯片并非毫无缺点，与 SIMT 范式时域上指令的自由切换相比，软件定义芯片配置信息的重构代价较大，需要避免频繁地切换；与数据流范式空域上自由的数据传输模式相比，软件定义芯片为了使可配置的数据传输代价可控，需要牺牲一定的数据传输自由度。软件定义芯片在时域和空域上自由度的具体实现依然需要根据目标应用领域仔细权衡。

表 1-2　软件定义芯片与 SIMT 范式和数据流范式在处理两类不规则性的预期效果对比

不规则性	复杂控制流	运行期依赖关系
SIMT范式	空域不自由 运算资源浪费在不必要的分支上	时域自由 多组线程自由切换掩藏数据访问延迟
数据流范式	空域自由 控制流在空间流水线自由流动	时域不自由 运算资源需等待依赖关系全部解决
软件定义芯片	空域较自由 空域上将控制流转为数据流	时域较自由 时域上重构缓解数据延迟的影响

表 1-2 总结了软件定义芯片与 SIMT 范式和数据流范式在处理两类不规则性的预期效果对比，软件定义芯片范式在时域和空域上都较为自由，可以处理其他并行性难以解决的非规则应用类型。这既是其优势所在，也是它所面临问题的根源。一个处理器的灵活性不是由其架构具有执行什么应用的潜力决定，而是由程序员可以在该架构上开发什么应用决定。在设计任何硬件架构上的新特性时，一定要考虑程序员怎么用的问题。为了做到时域和空域两个维度上的协同优化，势必要在原有编程模型的基础上设计新的编程模型。

1.5.2　空域并行性的编程模型

目前，空域并行性的硬件架构和编程模型设计还在快速演化中。工业界和学术界关于空域并行性的架构设计并没有定论。动态数据流架构、FPGA、CGRA、TIA等架构都被认为是空域并行性的合适载体。本节之后从当前应用最广泛的 FPGA 编程模型出发，探索空域并行性的编程方法。

1. 牺牲通用性的探索

在牺牲通用性这条道路上，空域并行性等硬件机制主要由架构设计师来处理。应用开发者以领域定制库或领域定制语言的方式描述自己的需求。每个应用领域都会有自己独特的问题。本节以稀疏矩阵向量乘为代表的稀疏线性代数领域为例，简单介绍牺牲通用性的编程模型的设计考虑。其他应用领域编程模型的设计方法，如图计算、人工智能等，参考第 4 章。

　　稀疏矩阵向量乘(sparse matrix-vector multiplication, SpMV)是指稀疏矩阵 A 乘以向量 x 得到另一个结果向量 y，如下：

$$y = Ax \qquad (1\text{-}1)$$

其中，矩阵 A 是 $m \times n$ 稀疏矩阵；x 是 n 维被乘向量；y 是 m 维结果向量。稀疏矩阵最初是在 20 世纪 60 年代，一些研究人员在求解线性方程组时，为了充分利用稀疏性而提出的，它可以较好地解决一些稠密矩阵无法解决的问题[4]。关于稀疏矩阵，并没有一个严格的数学量化定义，但通常是指大量元素为零的矩阵。稀疏矩阵最显著的应用是稀疏线性方程组中的迭代法求解。在迭代法求解中，占整个计算时间最长的就是 SpMV 的计算。研究显示，在使用间接法求解大规模线性方程组的过程中，计算 SpMV 所需的时间最长，占总计算时间 75%以上[19]。另外，神经网络中卷积的计算通常可以转化为矩阵乘运算，而矩阵乘运算又是由一系列的矩阵向量乘运算组成的。因此，在稀疏神经网络中卷积运算最后也可以转化为求解 SpMV。所以，加速 SpMV 算法显得十分必要。

　　对于 SpMV 这类受限于带宽的应用，一般用带宽利用率(bandwidth utilization, BU)作为性能评判指标，其定义为单位带宽时的 GFLOPS。然而，由于稀疏矩阵向量乘不规则的控制流和数据内存访问模式，在传统的冯·诺依曼体系结构上，计算和访存不能很好地适配。这就导致计算单元利用率和带宽利用率很低，仅为峰值性能的 0.1%～10%。随着半导体制造工艺的进步，基于可重构计算范式的 FPGA 已经发展成为具有丰富并行计算和深度流水资源的高性能计算平台，被越来越多地应用在各类服务器中以加速大型的并行应用。并且，由于硬件的可重构性，FPGA 可以被重编程来执行新类型的计算任务，从而满足各行各业日新月异的需求。SpMV 作为大型的并行应用，研究其在 FPGA 上的实现和优化成为科研和工程界的热点。

　　虽然凭借其丰富的并行计算资源，FPGA 能够很好地加速 SpMV，但当矩阵的规模超过 FPGA 片上存储资源容量时，性能便会下降。也就是说，单独的 FPGA 也并不能很好地解决大规模的 SpMV 问题。目前主流的稀疏矩阵表达形式有行压缩形式(compressed sparse row, CSR)和坐标列表(coordinate, COO)等，这些表达形式都是面向冯·诺依曼架构的设计。而在 FPGA 上，稀疏矩阵运算可以通过空域流水线的计算模式高效实现。现有的表达形式在这一模式下有大量冗余信息，从而导致内存带宽的浪费。采用基于可重构计算范式的空域流水线计算模式，设计新型稀疏矩阵表达形式，有望提高 FPGA 在处理稀疏矩阵类应用时的带宽利用率。

　　稀疏矩阵包含了大量的零元素，为了节省存储空间以及减少零元素的冗余计算，通常采用压缩存储。稀疏矩阵的存储格式与稀疏矩阵向量乘的性能也有着紧密的关系，因此很多研究从稀疏矩阵的存储格式优化出发，来提高 SpMV 的性能。目前常用的存储格式有 COO、CSR 和压缩稀疏列(compressed sparse column,CSC)。

COO 格式是一种三元组格式,即该格式由三个数组组成。这三个数组是 val、row_idx、col_idx,分别存储稀疏矩阵中非零元素的数值、行指数和列指数。一般来说,稀疏矩阵的非零元素按照从左到右、从上到下的顺序,依次存储在这三个数组中。但由于 COO 格式记录了每个非零元素的数值、行指数和列指数,因此非零元素之间彼此独立,可以以任意顺序存放。相比稠密矩阵的存储方式,COO 格式可以节省很大的存储空间。在压缩存储格式中,COO 格式相对比较灵活,但相比下面介绍的存储方式,存储空间并不是最优的。

COO 记录的信息较多,并且由于其排列无序,所以对特定元素的访问不是很有效,而且存储空间还是较大。因此,研究者又提出了进一步压缩的格式,即 CSR 格式。CSR 格式同样是由三个数组组成的,但数组中的元素并不是线性一一对应的。这三个数组是 val、col_idx 和 row_ptr。其中 val 和 col_idx 数组和 COO 格式一样,分别存储稀疏矩阵中非零元素的数值和列指数,但这里存储矩阵的顺序只能是从左至右、从上往下,即按照行优先的顺序进行存储。第三个数组 row_ptr 存储每一行第一个非零元素在 val 和 col_idx 数组中的偏移,即 row_ptr[i]是稀疏矩阵中第 i 行第一个非零元素在 val 和 col_idx 数组中的位置。row_ptr 数组的大小通常是 $N+1$,其中 N 是矩阵的行数。row_ptr 最后一个元素放的是稀疏矩阵总的非零元素个数。与 CSR 按行压缩相对应,还有按列压缩的 CSC 格式。

与 COO 格式相比,虽然 CSR 和 CSC 格式三个数组的元素不是线性一一对应的,但它们存储的信息更简洁,更节省存储空间,对特定元素数值的访问也更快。CSR 和 CSC 是目前最通用的压缩存储格式,如 MATLAB 中就采用 CSC 格式来存储稀疏矩阵。

目前关于 SpMV 性能方面的问题主要来源于以下几点挑战:

(1)不规则的内存访问。由于稀疏矩阵通常是压缩存储的,所以对向量 x 的访问通常是不规则的。以 CSR 存储格式为例,对向量 x 的访问地址是 col_idx 数组的元素,所以每个 col_idx 数组的元素必须先加载到内存中,再作为访问向量 x 的地址。这种间接的访存方式直接导致对向量 x 的不规则访问,最终影响了 SpMV 的计算性能。

(2)负载不平衡。由于稀疏矩阵每一行或每一列的非零元个数不一样,因此在计算部分积累加时,不同行和列需要累加的数据集大小不一致。这就导致负责不同行的处理单元 PE 的负载不平衡,从而出现负责较少数据集的 PE 先算完并处于空闲等待状态的情况,降低了整体的计算效率。

(3)大规模矩阵问题。目前的许多设计,都依赖 FPGA 的片上存储资源,通过将向量 x 或中间结果缓存在 FPGA 上的块随机访问存储器(block random access memory,BRAM)中来消除不规则内存访问的问题。然而,当矩阵规模增大到超过

FPGA 片上存储器容量时，这些设计便显得无能为力。虽然大部分设计选择使用分块策略进行处理，但分块会导致中间结果在 FPGA 的片上存储器和片外存储器间来回搬迁，增大了数据内存访问量，最终也会影响整体性能。并且，分块还会带来零行或者短行的问题，也会对性能产生影响。

(4)零行或短行问题。零行或短行是指稀疏矩阵中一些行中包含的非零元素个数为零或者很小。短行会导致在某些 PE 中需要进行补零填充，从而导致 PE 进行了空转，对性能产生了很大的影响。零行一般是在稀疏矩阵进行分块过程中产生的，需要额外的电路和更复杂的控制来消除，提高了设计的难度和复杂度。

为了解决这些问题，本书根据 CPU-FPGA 异构平台的特点，设计了适合 SpMV 的异构加速器。将不规则的访存操作放在 CPU 端执行，不规则的控制流部分放在 FPGA 端执行，从而使整个设计实现高带宽的无阻塞计算，带宽利用率大大提高。首先介绍适配 CPU-FPGA 架构的稀疏矩阵的新存储格式，即坐标和压缩稀疏列结合(coordinated compressed column, CCC)格式，并将其与常用的存储格式进行了对比。其中，重点比较了不同格式的内存访问量，因为这个因素直接影响带宽受限应用的性能。然后提出 SpMV 加速器整体的设计框架，接着介绍 CPU 端取数据算法，该算法能保证 FPGA 端的数据不会出现冲突，从而可以无阻塞执行计算。最后阐述 FPGA 端数据流的硬件实现。

顾名思义，CCC 格式是由 COO 格式和 CSC 格式结合而来，也由三个数组组成。首先，根据阈值(threshold)(这里的 threshold 是与 FPGA 端计算资源有关的量)来将矩阵进行分区(partition)，即一个 partition 里包含的矩阵行数为 threshold(最后不足 threshold 行的部分被归为一个 partition)，如图 1-28 所示。以 partition 为单位，每个 partition 里按照类似于 CSC 的方式来存储数据，也就是按照列优先从上至下、从左至右的顺序，但不同于 CSC 格式的三个数组，CCC 三个数组与 COO 相同，即 val、row_idx 和 col_idx 分别存储非零元素的数值、行指数和列指数。这样做的好处是，保留了非零数组的线性特性，使得在 CPU 组装数据时可以很好地用向量 x 的相应元素来替换 CCC 格式中的 col_idx。这样 CPU 传输给 FPGA 的数据更有利于执行 SpMV 计算。假设 threshold 为 2，同样以图 1-28 中的稀疏矩阵 A 为例，其 CCC 格式如图 1-29 所示[20]。

	0	1	2	3	4	5	
0	1	0	0	2	0	3	分区0(partition_0)
1	0	4	5	0	0	0	
2	0	0	6	0	7	0	分区1(partition_1)
3	8	0	0	0	9	a	
4	0	0	0	b	c	0	分区2(partition_2)
5	d	0	e	0	0	f	

图 1-28   一个分区后的稀疏矩阵

val	1	4	5	2	3	8	6	7	9	a	d	e	b	c	f
row_idx	0	1	1	0	0	3	2	2	3	3	5	5	4	4	5
col_idx	0	1	2	3	5	0	2	4	4	5	0	2	3	4	5

图 1-29 以 CCC 格式保存图 1-28 中的稀疏矩阵

采用 CCC 格式后,数据可以无阻塞地流向 FPGA 端的处理单元。整个设计的计算流程大致如下:首先,CPU 加载矩阵数据并用相应的 x 向量元素代替 CCC 格式中的列指数信息。然后,矩阵的数值、行指数以及相应的 x 向量元素一起流向 FPGA 端执行数据流处理。计算周期以一个 partition 为单位,直到目前正在处理的 partition 里的所有非零元素计算完,才开始进行下一个 partition 的计算。由于来自同一行的非零元素的乘积需要累加在一起,因此对于同一行的非零元素需要做标记(这里就是行指数),在 FPGA 中用句柄(tokens)表示。这样,不规则的内存地址访问放在 CPU 端执行,而不规则的控制部分,即句柄比对和规约操作放在 FPGA 上执行。

在 CPU-FPGA 异构架构的特点以及提出的 CCC 格式的基础下,设计了整个 SpMV 加速器。整体的设计思想就是将不规则的数据访问部分加载到 CPU 上,而不规则的控制流部分放在 FPGA 上执行。在 CPU 端,为了更好地利用数据局部性,对稀疏矩阵采用 CCC 格式的列优先访问模式,这样对 x 向量元素的访问就是顺序的。在 FPGA 端,将乘法和累加的计算单元分开,乘法器按照列优先的顺序计算矩阵非零元素和 x 向量的乘积,而累加器则负责累加来自同一行的非零元素。由于 FPGA 端资源有限,则累加器的计算资源有限,因此把累加器个数称为 threshold。那么同一时刻,最多只能有 threshold 行的非零元素进行乘法和累加,这样就要求 CPU 端提取数据时只能取 threshold 行的元素。因此,与 CSC 格式按照列优先横跨所有行不同,这里只能跨 threshold 行。这也解释了前面 CCC 格式分区时阈值的依据。

这样,整个系统的计算按如下进行分工:CPU 首先将原始稀疏矩阵转化为 CCC 格式,接着取出 CCC 格式下的非零元素和相应的向量 x 的元素,组成一个传输包(transaction),传输包通过共享内存传输到 FPGA 端,FPGA 端一旦读到数据,马上执行计算,计算完一个 partition 后,将结果传回到 CPU 端。在共享内存的 CPU-FPGA 异构平台上,一个传输包一般对应一个缓存行。整个执行过程可以完全流水起来,并且无阻塞,因此带宽利用率很高。整个系统的执行过程如图 1-30 所示。

具体来说,本设计的工作流程可以归纳为以下三个步骤:

(1)格式转换。格式转换主要是将稀疏矩阵的存储格式从最初格式(如 COO、CSR 或者 CSC)转化为 CCC 格式。

(2)数据提取。这一步骤是 CPU 将 CCC 格式的稀疏矩阵和向量 x 按照取数据算法组装成传输包,写到共享内存里然后传输给 FPGA。为了在 FPGA 端实现无阻塞数据流计算,FPGA 每一个周期读到的缓存行里的矩阵非零数据必须来自不同行,这样计算完乘法后，部分积才不会流向同一个累加器，从而避免数据冲突造成的阻塞。因此本书设计了 CPU 端数据提取算法，该算法在 CPU 端进行提取数据时能过滤掉来自同一行的数据。

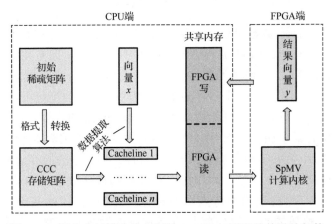

图 1-30　面向空域流水线定制的 SpMV 加速器整体设计架构

(3)计算执行。此步骤执行 SpMV 最主要的乘加操作，FPGA 端一旦读到数据，马上开始执行。这一过程是完全深度流水的，能充分挖掘数据和流水线并行性。根据上面的讨论可以知道，为了满足流水无阻塞执行的要求，FPGA 端累加器的个数必须与 CCC 格式中 partition 的 threshold 相等。直观上来看，threshold 越小越好，因为 threshold 越大，需要的累加器资源越多。然而，threshold 也不能太小，这主要出于两方面的考虑。一方面，必须要有足够的来自不同行的非零元素组装成一个缓存行，以便 CPU 端可以有效地取数据。另一方面，更大的 threshold 值意味着一个传输包里的数据有更大的概率来自不同行，这样就需要较少无效元素的填充，对 CPU 端数据提取算法很有利，数据提取算法详见后面。因此，在本书的设计中，权衡了各方面因素，threshold 的值设为 32。

根据上面的讨论可知，FPGA 端每一个累加器负责来自同一行的非零元素的乘积累加。如果一个缓存行有两个或两个以上的非零元素来自同一行，那么就会造成数据冲突，因为在同一个时钟周期，它们会流向同一个累加器。解决这种数据冲突有两种方法。第一种方法是设计一个缓冲器，将造成数据冲突的数据进行缓存。然而，这种方式会造成拥塞和等待，从而影响 CPU 和 FPGA 之间的吞吐率，与无阻塞执行目标不相符。更严重的是，在极端情况下，需要将所有的非零元素进行缓存，这显然不利于设计。另一种方法是在 CPU 端提取数据时，通过特定算法保证同一个 transaction 里的数据来自同一行。数据提取过程就这样一直执行下去，直到所有的非零元素全部送往 FPGA 端。

FPGA 端读取到 CPU 端传来的数据后，立即开始执行乘加操作。在 FPGA 端，整个硬件实现主要包括三个单元，即负责乘法计算的 PE_MULT 单元、负责数据流向的 PE_MUX 单元以及负责累加规约的 PE_REDUCE 单元，如图 1-31 所示。因为一个缓存行包含三个来自 val、row_idx 数组和向量 x 元素的组合对，所以乘法器的个数设置为 3。值得注意的是，更多的乘法器并不会对性能带来额外的提升，因为 FPGA 是数据流执行模式，只要有数据过来，马上就能全部处理这些数据。FPGA 端收到计算开始的信号后，首先，val 数组的三个元素和对应的向量 x 元素流向乘法器执行乘法运算，相应的 row_idx 数组元素则作为 PE_MUX 的选通信号。然后乘法器的输出流向 PE_MUX 单元，与 PE_MUX 单元相连的是 32 个累加器，每一个累加器负责来自同一行非零元素的部分积累加。每个时钟周期，PE_MULT 单元会有三个输出流向 PE_MUX 单元。而根据行指数信息，从 PE_MUX 出来的数据将会流向相应的累加器电路。在 CPU 端取数据时，每一个 partition 的结尾，会设置一个标识信号，来指示这一 partition 的结束。因此，一旦累加器电路检测到了这个标识信号，便结束这一段数据的累加，产生输出结果。然后在下一个时钟周期，累加器开始累加下一个 partition 数据的乘积。

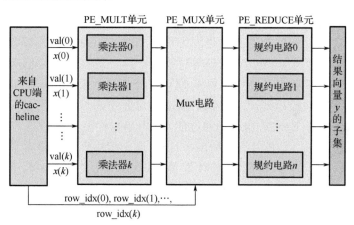

图 1-31　FPGA 端 SpMV 计算内核总体框架

为了测试该异构领域定制加速器的性能，实验选用的目标平台是 Intel HARP-2。HARP-2 是一台共享内存的 CPU-FPGA 异构架构的实验用服务器，它将 CPU 和 FPGA 集成在一块芯片内，从而使得二者之间互连的带宽更高，延迟更低。

本书将整个设计在 HARP-2 平台[21]上进行了实现，综合后的资源使用情况如表 1-3 所示。可以看到，整个设计使用了 FPGA 上少于 40%的逻辑资源以及很少的 DSP 计算资源(少于 1%，因为受限于 CPU-FPGA 之间的系统带宽)。如果带宽增大，那么设计很容易扩展，只需增加更多的乘法器、多路选择器以及累加器，而 FPGA 上剩下的资源足够满足这个需求。因此，此设计具有很强的扩展性。

表 1-3　异构稀疏线性代数系统在 FPGA 端资源使用情况

模块	自适应逻辑模块	块随机访问存储器	DSP 块
加速器功能单元	34%	10%	少于 1%
缓存连贯性接口	5%	5%	0%

对于计算类型的应用，一般用单位时间执行的操作数来衡量设计的性能。由于研究的是双精度浮点 SpMV 问题，因此可以用单位时间内浮点操作个数，即 GFLOPS 来衡量设计的绝对性能。在 SpMV 计算中，一共要执行 Nz 次(non-zero，即稀疏矩阵中非零元素的个数)浮点乘法运算，以及大约 Nz 次浮点加法运算。因此，GFLOPS 计算表达为 2Nz 除以总的计算时间 T，即

$$GFLOPS = 2Nz/T \tag{1-2}$$

其中，T 包括 CPU 端提取数据的时间、数据从 CPU 传输到 FPGA 的时间、FPGA 端的乘加计算时间以及结果向量从 FPGA 传回到 CPU 的时间。T 不包括稀疏矩阵从原始存储格式转化为 CCC 格式的时间，这部分操作是预处理。在 SpMV 这类不规则的运算中，预处理是可以接受的。

GFLOPS 之所以是绝对性能，是因为不同系统的特点和相关参数不一样，如系统带宽、加速器的个数、FPGA 类型等特征不一样，这些因素都影响着最终设计的性能。特别是系统带宽，直接影响着 SpMV 这类带宽受限应用的性能。系统带宽越大，SpMV 最终的性能越好，这在我们提出的设计中表现尤为明显。因此，想要公平地比较不同系统下 SpMV 加速器的性能，仅用绝对性能 GFLOPS 作为衡量参数是不够准确的。基于此，本书用带宽利用率(BU)这个相对性能衡量标准来描述最终的性能。BU 表示为单位带宽的绝对性能，即设计的 GFLOPS 除以系统带宽(bandwidth)，其单位是 GFLOPS/GB，如式(1-3)所示：

$$BU = GFLOPS/bandwidth \tag{1-3}$$

还有一个指标，即设计的吞吐率(throughput)，也能间接体现带宽的利用情况。throughput 用传输的缓存行数据总量 cl_trans 除以数据包从 CPU 到 FPGA 的传输时间 T_trans 来表示，如式(1-4)所示：

$$throughput = cl\_trans/T\_trans \tag{1-4}$$

由于缓存行里所包含的数据并不全是有效的，因此吞吐率也并不能完全反映带宽利用率情况。缓存行里无效数据主要表现在以下几个方面：①在 CPU 端取数据算法中，如果三个盒子中的数据有冲突，那么就会填充无效数据；②在取数据算法中，每一个 partition 结尾，会填充表示结尾的标识信号；③缓存行的大小与数据大小不完全适配，三个 val、row_idx 数组和 x 向量组合对的数据大小是 60 字节，而缓存行的大小是 64 字节，因此有 4 字节大小的元素是无效的。然而，吞吐率可以很好地

反映系统无阻塞执行的情况，吞吐率越接近于系统带宽，说明该设计无阻塞执行越好。因此，在本设计中，也会报告测试集的吞吐率情况。

测试集在异构稀疏线性代数加速模块上的性能和带宽利用率结果如图 1-32 所示。可以发现，在 17 个测试矩阵中，GFLOPS 的值非常接近。这在我们的设计中是可以预料到的，因为该设计的性能瓶颈就是 CPU 和 FPGA 之间的带宽，与输入稀疏矩阵的属性无关。因此，尽管不同稀疏矩阵的稀疏性和非零元素分布规律不一样，但测出来的 GFLOPS 大致相同。同样，17 个测试矩阵的吞吐率也可以计算出来，计算结果表明，所有测试矩阵的吞吐率都接近于 12GB/s，与系统带宽相同，说明本设计将系统带宽全部占满，几乎是满带宽计算，无阻塞执行效率很高。因此，可以预计带宽利用率也较高。

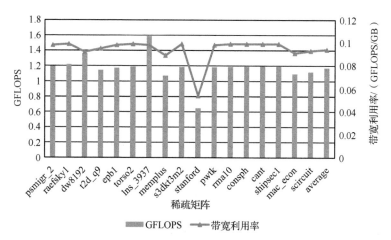

图 1-32　异构稀疏线性代数加速模块在测试矩阵性能结果

与 Maxeler Vertics 平台上 Grigoras 等的设计[19]GFLOPS 对比的结果如图 1-33 所示。可以看到，本节提出的设计架构同 Maxeler Vertics 平台上的实现可以达到相似数量级的 GFLOPS 值。对于稀疏度更高(即非零元素更少)的矩阵，本节的设计GFLOPS 更高。这是由于文献[19]中的设计是根据输入稀疏矩阵的属性来生成一个最优架构，让每个分块的访存连续性尽量接近稠密矩阵向量乘的访存特性。所以对于越稠密的矩阵，这种方法性能越好，而随着矩阵稀疏性增加，性能也逐渐下降。对于本节的设计，由于将不规则的数据访问和不规则的计算执行分别放在 CPU 和FPGA 上，所以该设计对稀疏矩阵的属性和结构不敏感，不论较稀疏还是较稠密的稀疏矩阵，在本节的设计下 GFLOPS 相差无几。值得注意的是，文献[19]中使用的Maxeler Vertics 平台的 CPU 与 FPGA 之间的带宽是我们设计采用的 HARP-2 平台的3 倍，因此本节设计的带宽利用率也会远远高于 Maxeler Vertics 平台上的设计。两者的带宽利用率计算结果如图 1-33 所示。通过图 1-33 可以得到，本节提出的架构平均带宽利用率是 0.094 GFLOP/GB，文献[19]中采用 Maxeler Vertics 平台提出的架构平均带宽利用率为 0.031GFLOP/GB。因此，本节的设计相比文献[19]中的设计，速度提升了大约 2 倍。

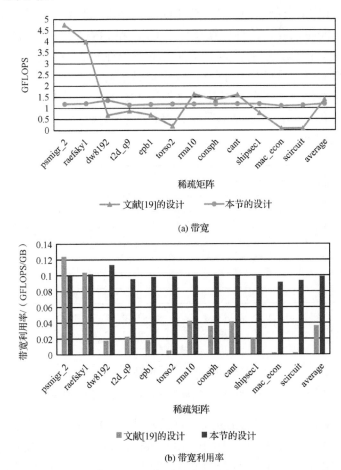

(a) 带宽

(b) 带宽利用率

图 1-33　与文献[19]的性能和带宽利用率的对比

从编程模型的实现角度来说，本节的设计对应用开发者和编译设计师非常友好。架构设计师只需要提供一组常见稀疏矩阵格式与 CCC 格式之间进行类型转换的 API，以及常见的稀疏矩阵算子 API，即可让应用开发者使用基于异构可重构架构的稀疏线性代数加速模块。而且，这个编程模型具有很好的向上兼容性：无论可重构架构做出何种改变，如与 CPU 直接共享 DRAM、从 FPGA 换成 CGRA 等，由于编程模型将硬件架构的复杂度交给架构设计师处理，硬件的改变可以对编译设计师和应用开发者完全透明。总之，稀疏矩阵的 CCC 格式牺牲了通用性，换取了更好的性能和开发效率。

2. 牺牲开发效率的探索

空域并行性难以被应用开发者利用的一个关键问题在于应用开发者对冯·诺依曼架构下的 PRAM 模型，以及基于 PRAM 模型的命令式编程语言(imperative programming languages)，如 C、Java 等更加熟悉。由于通用处理器上的每个线程一步一步地按照指令执行，而人脑也更熟悉一步一步地描述任务，因此命令式编程对应用开发者更为友好。如今，大多数编程语言都是命令式的。

在命令式编程语言中，并行性通常表达为线程级并行性和数据级并行性。不同线程同时执行可以并发的指令。需要线程间同步时，应用开发者按照需要使用共享内存中的锁、信号量、栅栏等同步原语。而数据级并行性则通过 SIMD 指令的方式，由应用开发者显式地表达。

但是，命令式编程语言很难表达空域并行性。一方面，空域并行性中并发的模块数量极多，使用命令式编程语言的线程抽象时，每个模块要对应到一个线程。这样编程将变得极为烦琐。另一方面，空域并行的模块间同步极为频繁，例如，当多个模块构成流水线时，两个模块间可能每个时钟周期都需要一次握手同步。命令式编程语言中基于共享内存的同步原语很难满足如此频繁的同步需求。为了解决这一难题，这里尝试使用交换消息的顺序进程(communicating sequential processes，CSP)并发编程模型中的通道原语，替换现有的命令式编程模型，从而更有效地开发应用中的空域并行性[22]。

CSP 使用一组独立运作的进程来描述应用。进程间只通过消息传递通道相互交互。进程间预先声明交换消息的通道，然后各个进程在运行时通过向通道中写入和读出数据进行同步。在 CSP 中，通道描述的是一种在多个模块之间通信的原语，有低延迟高并发的特点。目前主流的 FPGA HLS 语言厂商也在自己的语言内加入了支持通道的语法，如 Intel 的 FPGA SDK for OpenCL 等。对应到软件定义芯片的硬件实现上，这个通道可以被抽象对应为一些具体的 FIFO 队列，也就是说，利用通道技术，可以让不同的内核通过 FIFO 队列直接联通起来。图 1-34 展示了通道的整体框架图，图中的 FIFO 即通道原语。

下面以一个具体的例子来阐述通道数据传输过程中的一些特点。表 1-4 展示了使用通道原语在模块间进行同步的代码示例。这段单通道数据传输代码在软件定义芯片上可以被综合成图 1-35 所示的数据传输硬件结构示意图。在表 1-4 所示的代码中，Producer 内核将 10 个元素([0, 9])写入通道 t0 中，Consumer 内核每次被执行时都会从通道中读取 5 个元素。在第一次读取中，从图 1-35 的示意中可以看到，Consumer 内核将会读取 0~4 这 5 个数值。由于通道中的数据在整个加载到 FPGA 的代码没有执行完全之前会一直存在，所以 Consumer 内核不会只读取一次通道中的数据就停止运行，在读完第一次的 5 个数值之后，它会继续执行第二次，这一次读取的数值为 5~9。

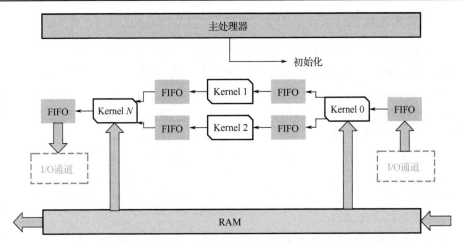

图 1-34　使用通道在空域并行的模块(即图中 Kernel)间进行同步

表 1-4　使用通道在模块间进行同步的代码示例

单通道数据传输代码示例

```
channel int t0;
__kernel void Producer() {
    for (int c= 0; c<10; c++) {
    write_channel (t0, c);
  }
    }

__kernel void Consumer (__global uint *restrict target) {
    for (int c= 0; c<5; c++) {
    target[i] = read_channel (t0);
    }
}
```

图 1-35　单通道数据传输硬件结构示意图

上述的示例代码在 Producer 只执行一次时不会出现问题,但当 Producer 内核需要执行多次时就有可能出现死锁(deadlock)的情况。这是因为,在示例中,Producer 内核一次产生了 10 个数据,而 Consumer 内核一次只读取 5 个数据,这就要求 Producer 内核每执行一次,Consumer 内核必须要执行 2 次才能保证程序的正常执行。如果 Consumer 内核执行的次数少于两次,那么 Producer 内核将会停滞,因为此时通道数据没有被完全读取,通道处于被占用的状态。如果 Consumer 内核执行的次数多于两次,Consumer 内核将会停滞,因为此时通道中没有可读取的数据。

在使用通道描述应用的过程中,可能会用到带缓存的通道(read_channel_nb 和

write_channel_nb），也有可能用到不带缓存的通道(read_channel 和 write_channel)。当读操作和写操作之间并不是严格平衡的情况下，通常会使用带缓存的通道来应对内核出现意外停滞的情况。通过在通道的声明中引入 depth 这个参数，便能实现带缓存的通道。

通常，使用带缓存的通道控制数据的联通，如限制数据的吞吐率或者为访问共享的内存提供一种同步的方式等。在通道没有缓存的情况下，下一个写操作只有在上一个读操作结束之后才能够执行，否则这个写操作将会一直停滞，这便会导致传输效率的下降，甚至有时候会导致程序的异常。而在带缓存的通道中，写操作只是在数据还没被写入缓存之前下一个写操作无法进行，这样不仅延迟更短，而且也为更多的并发执行提供了可能。当然，如果缓存已满，那么下一个写操作仍然需要等到读操作从缓存中读取数据，腾出存储空间时才会执行。

本小节将使用通道构建适用于空域并行性的并行数据结构(concurrent data structure，CDS)，再使用这些 CDS 实现一个 K-means 算法，并与现有基于 HLS 的实现进行对比。实际构建了三种不同的并行数据结构：单入单出队列(single-producer-single-consumer queue，SPSC queue)、单入单出堆(single-producer-single-consumer stack，SPSC stack)以及多入多出堆(multiple-producer-multiple-consumer stack，MPMC stack)。

相对于传统的串行数据结构，并行数据结构的设计更加困难，也更加具有挑战，这是因为，当不同的线程或者不同的处理单元在使用并行数据结构时，它们往往交错使用这些数据，在交错使用的过程中会产生很多意想不到的结果，为了让运算呈现出我们想要的结果，就必须提前考虑各种可能的情况，以便在确保并行执行的高效率的同时，保证运算结果的正确性与准确性。

本小节将具体介绍一种利用通道构建的单入单出并行队列的设计与实现。为了评估这种并行队列数据结构的性能，将在 FPGA 上对其进行具体的实现，并用 K-means 算法对其进行评估。

K-means 算法源于信号处理领域，是目前非常常用的一种在数据挖掘中进行聚类分析的方法。K-means 算法旨在将 n 个对象分成 K 类，使得每一个对象都处于距离它最近的聚类中心的那个类别里。一般而言，在经过有限次迭代计算之后，K-means 算法会收敛至一个稳定的结果，即聚类中心和每个对象所属的分类都不再发生变化的一个稳定状态。即对于给定对象$(x_1, x_2, \cdots, x_n)$，这里的每个对象都是维度为 d 的向量，K-means 算法的目的在于将这 n 个对象划分到 $K(K \leqslant n)$ 个集合 $S = \{s_1, s_2, \cdots, s_K\}$ 中，从而使得所有对象到其分类中心的欧几里得距离之和最小。

以上迭代计算过程为 K-means Lloyd 算法，其中每个迭代的计算复杂度是 $O(Kn^2)$。在 Lloyd 算法中，在将数据对象集中的元素分配给距离最近的中心这一步，需要计算 nK 个距离；在重新计算中心点时，标准方法需要进行 n 个数据点的相加操作。为了降低计算复杂度，K-means 的过滤算法在 K-means Lloyd 算法的基础上给数据对象增加了索引结构。这样，在寻找到最合适分类或聚类中心的过程中，可以通过查询索引，而不是遍历所有对象，减少不必要的聚类中心与数据对象间距离计算的次数。这样便大大减少了距离计算的计算量，其计算复杂度为 $O(Kn\log n)$，从而能较大地提升算法的性能。

一般而言，在采用过滤算法时都会用 kd-tree[23] 的数据结构来存储数据对象。在 kd-tree 中，除了叶子节点存储的是具体的数据对象，非叶子节点中一般会存储数据对象的数据范围信息，姑且将这个信息记作 h。有了这个数据范围信息，便能有效地减少数据对象到聚类中心距离的计算量。

表 1-5 中给出了一种 K-means 过滤算法的实现。代码中使用双端的队列（double-ended queue，deque）保存 kd-tree 深度优先遍历中存储的中间节点，从而实现了负载窃取（work-stealing）。在表 1-5 中，每个线程开始工作都需要从本地 deque（q[0]或 q[1]）中 pop 出相应的内容，若本地的 pop 操作失败，则从其他 deque（q[0] 或 q[1]）中"窃取"（stealing）。此外，整个方法利用了一个带布尔标签的数组标识整个计算是否结束，当工作项中没有任何 deque 时则表明计算结束。

表 1-5　K-means 算法的 work-stealing 实现伪代码

K-means 的 OpenCL 实现（基于 work-stealing 技术的实现伪代码）
1.　attribute (reqd work group size (P,1,1))
2.　kernel kmc2 (global tree *t[P], local centerset *M)
3.　　local deque[P] q
4.　　global heap[P] h
5.　　local centerset[P] Ms
6.　　i ← get local id (0)
7.　　sid ← (i + 1) mod P
8.　　Ms[i] ← M
9.　　q[i].push (t[i], h[i])
10.　　while ¬(q[0].finish && ... && q[P − 1].finish) do
11.　　　success ← get (&t[i], &h[i], q, i, &sid)
12.　　　q[i].finish ← ¬success
13.　　　if success then
14.　　　　if process (t[i], &h[i], &Ms[i]) then
15.　　　　　q[i].push (t[i]->r, h[i])
16.　　　　　q[i].push (t[i]->l, h[i])
17.　　　　end if
18.　　　end if
19.　　end while
20.　　barrier
21.　　if i = 0 then M ← reduce (Ms)
22.　end kernel

　　表 1-5 中的代码可以很方便地改写为 OpenCL 代码,通过 Intel OpenCL for FPGA
工具综合后,得到图 1-36 的硬件架构实现。注意,表 1-5 的第 10 行,对应图 1-36
中工作项(work-item)和 stack 之间的全连接网络。该全连接网络实现了负载窃取。
如果没有负载窃取,工作项并行执行任务的情况由 kd-tree 的拓扑决定。极端情况下,
如果 kd-tree 所有节点都只有左子树,那么只有一个工作项会执行任务。在负载窃取
的情况下,无论 kd-tree 子树是否平衡,它对应的任务都作为整体完全均衡地传送给
3 个工作项。为此,整个程序代码的并行性得到了很好的保证。

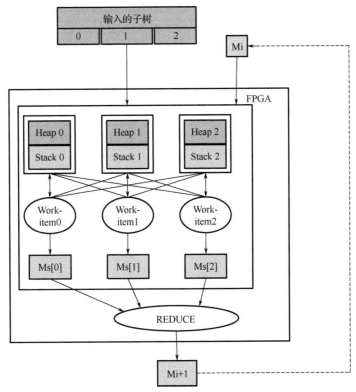

图 1-36　使用 work-stealing 和 stack 实现的 K-means 过滤算法硬件框图

　　虽然负载窃取解决了多个并行工作项之间任务动态平衡的问题,但是在实际操
作的过程中,它还是会存在众多串行执行部分,从而使得整体的并行性开发依然受
到一定的限制。根据表 1-5,可以将其实现抽象为 GET、PROCESS、PUSH 三个主
要的大步骤,那么便可以画出它们实现方式的一个数据流图与时序图。如图 1-37 所
示,在两个工作项的情况下,每一次迭代结束都必须要等到两个工作项中这一轮循
环的所有 GET、PROCESS、PUSH 操作结束,才会进入下一个循环。从时序图中可
以了解到,在这种情况下,虽然算法有一定的并行性(即两个工作项并行执行),但

是在单个工作项的内部，算法的并行性很低，甚至比一般的串行执行还要低。这是因为在每轮循环结束时，单个工作项即便很快执行完了 GET、PROCESS、PUSH 三个操作，但是它不能马上执行下一轮的循环，它必须等待所有工作项中最慢的那个执行完毕之后，才能继续向下执行。显然，这样的效率是非常低的，这就给进一步改进算法的并行性提供了机会。

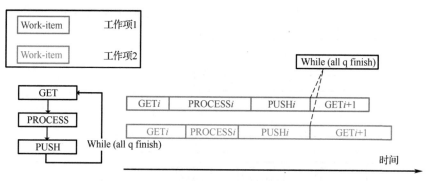

图 1-37　work-stealing 实现的数据流图与时序图

　　导致上述并行性降低的一个本质原因是，在循环执行的过程中，下一轮循环需要读取的数据必须来自上一轮循环写入的数据，这就在程序执行的过程中形成了内部的依赖，这种内部的依赖便会导致下一轮循环的开始必须等待所有工作项中执行最慢的那个执行完毕，从而降低了程序执行的并行性。如果能够将读操作以及写操作放入一个任务队列里，这个任务队列可以并行地执行，那么这样的内部依赖便不存在了，程序的并行性也会得到进一步的提升。在具体的硬件上，这个想法需要通过双端(dual-port)的 FIFO 来实现，并且要求这样的一个 FIFO 有独立的读写端口。

　　然而，在之前的指令编程语言中缺少相应的工具来描述这样一种可并行执行的双端 FIFO。对于表 1-5 的实现，为了实现这样一种读写的并行，必须要有两个嵌套的 while 循环来检测这个双端的 FIFO。在目前的 HLS 语言下，这样的嵌套循环是不能够被流水的。这是因为，在这样的情况下内部的启动间隔(initiation interval，II)是很难被准确确定下来的，那么也就没有办法把这些操作展开为流水的形式。

　　幸运的是，目前这样一个并行检测的队列可以通过通道的形式来实现。在 OpenCL 中，指定深度的非阻塞通道在 FPGA 上具体对应的便是一个双端的 FIFO，这极大地简化了对双端 FIFO 的设计，也使得通过实现一种单入单出的并行队列来提升算法的并行性成为可能。而这样一种并行的数据结构，对于 K-means 算法的并行性提升是巨大的，它不仅设计简单，而且稳定性也比较高，在保证性能的同时，其准确性与之前的方法相差无二。这是因为有了这样一种并行队列结构，可以很方便地对工作项执行的任务进行流水，而流水对程序性能的提升是非常大的。

　　表 1-6 是利用单入单出的并行队列实现 K-means 算法的伪代码示例。这个示例

代码由两个内核组成。PROCESS 内核主要用来遍历整个 kd-tree，并且在遍历的过程中进行必要计算和过滤聚类中心的操作；UPDATE 内核主要完成在 PROCESS 处理过程中达到相应的条件时对聚类中心集合进行更新的操作。在示例代码中，实例化了 2 个通道，其中一个 update_c 用于接收和传递 PROCESS 内核中符合更新聚类中心集合的信号给 UPDATE 内核。另外一个 task_c 则是单入单出的并行队列数据结构的重要组成部分。这个任务队列要么产生两个新的任务(如伪代码中第 8 行和第 9 行所示)，要么传递一个更新聚类中心的信号给 UPDATE 内核(如伪代码中第 6 行所示)。

表 1-6 中的 FILTER 函数中主要处理的步骤有：计算当前节点与候选列表中的聚类中心之间的距离，并找到距离最小的那个聚类中心。若当前是叶子节点，则直接将叶子节点中的数据计入距离最小的那个聚类中心的分类当中；若不是叶子节点，则将比距离最小点更"劣"的聚类中心排除，从而减少距离计算的运算量。在排除之后进行进一步的判断，即判断剩余的候选列表中是否只剩一个聚类中心，若是，则说明后面所有的数据节点都是在这个聚类中心的范围之内，那么便将后面的数据对象全部放入这个聚类中心的范围。如果不是，那么根据当前节点的后续子节点的情况进行操作，若只有左节点，则将左节点的内容送入并行队列中以便后续处理；相应地，若只有右节点，则将右节点的内容送入并行队列中以便后续处理；若该节点的子节点既有左节点又有右节点，则将左右节点均送入并行队列中以便后续操作。如此循环下去，直至出现更新的信号或者该 kd-tree 的所有节点都遍历完成之后，便开始对聚类中心进行更新操作。

表 1-6 SPSC queue 实现 *K*-means 伪代码示例

SPSC queue 实现 *K*-means 伪代码示例
1.　channel Task task_c;
2.　channel Update update_c;
kernel PROCESS (global Tree *tree, global Centerset *m)
3.　　while true do
4.　　　Task t = READ_CHANNEL (task_c);
5.　　　if Update u = FILTER (t, tree, m) then
6.　　　　WRITE_CHANNEL (update_c, u);
7.　　　else
8.　　　　WRITE_CHANNEL (task_c, t.left);
9.　　　　WRITE_CHANNEL (task_c, t.right);
10.　　end if
11.　end while
kernel UPDATE (global Centerset *m)
12.　　bool terminated = false; // flag for finishing traversal
13.　　while not terminated do
14.　　　Update u = READ_CHANNEL (update_c);
15.　　　terminated = UPDATE_CENTER (m, u);
16.　　end while

在 UPDATE 模块中，主要是通过通道接收来自并行任务队列的信号及数据，当收到更新聚类中心的信号时，UPDATE 模块则将新收到的不同聚类中心范围内的有关数据节点进行均值计算得出新聚类中心,并把新的聚类中心传送给并行任务队列,同时任务队列也会将相应的数据及信号传递给 PROCESS 内核进行下一步的处理。在整个算法过程中，更新、传递更新后的数据、接收更新信号将反复运行，直至聚类中心不再发生变化或者变化在给定的误差范围之内，整个算法才算真正结束。

图 1-38 给出了使用 SPSC queue 实现的 K-means 过滤算法综合后在 FPGA 上的硬件框图。从图 1-38 中可以看出，PROCESS、UPDATE、SPSC 三个模块均由通道连接起来，由于整个通道是一个双端的 FIFO，同时送入 SPSC 中的数据之间相互没有任何依赖性，因此整个送入送出数据的过程是无阻的，PROCESS 处理上一轮数据与下一轮数据之间几乎不存在等待时间，只要数据开始输入，数据便会源源不断地产生、输入，直到整个 kd-tree 被遍历完毕或者达到结束算法的条件，这样整个运算的过程便是高度流水的。图 1-39 展示的是采用这种方式后的一种情况。这也就解决了之前的 K-means 过滤算法在 FPGA 上实现时，多个模块之间需要相互等待，而且执行时间由执行速度最慢的模块决定的瓶颈，在后续的实验中，将进一步看到这种改变将给性能带来极大的提升。

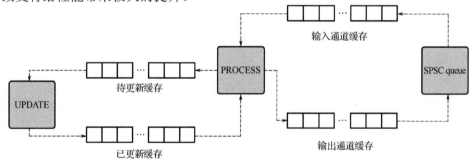

图 1-38　SPSC queue 实现 K-means 算法的硬件框图

虽然并行单入单出队列能够很好地解决单个工作项内部进行流水操作的问题，从而进一步提升程序执行的并行性，但是这个设计有一个比较致命的问题，即利用双端的单入单出队列分配任务时，相当于对 kd-tree 进行宽度优先搜索(breadth-first search, BFS)，这就导致了这个队列必须有 kd-tree 中一半节点的容量，只有这样才能确保整个操作过程中不会出现死锁的情况，换句话说，如果没有提供充足的容量，队列就有可能卡住，从而导致 PROCESS 这个进程的锁死情况。一般地，kd-tree 中的节点数都是巨大的，如果队列需要有一半节点的容量，那么对于硬件资源是一个巨大的消耗，同时也由于硬件资源有限，会进一步限制这种方法在大规模数据结构情况下的应用。

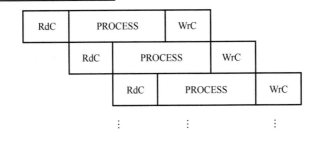

图 1-39 理想情况下的 PROCESS 模块处理数据的时序图

为了解决这样的限制，利用堆替代队列提供一种预排序的遍历会是一个不错的选择。在这种情况下，这个堆的大小便只需是 kd-tree 这个树的深度即可，这个数值将远远小于 kd-tree 节点数的一半，这也就为大规模的数据应用情况提供了一种更高的可扩展性。表 1-7 展示了利用并行单入单出堆实现的伪代码。

表 1-7 SPSC stack 伪代码

SPSC stack 伪代码
1.　channel Task push_c;
2.　channel Task pop_c;
3.　__attribute__((autorun))
kernel SPSC_STACK()
4.　local Stack stack;
5.　while true do
6.　　Task t;
7.　　if READ_CHANNEL_NB(push_c, &t) then
8.　　　pushStack(&stack, t);
9.　　end if
10.　　if t =peekStack(&stack) then
11.　　　if WRITE_CHANNEL_NB(pop_c, t) then
12.　　　　popStack(&stack);
13.　　　end if
14.　　end if
15.　end while

为了确保能够对 K-means 算法有一个预排序的遍历，需要将单入单出队列中的实例化通道 task_c 由一个具体的内核替代，这里将这个内核命名为 SPSC_STACK（具体可参见表 1-7 中的代码）。在表 1-7 中第 3 行的 autorun 的属性是用来声明这个

SPSC_STACK 内核模块的，其将会在程序被载入 FPGA 之后自动运行。通过这样一种声明，SPSC_STACK 这个模块便可作为一个独立运行的服务内核。一种堆的数据类型将被实例化定义成双端的 BRAM（在 OpenCL 的本地内存模块定义的数据类型将被存储在这个单元），以便整个 SPSC_STACK 的执行。在每一次的循环或迭代当中，这个 SPSC_STACK 的内核都会检测 push 的通道（代码中第 7 行），并且将之前定义的堆的数据类型写入通道中（这里对 Intel FPGA OpenCL 中 read_channel_nb 的语法做了一个微小的修改，以便更好地适应这种应用的情况）。与此同时，如果这个堆不是空的，那么它便会尝试读取堆中的内容并且从 pop 通道中提出一个任务（代码第 11 行）。由于通道的非阻塞性，这个 SPSC_STACK 内核的接口相对于命令式的编程范式十分简洁，也非常易用。在这种情况下，PROCESS 只需要去检测 push 以及 pop 通道，以便进行任务的插入和提取工作即可。

由于利用图 1-38 中的框架实现的 K-means 算法并不能很好地将 FPGA 的资源充分利用起来，即在使用了这样一个框架之后，FPGA 中仍然存在大量的空闲资源没有被利用。需要寻找到一种方法来扩展我们的设计，以便最大化利用 FPGA 中闲置的资源，这样也能最大化地实现算法的并行性。当然，最先想到的一个简单的方法就是将这个框架进行简单的实例化多份。然而，这种方式虽然可以将 FPGA 中的闲置资源利用起来，但是由于整个 kd-tree 的访问过程都是动态的，如果只是单纯地进行复制，那么多个模块之间的平衡性将很难把握，那就很可能出现多个模块等待最慢的那个模块执行完毕的情况，程序内的流水线操作将会受到很大的影响。所以，如果想在最大化利用 FPGA 中闲置资源的同时，又确保程序能有足够的并行性，便需要在扩展图 1-38 的框架同时做好动态的负载平衡。

为了解决这样一个问题，本节在单入单出堆的基础上构建了一种多入多出堆的并行数据结构。在构建这样一个多入多出的并行数据结构时，采用了一种规整的负载分配的策略来确保动态的负载平衡。负载分配是一种主动地（从任务创建者的角度来看）进行同步的策略方式，在这种策略方式中，新的任务被均匀地分配给处于空闲状态的处理单元，而负载窃取是一种被动性异步策略。在这种异步策略中，空闲的处理单元试图通过异步的方式从其他元素或者处理单元那里去窃取任务。无论是负载分配还是负载窃取，都是进行动态平衡比较好的方式。这里选择用负载分配的方式来做负载平衡，一个主要的原因是在 Intel FPGA OpenCL 的语法当中，并不建议将多个读操作或者多个写操作作用于同一个通道，因为这种设计方式对于流水是非常不友好的。图 1-40 展示了采用多入多出堆实现的 K-means 算法的框架。

同样采用 HARP-2 平台进行了实现。本节中描述的三种 K-means 过滤算法都可以使用 Intel OpenCL for FPGA 工具，在 FPGA 上进行实现。实验中，首先将构建的并行单入单出堆与串行执行的基准程序进行了对比，虽然这个是串行的基准程序，但也是经过精心优化后的版本。

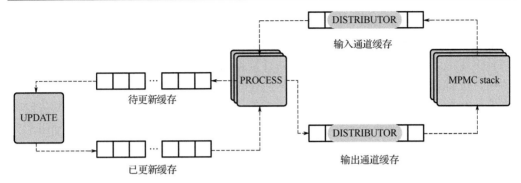

图 1-40 使用多入多出堆扩展并发空间模块数量

在实验中，基准程序在 HARP-2 平台上的执行时间是每次迭代 0.0198s，而我们构建的并行 SPSC stack 版本的执行时间是每次迭代 0.0013s。

图 1-41 展示了采用并行的多入多出堆版本实现的算法在性能提升上与理想的性能提升情况的对比，从图中可以看到，在并行的单入单出堆版本相较于基准程序提升 15.2 倍性能的基础上，最多还能再取得 3.5 倍左右速度的提升（在有 4 个工作项的情况下）。从图中可以发现，随着工作项数量的增加，程序性能的提升也是线性的，而且性能提升的值非常接近理想情况，这充分说明了我们构建的并行多入多出堆在提升程序并行性方面是具有可扩展性的，这对于程序的并行性意义非凡。

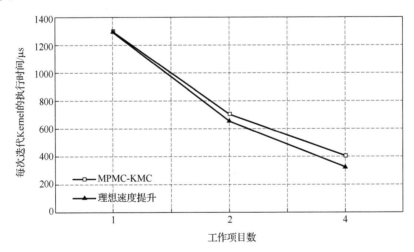

图 1-41 多入多出堆版本与理想提速情况对比

由于所有的程序最终都需要转换到具体的 FPGA 硬件资源上，程序消耗了多少硬件的资源也是一个非常重要的参考指标，对于进一步优化和改进算法也是非常有意义的。

　　从图 1-42 中可以看到不同版本的实现最终转换为 FPGA 上的硬件资源的使用情况对比。从图中可以看到，SPSC stack 的版本相对基准程序，在逻辑功能的使用上略有下降，这是因为采用了通道构建并行数据结构之后，整个程序执行的逻辑更加清晰，没有那么多复杂的依赖关系，从而使得相应的硬件逻辑资源的使用比例有所降低；RAM 资源方面，SPSC stack 版本略有上升，这是因为利用通道构建并行的数据结构时，难免会额外增加一些内存资源的开销，这也是导致 RAM 资源使用上升的一个主要原因；在 DSP 资源的消耗上，SPSC stack 版本与基准程序版本之间并没有太大的差异，SPSC stack 版本的 DSP 资源消耗还略有降低，这或许也是简化逻辑后带来的一个优化。

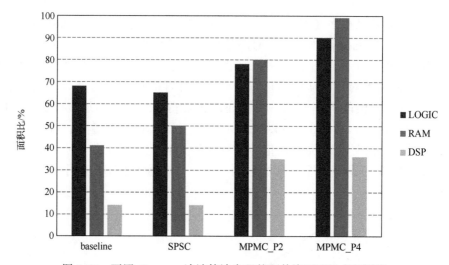

图 1-42　不同 K-means 滤波算法实现的硬件资源对比(见彩图)

　　在图 1-42 中，MPMC_P2 和 MPMC_P4 分别代表的是 MPMC stack 版本在 2 个工作项以及 4 个工作项情况下的资源消耗情况。与 SPSC stack 版本相比，两者在逻辑资源、RAM 资源以及 DSP 资源消耗上都有所提升，这是因为，MPMC stack 版本本质上是对 SPSC stack 版本的一个复用，所以在硬件资源许可的情况下，会优先耗尽所有可用的资源，以最大化地利用硬件中的闲置资源。

　　从命令式编程语言切换到 CSP 编程语言，从指令式的锁、原子量等命令式同步原语切换到通道同步原语后，空域并行性可以被更有效地开发利用。以空域并行性为主要卖点之一的软件定义芯片，可以将 CSP 编程语言(如 Golang)作为命令式编程语言之外的选择。

　　需要注意的是，通道同步原语实际上牺牲了应用的开发效率。一方面，由于人脑更熟悉命令式，即一步步地描述任务，因此从命令式编程语言切换到 CSP 编程语言时，需要应用开发者对已有应用进行"翻译"。另一方面，现有的程序调试流程构建于命令式编程语言的基础上。以断点为代表的常用的调试方法，对于 CSP 编程语言几乎完全失效。本小节中的几种 CDS，在开发时都在调试过程耗费了大量的时间。因此，CSP 的通道原语开发空域并行性时，通过牺牲开发效率，换取了通用性和执行效率。

3. 牺牲执行效率的探索

根据 1.5.1 节的分析[18, 24]，非规则应用的复杂控制流和运行期依赖关系使得现有 FPGA 编程方法难以挖掘其并行性。参考通用处理器上对于非规则应用的运行期并行编程方法，本小节提出一种应用于 FPGA 和 CGRA 上的细粒度流水化并行编程模型，用来挖掘非规则应用中的细粒度并行性(fine-grained parallelism)。

目前已经应用到 FPGA 上的高级编程方法(如 HLS、流计算编程方法等)的一个共有特征是应用中的并行性都是在编译期提取的。这就导致这些编程方法仅适用于具有相对少量控制流和结构化数据访问模式的规则应用。然而，很多重要的计算密集型应用，如图计算、计算图形学等，都具有静态分析难以预测的控制流和局域性较差的数据结构。因此，目前在 FPGA 上实现这些应用时，只能使用底层的 HDL 以提取应用的固有并行性。例如，为了处理稀疏矩阵类应用，FPGA 上的计算资源可以被手工映射为专用的稀疏矩阵预处理逻辑，分析输入数据以并行化计算过程；图计算应用领域通常会定制 FPGA 的访存通路，以挖掘图数据结构的并行性。这说明虽然这些非规则应用中有很多的并行性有待开发，但现有 FPGA 的高层次编程模型无法有效表达它们的并行性，只能依赖底层的 HDL 定制化地开发这些应用的并行性。

解决非规则应用可编程性难题的关键是处理 FPGA 执行机制与现有高层次编程方法间的失配。根据 1.5.1 节，FPGA 的执行机制需要指定计算范式中时域和空域自由度的具体实现。具有较低抽象层次的 HDL 通过提供一种多个相互独立进程并行执行的抽象与该执行机制匹配。但是通过 HDL 进行大规模应用的设计时需要考虑大量低抽象层次的并发进程间的协同工作，这就导致应用开发者难以高效地编写和调试 HDL 程序。与之相反，基于 C/C++等高级语言的 HLS 通过提高抽象层次降低了程序员开发的难度。但这些高级语言是基于冯·诺依曼计算范式构建的，使用这些语言编程时需要线性化思维。因此，目前主流的 HLS 技术就只能应用在规则应用上，通过编译器在编译时发现程序员代码中的并行性。

以图计算中的 BFS 算法为例，通过分析其在 FPGA 上的 HLS 实现和手工实现的区别，分析细粒度并行性的特征。图 1-43(a)展示了 BFS 算法的伪代码。BFS 算法遍历一个图，对图中各个节点 v 进行标注，其标注中的 v.level 指明了从一个源节点 root 到节点 v 的最短路径经过的边的数量。伪代码中用 struct Visit 指代对节点的一次访问。

　　BFS 算法按照先入先出维持一个 Visit 的任务队列(第 3 行)。初始时,所有节点的 v.level 定义为无穷大。将源节点加入队列后(第 5 行), 每次循环(第 6 行)从任务队列中读出一个 Visit,并且访问 Visit::vertex 的所有邻居节点。当访问到一个 v.level 比 Visit::level 大的节点时,该节点的 v.level 设为 Visit::vertex(第 9 行),然后将一个新的任务 Visit(v, t.level+1)加入任务队列(第 10 行)。图 1-43 (b) 展示了 BFS 算法嵌套循环(第 6~11 行)的 CDFG。其中每一个节点代表一个 Visit 任务中的基本操作,每一条边代表操作间的依赖关系。

　　如果编译器只在编译期寻找 BFS 算法的并行性,那么它可以发现内循环(第 7 行)的所有循环体间相互独立,因为给定一个节点后,查询它的各个邻居节点的 v.level 时,所有操作之间没有依赖关系。这一点在图 1-43(b) 中也有所体现。

　　BFS 的非规则性主要体现在两点:第一,Visit 任务的创建是动态的,这使得编译器静态调度 Visit 变得非常困难。在 BFS 算法中,外层循环创建的任务依赖于要处理的图结构中节点间的连通性(图 1-43(b)中的依赖关系 i 和 ii),而内层循环任务数量则根据各个节点的出边数量(即依赖该任务的任务数量)的不同而改变(依赖关系 iv)。为了解决这些依赖关系,通用处理器上的 BFS 算法实现需要使用多层循环和分支语句嵌套的复杂控制流。第二,对共享存储的动态访问将导致运行期依赖关系(依赖关系 iii)。对于 BFS 算法,外层循环对共享内存的访问必须经过 PRAM 同步原语的同步,以避免在读写节点时发生访问冲突。

　　现有的基于 HLS 的编程模型只在编译期发掘 BFS 算法的并行性。将一个 BFS 的 OpenCL 描述利用 Altera OpenCL(AOCL)SDK 综合后,分析它的结果可以得到图 1-43 (c)中的算子调度图。描述中 BFS 被拆分成两个内核程序(Kernel):Kernel 1 检查邻居节点是否被访问过,若没有则做标记;Kernel 2 则具体访问被标记的节点。在 AOCL 的 BFS 实现中,上述不规则性需要主控通用处理器(Host)与 FPGA 交互解决。每个 Kernel 对应 FPGA 上的多条流水线。然后 Host 让 FPGA 通过重构依次执行 Kernel 1 和 Kernel 2,直到 Kernel 2 找不到任何需要被访问的节点。通过 Host,图 1-43(b)中的所有循环依赖关系都得以解决。然而,该执行流程过度串行化。Host 程序在两次调用 Kernel 间相当于插入了一个栅栏操作,以确保循环间数据访问不会发生冲突。

　　BFS 算法在 CGRA 上已经有了性能优于通用处理器的 HDL 实现。分析这些实现,可以发现它们都采用了现有 HLS 编程方法中无法表达的结构。第一,HLS 实现中任务的收集和分配都是在 Host 上通过复杂指令流进行的,而在 HDL 中任务的收集和分配都是基于数据流驱动的。第二,HLS 中通过栅栏操作避免了所有可能的访存冲突,而 HDL 中则在运行时动态检查节点编号来避免实际会发生冲突的访问。

```
1. struct Visit {Vertex vertex; int level;};
2.
3. Queue<Visit> Q; // FIFO for new Visits
4. Level[root] = 0; // Initial value for root
5. Q.push(Visit(root, 1));
6. for (Visit t : Q){                           // Dequeue
7.    for (Vertex v : G.neighbors(t.vertex)){ // Neighbors
8.     if(Level[v] == INF){    // not visited. GetLevel
9.        Level[v] = t.level;              // SetLevel
10.        Q.push(Visit(v, t.level+1));       // Enqueue
11. }}}
```

(a) 串行BFS算法的伪代码

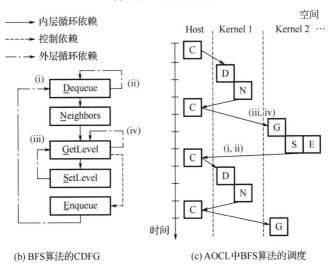

(b) BFS算法的CDFG　　　　　　　(c) AOCL中BFS算法的调度

图 1-43　BFS 算法及其分析

基于以上两点改进，HDL 的 BFS 实现性能远优于 HLS。图 1-44 对比了二者的调度图。不失一般性，将之前的 CDFG 中的 5 个算子合并为 2 个，分别对应 BFS 伪代码中的外层循环体和内层循环体。在 FPGA 上该 CDFG 利用空域计算资源分别映射到 2 个计算资源上。在 HLS 实现中，2 个算子交替执行，其间通过栅栏操作同步；而在 HDL 中，2 个算子流水执行，任务在两级之间以数据流的形式传递，且后级流水线的执行结果反馈到前级以避免节点访问冲突。因此，HDL 实现更加有效地利用了 CGRA 的空域计算资源，从而取得了更优异的性能。

BFS 算法中算子间固有的并行性需要在运行期动态发掘。为了挖掘这种并行性，一个算法可以被拆解成细粒度的任务。处理器在执行各个任务时根据输入数据检查各任务间的潜在依赖关系是否成立，并行执行没有依赖关系的任务。这种并行性称为细粒度并行性。BFS 的 HDL 实现就是充分挖掘了算法固有的细粒度并行性，从而充分利用了 FPGA 的计算资源。

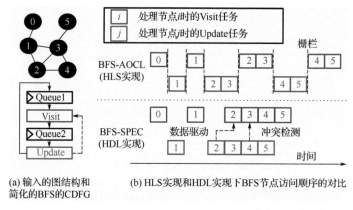

图 1-44　HLS 和 HDL BFS 算法在 CGRA 上调度的调度图（见彩图）

　　细粒度并行性在通用处理器上可以通过线程级猜测（thread-level speculation, TLS）技术[25]挖掘。在 TLS 中，细粒度任务对应到通用处理器上的线程。任务的创建和分配在运行时系统中以线程池（thread pool）的形式管理。任务间的依赖关系则需要让程序员用特定的编程方法声明，之后在运行时通过运行时系统根据输入数据检查任务间的依赖关系，选择可以并行执行的线程。对多种非规则应用的分析[26]指出细粒度并行性广泛存在于大量应用领域，且这些应用都可以利用类似于 TLS 的方法实现并行[27]。

　　然而，线程这一抽象来源于冯·诺依曼计算范式的指令流。对于可重构计算，利用计算资源在时域上的重构实现通用处理器上的线程开销过大。因此，TLS 技术很难应用在 FPGA 上。本章研究根据 FPGA 在空域上的自由度和 HDL 实现中任务在空域的展开方式，尝试提出新的编程方法以开发应用中的细粒度并行性。

　　本小节提出了一种新的可重构计算编程流程。该模型可以根据程序员的描述挖掘应用中的细粒度并行性，然后将应用以运行期并行执行流水线的形式在 FPGA 上实现。通过将一部分并行性开发任务交给编译器和运行时系统，本小节的编程模型有很高的开发效率，但需要牺牲一定的执行效率。

　　图 1-45 展示了该编程模型的开发流程。首先，程序员分析非规则应用，并将其利用基于细粒度流水化并行编程方法进行表达。该编程方法中，应用被拆解为细粒度的任务，任务间的依赖关系则使用诺言描述。为了方便调试程序，本小节基于通用处理器设计了一套纯软件的调试环境，用来对程序员的声明进行调试。任务之间和诺言之间都没有额外的依赖关系，因此多个任务或者多个诺言可以方便地流水化并行。单个任务或者诺言都可以通过 HLS 生成 FPGA 上的流水线。为了将任务和诺言组合起来，本小节设计了一套诺言在 FPGA 上的模板 FPGA，使得任务和诺言在 CGRA 上可以运行期并行执行。最终该流程可以得到 FPGA 上的非诺言应用的实现。

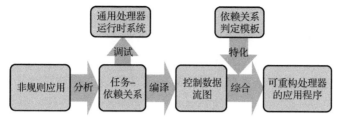

图 1-45　CGRA 上细粒度流水化并行编程流程

细粒度流水化并行编程方法中，最核心的两个问题是如何描述任务和如何描述诺言。为了解决这两个问题，首先形式化地将非规则应用拆解为细粒度的任务，这解决了非规则应用中的复杂控制流；然后给出诺言的语法，并用诺言表述非规则应用中的运行期依赖关系。

一般来说，具有细粒度并行性的应用都是通过循环来组织的。该循环的循环体可以抽象成任务。循环在执行时访问任务队列获取任务，然后将新任务加入任务队列中。经典的编译理论[28]根据执行顺序将循环划分为 for-all 和 for-each 循环。它们的语义及其串行执行机制如下。

（1）for-all 循环：所有的循环迭代可以并行执行。在串行执行时运行时系统任意选择一个循环迭代执行。

（2）for-each 循环：后面的迭代执行时需要看到前面迭代的执行结果。在串行执行时运行时系统按照迭代的顺序依次执行各个迭代。

在细粒度并行时，上面两种循环的循环体都可以被抽象为任务，且一个任务在执行时可以创建新的任务。任务间的序关系由循环类型决定。图 1-46 以 BFS 算法的两层嵌套循环为例，展示了如何从代码中抽取任务和任务间的序关系。这里外层循环是 for-each 循环，即该循环中各个迭代之间有执行的先后关系(图中用单向箭头表示)；而内层循环是 for-all 循环，即该循环中的各个迭代之间没有先后关系(图中用双向箭头表示)。两种循环的循环体分别对应两类任务。

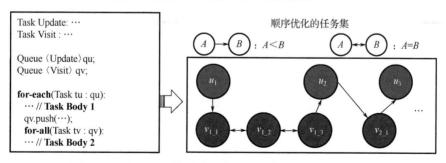

图 1-46　从 BFS 算法的两层嵌套循环中抽象出细粒度任务

细粒度并行性将任务间依赖关系的解决推迟到运行期，从而避免了编译期调度时任务的过度串行化问题。然而，在应用中表达编译器可理解的任务间运行期依赖关系绝非易事。本小节参考了数据库编程中的事件-条件-动作(event-condition-action, ECA)语法[29]，为 FPGA 定制了一套表达运行期依赖关系的编程方法。

(1)event 指某个任务的就绪，或者某个任务到达了其循环体上的特定操作。当系统中出现一个 event 时，产生该 event 的任务编号及参数被广播到系统中所有的诺言。

(2)condition 是由 event 的任务编号和参数以及生成该诺言的父任务的编号和参数组成的布尔表达式。

(3)action 只限于向生成该诺言的父任务返回一个布尔值，任务可以使用该布尔值做判断。

回顾之前 BFS 算法的伪代码及 CDFG(图 1-43，注意这里 BFS CDFG 中依赖关系 i、ii 和 iv 都已经通过 for-each 细粒度任务集表达)，可以发现 CDFG 中依赖关系 iii 可以用这样的自然语言来表达：任务 Visit i 执行过程中，当(on)系统中并发执行的任务 Visit j 访问了相同的节点时，若(if) $j < i$，则任务 Visit i 重新执行(do)；否则(otherwise)任务 Visit i 写回执行结果。前面 HDL 的 BFS 实现中，流水线各级也是按照类似的自然语言描述在运行期解决依赖关系。

利用任务和诺言，程序员可以不借助复杂控制流，就可以完整地描述细粒度并行性。之后在执行时，运行时系统可以利用任务良序集并发执行任务，并借助诺言根据输入数据解决运行期依赖关系。

单个任务或者诺言都非常简单，可以基于现有的 HLS 方法在 FPGA 上实现。但是多个任务与诺言的结合部分无法借助现有的 HLS 方法自动生成。为了解决这一难题，本小节提出了一种模板化的诺言执行引擎，如图 1-47 所示。

图 1-47 从左到右依次是任务的声明、任务在 FPGA 上的流水线实现、FPGA 上的诺言执行引擎和诺言的声明。由于任务间依赖关系被转化为了诺言，任务流水线可以利用 HLS 将任务中算子在空间简单排布组成。每种任务对应一条或多条流水线。

图 1-47 利用空域并行性实现了运行期投机执行(optimistic execution)，从而开发了应用的细粒度并行性。运行期投机并行执行泛指以下执行机制：编译器没有完全解决并行任务间的依赖关系，需要运行时系统投机地调度任务，然后根据输入数据决定哪些任务可以并行。具体而言，给定任务集和任务间用诺言描述的运行期依赖关系，图 1-47 的运行期投机执行机制有以下两种实现。

(1)猜测并行执行(speculative parallelization, SPEC)：编译期调度多个任务并行执行而不管与其他任务间的冲突，然后每个任务在运行时检查与其他任务的冲突。以 BFS 为例，运行期一个 Visit 任务需要重新执行的条件是当且仅当一个更早的 Visit 写入了它正准备写的节点时。

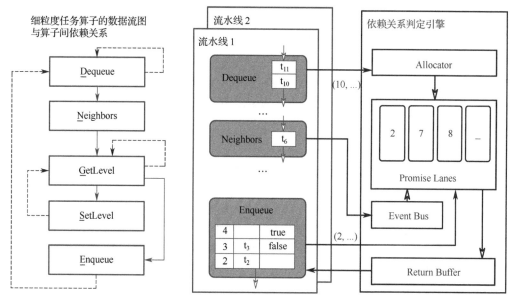

图 1-47　任务与诺言在 CGRA 上的协作执行

（2）协调并行执行（coordinative parallelization，COOR）：运行时系统确保只有无冲突任务处于就绪状态。以 BFS 为例，一个 Visit 任务创建新任务的条件是，当且仅当该 Visit 任务是系统中编号最小的任务时。

猜测并行执行中，只有与编号较小任务无冲突时一个任务才可以成功地执行；而协调并行执行中，只有编号最小的任务可以创建并发任务。

有趣的是，上面的两种投机并行执行机制都可以使用纯软件的方式实现。为了让程序员在完成应用的描述后可以确认其正确性，本小节使用 C 语言及 PRAM 同步原语，基于线程池和条件变量实现了上述编程方法和执行机制在通用处理器上的版本。这个纯软件的版本和 TLS 的思想非常接近。但是，其中大量的 PRAM 同步原语都难以通过 HLS 在 FPGA 上有效实现。这正是 HLS 在空域计算架构上难以开发细粒度并行性的根本原因。

图 1-48 展示了相对于 Xeon 处理器的加速比。FPGA 实现相比于串行实现性能提升了 2.2～5.9 倍，且与 10 核并行实现的性能相仿（0.6～2.1 倍加速比）。

与现有 FPGA 上的 HLS 对比，现有公开文献中，只有文献[30]给出了 BFS 在 OpenCL 的实现。该实现中大量使用了手工标注，以辅助编译器在编译期生成性能更好的 FPGA 实现。本小节复现了该文献中的实现，并将其性能与两种 BFS 运行期并行算法的 FPGA 实现性能做了对比。在 USA-road 数据集上，文献中 BFS 的执行时间是 124.1s，而本小节中基于猜测并行执行 BFS（SPEC-BFS）的执行时间是 0.47s，基于协调并行执行 BFS（COOR-BFS）的执行时间是 0.64s。可以看到，本小节提出的编程模型大幅度提高了 BFS 算法的性能。除了 BFS 和单源最短路径(single-source shortest path，SSSP)算法，本小节测试的算法都只能依靠运行期并行执行。因此其他几个算法在目前 AOCL 框架下只能得到顺序执行的实现，几乎完全无法利用 FPGA 的并行计算资源。因此，现有 HLS 文献中没有对这几个算法的并行实现。本小节依靠运行期并行执行机制挖掘细粒度并行性，首次实现了这些算法在 FPGA 上的自动并行。

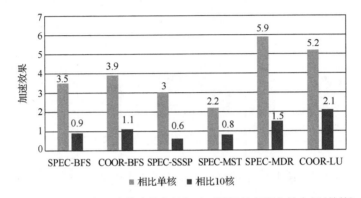

图 1-48　FPGA 上 6 种算法的实现相对于通用处理器上的串行(单核)和并行(10 核 20 线程)的加速比(见彩图)

　　虽然本小节的方法相比现有 HLS 方法的性能有了巨大的提升，但相比 HDL 实现的 FPGA 上的硬件加速器，依然有较大的性能差距。总之，细粒度流水化编程模型通过牺牲执行效率，换取了更好的开发效率，并兼顾了编程模型的通用性。

1.6　本章小结与展望

　　本章以目前半导体工艺发展所面临的"三堵高墙"为主线，回溯了计算芯片产业在近 60 年的发展中硬件和软件协同演化的历程，并得出了一个看似有点悲观的三元悖论，即新的编程模型无法兼顾通用性、开发效率和执行效率。这对软件定义芯片编程模型的创新是一个极大的挑战。

　　在一定程度上，编程模型的通用性决定了芯片的灵活性，开发效率决定了芯片的软件生态环境，执行效率决定了芯片效率。要降低芯片的 NRE 费用，需要保证芯片具有足够大的应用市场，其编程模型覆盖尽量多的应用领域，满足尽量多客户的需求；要提高芯片的计算和能量效率，芯片架构和编程模型需要针对特定应用进行领域定制；要构建良好的软件开发生态环境，芯片一方面要拥有足够多的客户，另一方面需要对应用开发者足够友好。在三元悖论之下，这三个目标似乎永远无法兼顾。

　　幸运的是，近十年兴起的 GPGPU 架构及深度学习类应用，系统地阐释了如何在不破坏芯片灵活性的基础上，提高芯片在特定应用领域的能量效率，并打造健康的软件生态环境。十年以前，只有少数图形渲染和科学计算领域的专家程序员能够使 GPU 发挥其高算力的潜能；受限于 CPU 的算力，深度学习类算法则很难扩展到有现实意义的大规模数据集上。然而，2012 年出现的卷积神经网络 AlexNet 改变了这一状态。AlexNet 针对 GPU 的硬件架构重新设计了软件算法，有效利用了 GPU 的高算力，从而实现了深度学习从量变到质变的突破，吸引了大量的普通程序员加入 GPU 的软件生态中。此后，GPU 架构设计师也在之前 GPU 架构的基础上，针对深度学习的计算过程对硬件架构的算数逻辑单元和数据通路进行了定制设计。例如，Nvidia Volta 架构针对卷积神经网络等深度学习应用中广泛存在的张量计算，在每个流处理器中都加入了专门的张量运算单元。最近的一项研究表明[31]，在深度学习类应用上，最新款 GPU 芯片的能量效率已经远远高于 CPU 和 FPGA，并接近 ASIC 的能量效率。与此同时，这些 GPU 在原有架构的基础上，利用半导体制程的进步，可以更高效地执行图形渲染和科学计算类等应用。此外，Nvidia 和 AMD 等 GPU 设计公司，通过在已有 GPU 架构上增量更新针对深度学习类应用的定制化设计，避免了整体架构的完全重新设计，从而兼顾了芯片的灵活性和能量效率，并以越来越大的产量摊薄了芯片设计和制造过程中所需的日益增长的 NRE 费用。通过在现有 GPU 架构的基础上针对特定应用领域定制算术逻辑单元和数据通路，GPU 可以在保证灵活性的基础上提供高能量效率的算力。

　　从深度学习在 GPU 上的实现例子还可以看出，要从新架构中获得更好的加速比和更高的能量效率，需要应用开发者对原有算法进行修改优化。因为对于之前不在 GPU 上运行的应用，现有算法通常是针对 CPU 进行的高度定制，在 GPU 的架构下运行无法达到最优的效率。例如，针对 CPU 设计的高性能算法，通常都强调计算和访存的平衡；而 GPU 架构通过摊薄指令开销、提供定制化执行单元等方法，计算的开销远远低于 CPU，而访存的开销几乎不变。这使得当针对 CPU 优化后的算法直接移植到 GPU 上时，都会出现"水土不服"的问题，即 GPU 上计算的速度远远快于访存的速度，算法完全受限于访存带宽。于是，CPU 上的算法向 GPU 上移植时，需要开发数据局域性，利用 GPU 的 SRAM 减少算法执行过程中对外存的访问次数。

　　但是，目前很多新兴架构在研发阶段就尝试颠覆现有的编程模型，忽略了用户习惯，为软件开发者带来了极大的学习成本。值得肯定的是，GPU 在引导应用开发者按照新架构修改算法的路上做出了大量的努力，最终形成了一套入门者的引导流程：直接照搬 CPU 上的编程方法，将循环级并行性替换成数据级并行性后，使得应用在 GPU 上的性能与 CPU 持平，或有少许提升；按照 GPU 编程最佳实践，逐步修改算法后，应用最终会达到数十倍到数百倍的性能提升。GPU 通过基于应用开发者熟悉的开发流程，循序渐进地引导应用开发者熟悉 GPU 架构，最终让 GPU 的编程模型应用到了越来越多的领域。

因此，软件定义芯片需要首先找到几类重量级的应用，使其性能和能量效率能够比现有架构提升数十倍左右，从而吸引这些应用领域的用户；然后利用现有硬件架构的生态环境，逐渐引导应用开发者适应新的硬件特征。这也是本章从 FPGA 编程模型出发，对软件定义芯片的编程模型开展三类探索的出发点。

参 考 文 献

[1] Contributors W. David Wheeler (computer scientist) - Wikipedia[EB/OL]. https://en.wikipedia. org/w/index.php?title=David_Wheeler_(computer_scientist)&oldid=989191659 [2020-10-20].

[2] Leiserson C E, Thompson N C, Emer J S, et al. There's plenty of room at the top: What will drive computer performance after Moore's law?[J]. Science, 2020, 368(6495), DOI: 10.1126/science.aam9744.

[3] Contributors W. Amdahl's law - Wikipedia[EB/OL]. https://en.wikipedia.org/w/index.php?title= Amdahl%27s_law&oldid=991970624 [2020-10-20].

[4] Hennessy J L, Patterson D A. Computer Architecture: A Quantitative Approach[M]. Amsterdam: Elsevier, 2011.

[5] Contributors W. Random-access machine - Wikipedia[EB/OL]. https://en.wikipedia.org/w/index.php? title=Random-access_ machine&oldid=991980016 [2020-10-20].

[6] Dennard R H, Gaensslen F H, Rideout V L, et al. Design of ion-implanted MOSFET's with very small physical dimensions[J]. IEEE Journal of Solid-State Circuits, 1974, 9(5): 256-268.

[7] Horowitz M. Computing's energy problem (and what we can do about it)[C]//IEEE International Solid-State Circuits Conference, 2014: 10-14.

[8] Taylor M B. Is dark silicon useful?: Harnessing the four horsemen of the coming dark silicon apocalypse[C]//Proceedings of the 49th Annual Design Automation Conference, 2012: 1131-1136.

[9] Skylake(quad-core)(annotated).png-WikiChip[EB/OL]. https://en.wikichip.org/wiki/ File:skylake_ (quad-core)_(annotated).png[2020-10-20].

[10] Hameed R, Qadeer W, Wachs M, et al. Understanding sources of inefficiency in general-purpose chips[C]// ISCA'10, 2010: 37-47.

[11] Linux Performance in Cloud: 2019[EB/OL]. http://techblog.cloudperf.net/2019[2020-10-20].

[12] Krizhevsky A, Sutskever I, Hinton G E. ImageNet classification with deep convolutional neural networks[J]. Communications of the ACM, 2017, 60(6): 84-90.

[13] Voitsechov D, Etsion Y. Single-graph multiple flows: Energy efficient design alternative for GPGPUs[C]//ISCA'14, 2014: 205-216.

[14] Kruger F. CPU bandwidth: The worrisome 2020 trend[EB/OL]. https://blog.westerndigital.

com/cpu-bandwidth-the-worrisome-2020-trend[2020-12-24]..

[15] Blanas S. Scaling the Network Wall in Data-Intensive Computing[EB/OL]. https://www.sigarch. org/scaling-the-network-wall-in-data-intensive-computing[2019-02-20].

[16] Asanovic K, Bodik R, Catanzaro B C, et al. The landscape of parallel computing research: A view from Berkeley[R]. Berkeley: University of California, 2006.

[17] Nowatzki T, Gangadhar V, Sankaralingam K. Exploring the potential of heterogeneous von neumann/dataflow execution models[C]//Proceedings of the 42nd Annual International Symposium on Computer Architecture, 2015: 298-310.

[18] 李兆石. 高灵活可重构处理器的编程模型和硬件架构关键技术研究[D]. 北京: 清华大学, 2018.

[19] Grigoras P, Burovskiy P, Luk W. CASK: Open-source custom architectures for sparse kernels[C]//Proceedings of the 2016 ACM/SIGDA International Symposium on Field-Programmable Gate Arrays, 2016: 179-184.

[20] Lu K, Li Z, Liu L, et al. ReDESK: A reconfigurable dataflow engine for sparse kernels on heterogeneous platforms[C]//IEEE/ACM International Conference on Computer-Aided Design, 2019: 1-8.

[21] Gupta P K. Intel Xeon+ FPGA platform for the data center[C]//Workshop Presentation, Reconfigurable Computing for the Masses, Really, 2015: 1-10.

[22] Yan H, Li Z, Liu L, et al. Constructing concurrent data structures on FPGA with channels[C]//Proceedings of the ACM/SIGDA International Symposium on Field-Programmable Gate Arrays, 2019: 172-177.

[23] Kun Z, Qiming H, Rui W, et al. Real-time KD-tree construction on graphics hardware[J]. ACM Transactions on Graphics, 2008, 126: 189-193.

[24] Li Z, Liu L, Deng Y, et al. Aggressive pipelining of irregular applications on reconfigurable hardware[C]//The 44th Annual International Symposium on Computer Architecture, 2017: 575-586.

[25] Gayatri R, Badia R M, Aygaude E. Loop level speculation in a task based programming model[C]//International Conference on High Performance Computing, 2014: 1-5.

[26] Pingali K, Nguyen D, Kulkarni M, et al. The Tao of parallelism in algorithms[C]//ACM SIGPLAN Conference on Programming Language Design and Implementation, 2011: 1-7.

[27] Hassaan M A, Nguyen D D, Pingali K K. Kinetic dependence graphs[C]//Architectural Support for Programming Languages and Operating Systems, 2015: 457-471.

[28] Kennedy K. Optimizing Compilers for Modern Architectures: A Dependence-based Approach[M]. San Francisco: Morgan Kaufmann Publishers, 2002.

[29] Ho C, Kim S J, Sankaralingam K. Efficient execution of memory access phases using dataflow specialization[C]//International Symposium on Computer Architecture, 2015: 118-130.

[30] Krommydas K, Feng W C, Antonopoulos C D, et al. OpenDwarfs: Characterization of Dwarf-based benchmarks on fixed and reconfigurable architectures[J]. Journal of Signal Processing Systems, 2016: 1-21.

[31] Dally W, Yatish T, Song H. Domain-specific hardware accelerators[J]. Communications of the ACM, 2020, 63(7): 48-57.

第 2 章　硬件安全性和可靠性

Moving target defense enables us to create, analyze, evaluate, and deploy mechanisms and strategies that are diverse and that continually shift and change over time to increase complexity and cost for attackers, limit the exposure of vulnerabilities and opportunities for attack, and increase system resiliency.

——National Science and Technology Council, December 2011

移动目标防御使我们能够创建、分析、评估和部署各种各样的机制和策略，这些机制和策略会随着时间的推移而不断变化，从而增加攻击的复杂度和成本，减少漏洞的暴露和攻击的机会，并提高系统的韧性。

——美国国家科学技术委员会，2011 年 12 月

2018 年初公开的处理器熔断和幽灵的设计漏洞被普遍认为是迄今为止最严重的硬件安全问题之一。由于其根源是硬件设计的问题，软件只能减轻影响，无法彻底解决；而面对众多已经存在漏洞的处理器，短时间全面的硬件升级和替换更是不现实。攻击策略也在针对抗攻击技术同步更新改进，造成抗攻击技术的失效。同时，新型的攻击方法层出不穷，这使得抵御攻击的方法必须能够快速迭代更新并实施。因此，如何实现芯片制造完成后能够抵御不断变化、快速升级的攻击手段是一个公认难题。软件定义芯片拥有硬件随软件变化而快速变化的能力，可通过动态改变电路架构来适应算法需求。通过有效利用软件定义芯片的动态可重构特性能够大幅提升芯片的硬件安全性和可靠性。

软件定义芯片具有本征安全性。一方面，可以充分利用计算单元阵列的局部与动态重构特性，开发基于时间与空间随机化的抗攻击技术。当密码算法每次执行都在阵列的不同时间与空间位置上进行时，攻击者的各种精准攻击将化为泡影。形象地说，当攻击者想对密码算法的具体实现进行攻击时，随机化方法使得攻击点位的位置不断发生快速改变，攻击者即使有开启后门的钥匙，也难以进行攻击。另一方面，可以充分利用软件定义芯片自身的结构优势，依赖丰富的阵列计算单元与互连资源来提高安全性。通过资源复用，额外的开销可以被显著降低。例如，可以在阵列计算单元的基础上构建物理不可克隆函数(physical unclonable function，PUF)，在完成基本的加解密操作后，实现轻量级认证或安全密钥的生成。

有效的容错机制对于保证集成电路可靠性十分关键。软件定义芯片通常集成了大量运算单元，部分空闲的运算单元可以作为备用元件代替出错元件以维持整个系

统的正确性。由于运算单元数目有限，如何最大限度地利用芯片上的冗余硬件资源提高修复率和可靠性是一个值得研究的问题。通过设计高效的拓扑结构重构方法，可以大幅提高系统的容错能力。同时，如何保障在拓扑结构动态发生变化之后的算法仍能够高效地映射到软件定义芯片上，也是一个需要考虑的问题。

本章 2.1 节将介绍软件定义芯片的本征安全性，从密码芯片的抗物理攻击入手，以半侵入式的故障攻击和非侵入式的侧信道攻击为例，介绍如何利用局部动态重构特性提高抗攻击能力、如何利用软件定义芯片的计算资源构建 PUF，以及如何利用 PUF 提高软件定义密码芯片的安全性。2.2 节以软件定义芯片的片上网络为例，介绍路由器或者计算单元出错时，如何高效利用冗余单元修复片上通信网络提高可靠性，以及在拓扑结构和路由算法发生动态改变时，如何兼顾性能和能耗并找到可靠性高的映射方法。

2.1　安　全　性

2.1.1　故障攻击防御技术

作为一种物理攻击，故障攻击通过恶意注入故障从而获取机密信息，对硬件安全具有很大的潜在威胁。同时，故障注入的精准度在过去几年取得了长远的进展，例如，激光注入的空间和时间准确度已能达到逻辑门级和亚纳秒级[1]，这使得在密码算法计算的敏感点同时注入两个错误成为可能。然而，当前的抗故障攻击方法无法抵御这种双故障攻击。这是由于当前最常用的抗故障攻击方式是采用冗余计算方式，例如，复制双份同样计算功能的硬件，通过比较检查结果判断是否出错。当故障注入的精度已经能够实现同时在两条计算路径中注入同样的错误时，通过比较也无法有效检测出错误。尽管通过增加冗余电路数量似乎可以应对双故障攻击，但是当更加先进的故障注入攻击手段出现时，这样基于冗余和比较的抗故障攻击方法似乎并不可持续，同时也带来很大的开销。

软件定义芯片具备动态可重构特性，可以在计算路径上引入空间随机性并随机改变计算时间，使得故障成功注入的概率大幅下降，这一特性对抵抗双故障攻击能够发挥重要的作用[2]。相比于当前被动检测错误的方法，本节介绍三种基于软件定义芯片的主动防御方法，大幅降低故障成功注入的概率，从而提高芯片抵御双故障攻击的能力。下面就这三种方法展开详细讨论[3]。

1. 轮级重定位(round based relocation，RBR)技术

故障攻击的成功关键在于搜索到能够产生所需故障密文的关键计算步骤所处的执行时间节点和电路位置，这个关键计算步骤在本书中定义为敏感点。基于绝对空

间随机化的轮级重定位技术的关键在于在每一次执行算法的过程中改变计算阵列的配置从而实现敏感点空间位置的随机化。为了充分利用硬件资源实现随机性的提升，可以在 RBR 的每一个控制步中实现空间随机化。当一个数据流图的级数为 s 时，最高可实现的随机度也是 s。图 2-1 给出了 RBR 的举例说明，图中的轮函数有 3 级，计算阵列中同一行的 PE 设为同一级。当空间随机度为 3 时，图中 3 种映射方式将以每种 1/3 的概率随机采用。相比较原有固定映射方式，只需要 7 个 PE 即可完成计算。采用 RBR 方法需要用到额外的两个 PE。在不同的应用场景中，随机度可以根据应用需求和可用的硬件资源选择大于或者小于 3。例如，在空间随机度为 4 时，需要用到第 4 行中的额外 3 个 PE，这样随机度增大但额外的硬件开销也随之增大。一般来说，因为迭代加密的混淆特性，敏感点大多存在于密码算法加密的最后几轮，基于绝对空间随机化的轮级重定位电路多用于最后几轮。同时，在其他轮同样可以使用该方法进一步提高安全性。

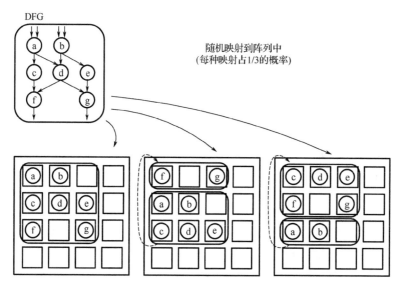

图 2-1　RBR 示意图

图 2-2 是支持 RBR 技术实现的硬件示意图，为了实现随机映射，用来控制计算电路功能和互连的配置控制器需要引入随机数发生器(random number generator, RNG)。相比于不采用随机化的配置方式，并不需要将每一次随机化阶段的每一级配置信息重复保存，但是需要改变配置信息和实际硬件资源之间的映射关系。重新配置轮函数，需要将配置信息从存储单元取出并进行配置，大概需要额外的几个周期，但相比较于整个密码计算的周期(通常在几百个周期量级)可以忽略其带来的性能开销。RBR 采用每一个计算级为空间随机化的控制步，这种细粒度的重构方法比传统采用算法子函数为子单位的方法能够有效降低抗攻击措施的硬件资源开销。

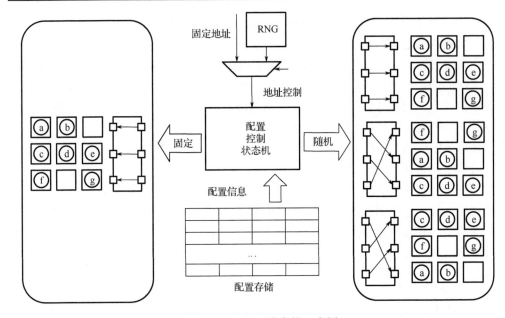

图 2-2 RBR 硬件支持示意图

2. 寄存器互换(register pair swap，RPS)技术

基于相对空间随机化的寄存器互换技术通过随机地改变每一个 PE 中对 ALU 和寄存器之间的互连关系，从而使执行敏感操作点的 ALU 在不同的操作时输出存储在不同的寄存器中。这是因为之前的研究结果表明，相比于全组合逻辑，分布式的存储器单元如寄存器等更容易受到故障攻击[1]。在使用了 RPS 技术之后，如果一对 PE 中有一个是敏感点而故障被注入其对应的寄存器中，那么故障注入的成功概率将仅为原来的 50%，此时对应的空间随机度为 2。空间随机度可以通过将 PE 对寄存器互换技术升级为多个 PE 的寄存器交换来进一步提高。然而，需要注意考虑额外增加的多输入 MUX 不会影响计算阵列的关键路径，避免时钟频率的降低对整个计算阵列性能带来负面影响。

图 2-3 是支持 RPS 技术的硬件示意图。为了确保 ALU 的输出在随机化存储到寄存器后仍然能够送到正确的 PE，每一个 PE 都加入了 2 个由同一个 1 比特 RNG 控制的 2 选 1 的 MUX。RPS 的额外硬件是 2 选 1 的 MUX 和 RNG。但二者的面积分别为数十逻辑门和千门左右，相比于整个软件定义芯片计算阵列(百万门量级以上)，几乎可以忽略不计。前面介绍的基于绝对空间随机化的 RBR 没有充分利用同一级 PE 之间的随机度。RPS 的实现可以通过将同一级中的 PE 作为 PE 对，进一步提高空间随机度。这种随机性是由随机数发生器直接引入而改变 ALU 和寄存器的连接关系，与映射方法不相关，因此不需要改变配置控制器的硬件结构。RBR 和

RPS 分别引入级间和级内的空间随机度，二者同时使用时总的空间随机度可以看成各自随机度的乘积。

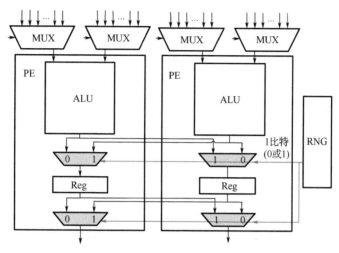

图 2-3　RPS 硬件支持

3. 随机延时 (random delay insertion，RDI) 技术

如图 2-4 所示，随机延时技术是通过在敏感点所在的最后几轮操作之前插入随机数量的冗余周期从而引入时间维度上的随机性。假定敏感点分布在算法计算的第 t 轮，那么第 $t-1$ 轮的计算结束之后，会在等待随机数量的周期之后再进行第 t 轮计算。实际上更高的时间随机度可以通过改变密码算法中的运算操作顺序实现，但是能够这样做的前提是两个操作必须满足交换律，即操作的先后顺序不会影响最终的计算结果。对于安全性要求很高的密码算法，大部分的操作均无法满足交换律，插入随机数量的冗余周期是对于密码计算芯片来说更为可行的方式。同时，为了避免时间攻击，在随机插入的冗余周期，计算阵列中的 PE 仍然在进行虚假操作（如进行原有的计算操作但操作对象为不相关的数据），因此不会因为空闲 PE 带来功耗明显下降被区分出来。RDI 的实现同样需要在配置逻辑中引入 RNG，而额外的计算周期会带

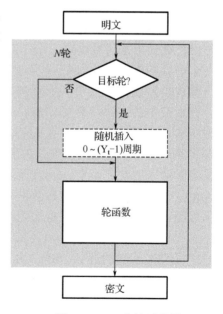

图 2-4　RDI 方法示意图

来额外的性能开销，这是由时间随机度和算法所需的原始计算时间的相对比例关系决定的。

　　以 AES 算法抵抗极具威胁性的双故障攻击为例，将抗攻击方法映射到可重构密码处理器实验平台之后，抗故障攻击的能力得到了显著的提升，而且加入抗攻击方法带来的开销也很小。同时使用 3 种抗攻击方法，在吞吐量下降 5%、面积开销 35%、功耗开销10%的约束下，可重构密码处理器的抗攻击性得到2～4个数量级的提升[3]。

2.1.2　抗侧信道攻击防御技术

　　基于故障注入的攻击方法具备一定的通用性，即可以针对不同类别的软件定义芯片实施攻击，而侧信道攻击方法则是专门针对密码芯片的攻击技术，因此软件定义密码芯片也同样会受到侧信道攻击带来的安全威胁。本节首先介绍基本的侧信道攻击概念及攻击方法，同时对一般适用的抗侧信道攻击防御技术进行讨论；然后重点结合软件定义密码芯片的本征特性，详细介绍软件定义密码芯片侧信道安全高层次评估技术，在有效定位侧信道脆弱性来源的基础上，从硬件架构、配置与控制和电路设计方法等方面介绍基于冗余资源和随机化的抗电磁攻击方法，重点对新的多探头局部电磁攻击方法进行讨论，并考虑与芯片能量效率和灵活性的权衡关系。

1. 侧信道攻击防御技术概述

　　密码算法是保证信息的机密性、完整性和可用性等需求的基本手段，其硬件实现技术(即密码芯片技术)是信息系统安全的物理基础，密码芯片作为密码算法的硬件载体，在信息安全应用中起到关键性作用[4]。近年来赛博空间(cyber space)安全事件的频繁发生，使得信息安全得到愈发广泛的关注，信息安全的底层基础是集成电路硬件的安全，而针对各类密码芯片，攻击者总是试图利用各种攻击手段获取其中的密码等敏感信息，进而威胁整个信息系统的安全。日益发展的信息安全应用需求为软件定义密码芯片的设计和应用带来了前所未有的挑战，在软件定义密码芯片的实际使用中，密码芯片自身的安全性设计始终是安全防御策略的核心。对于各类密码算法，由于算法本身的控制执行与数据处理均较为密集，软件定义芯片在实现各类密码算法的应用中，具备天然的优势。但是，不同于传统的以指令流驱动为特征的处理器芯片和以数据流驱动为特征的密码专用电路，软件定义密码芯片采用的是一种将指令流驱动的功能灵活性和数据流驱动的高能量效率结合在一起的计算方式。它在带来更高能效比和更优的灵活性的同时，也面临来自侧信道攻击的安全威胁。

　　针对各类密码芯片，攻击者总是试图利用各种攻击手段获取其中的密码等敏感信息。就攻击方式而言，主要分为侵入式攻击(invasive attack)、半侵入式攻击(semi-invasive attack)与非侵入式攻击(non-invasive attack)[5]。侵入式攻击通过开盖等手段破坏电路封装，露出裸片，再利用反向工程、微探针等方式，直接获取芯片内部敏感信息，但是其技术门槛和攻击成本都很高，且会对攻击对象造成不可逆的永久性损伤[6]。半侵入式攻击仍然需要去除芯片的封装，但是无须与待测芯片建立实际的电气连接，故不会对电路产生实质性机械损伤[7]，一般基于激光等手段的故障注入攻击可以归为此类攻击，但是该类别攻击实施难度依然较高。非侵入式攻击无须破坏集成电路封装，而是通过分析集成电路工作过程中的运行信息，从而获取密钥等敏感数据[8]。非侵入式攻击易于实施，且攻击过程无需较大开销，使其成为主流的攻击方式。侧信道攻击是非侵入式攻击中最为重要的一类攻击方式。它通过采集芯片工作时产生的功耗、电磁、延时等侧信道信息，并根据其与输入/输出数据和算法密钥的相关性，利用数据分析方法获取芯片内部的敏感信息，是目前密码芯片面临的最主要的安全威胁之一。侧信道攻击的一般流程如图 2-5 所示。

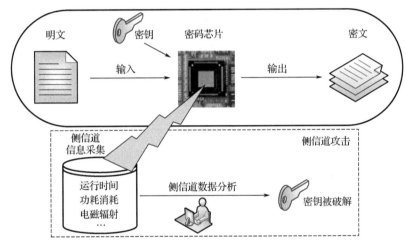

图 2-5　侧信道攻击的一般流程

　　侧信道攻击由美国密码学家 Kocher 于 20 世纪 90 年代末首次提出[9]。从实际攻击效果上看，侧信道攻击的攻击效率远远强于传统密码分析方法，对密码芯片安全构成了巨大威胁。以功耗侧信道攻击为例，已有研究者对包括 RSA[10]、AES[11]、ECC[12]、SM3[13]、SM4[14]、PRESENT[15]等多种密码算法在智能卡(smart card)[16]、处理器(processor)[16]、微控制器(microcontroller)[17]、FPGA[18]、ASIC[19]等硬件平台上实现了敏感信息的破解。同时，攻击算法也涵盖了简单分析(simple power analysis，SPA)[20]、差分分析(differential power analysis，DPA)[8]、相关分析(correlation power analysis，CPA)[21]、互信息分析(mutual information analysis，MIA)[22]、模板分析(template analysis，TA)[23]等，此外，各种侧信道信息以及侧信道分析方法可以组合成新的攻击策略，如将故障攻击与功耗分析结合的组合攻击方法[24]。虽然目前还未见有针对软件定义密码芯片的侧信道攻击实例，但是由于软件定义密码芯片采用“配置流+数据流”共同驱动的运行模式，芯片的运行状态与密码算法的特性密切结合，更易受侧信道攻击的影响；此外，区别于意在获取密钥等敏感信息的传统侧信道攻击，针对软件定义密码芯片的侧信道攻击还可以额外破解软件定义密码芯片的运行模式信息，不仅会造成密码等敏感信息的泄露，同时作为核心知识产权的"配置流"信息也会遭到窃取。

　　防御侧信道攻击的传统方法意在增加攻击者破解密钥等敏感信息的难度，一般有掩码（masking）和隐藏（hiding）两大类技术[25]。掩码技术通过对算法运算的中间值引入随机性来达到去除相关性的目的。首先需要将待防护数据进行加掩码操作，然后密码芯片对带掩码的数据进行计算，并在最后数据输出之前去除掩码。这样数据在整个运算过程中都会是被掩码的数据，进而提高了攻击难度；而隐藏技术通过引入随机噪声、降低信噪比等方式来达到对敏感信息的掩盖，或通过精密设计电路逻辑使整个运算过程中的操作之间不存在明显的侧信道信息差异。隐藏技术无须对待加密数据进行额外操作，也无须对密码算法有深入的理解。在侧信道安全防护技术的研究方面，虽然国内外研究者已经提出了各类可以应用于不同层级的防御方案，但是在利用密码芯片硅后重构技术来实现对侧信道攻击防护的研究方面，仍然处于起步阶段，且尚未有成熟的可以应用于软件定义密码芯片的解决方案，仅有部分研究者基于通用 FPGA 平台进行了有关软件定义芯片的侧信道安全策略研究。有研究者在 FPGA 平台上对 DPA 攻击原理进行了分析，并且实现了隐藏、混淆以及噪声注入等侧信道防御措施[26]，但是并没有对 FPGA 的重构特性进行研究和利用。2012 年，有研究者联合工业界对 FPGA 等一系列硬件平台的侧信道防御技术进行了探索[27]，并对灵活性和安全性的平衡进行了讨论。针对具备可重构特性的密码芯片，国内研究者在 2014 年基于已有的软件定义密码芯片开展了侧信道攻击防御技术研究[28]，如图 2-6 所示。对于如图中灰色 PE 构成的特定密码计算配置，利用"空闲"的 PE 单元执行空操作或互补操作，借此实现对真正运算的隐藏。但是由于该方案仅对"空闲"PE 进行了调度而没有对密码操作序列本身进行优化，故未能从根源上对关键信息进行隐藏，依然存在侧信道信息泄露风险。2015 年，有研究者基于 Spartan-6 系列 FPGA 平台实现了动态逻辑重构[29]，对查找表进行了优化并实现了 S-box，验证了功耗侧信道防御效果。2019 年，有研究者基于 ZYNQ UltraScale+系列 FPGA 进一步探索了利用软件定义技术实现密码电路的布局动态变化[30]，来提高侧信道安全性水平。在挖掘软件定义密码芯片本征特征防御侧信道攻击的潜力方面，有研究者对故障攻击（fault attack）的原理进行了深入研究[3, 31]，并且在硬件架构方面做了优化，但是尚未针对侧信道脆弱性进行分析及优化。

　　考虑到软件定义密码芯片独有的运算特点和特殊的开发流程，传统的防御策略往往难以直接应用。因此，为了更有效地实施侧信道安全防护策略，并综合考虑软件定义密码芯片的本征特征，本节将介绍面向侧信道脆弱性分析的软件定义硬件架构及配置策略分析，在经典掩码和隐藏思想的指导下，开发适用于软件定义密码芯片的侧信道攻击防御策略，探索在通用软件定义密码芯片硬件平台上的可迁移性技术。

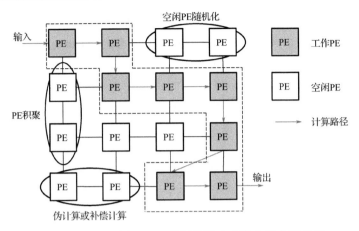

图 2-6　基于"空闲" PE 的侧信道攻击防御技术示意图

2. 针对软件定义密码芯片的侧信道安全高层次评估

考虑到集成电路芯片设计的复杂性，即使软件定义密码芯片具备硅后可重构特性，如果在密码芯片流片后发现存在明显的侧信道安全隐患，弥补措施仍然会带来较大的开销；此外，为了能够更加高效地开发抗侧信道攻击防御技术，需要预先知道软件定义密码芯片的侧信道脆弱性来源，并进行精准定位。因此，在进行硅前安全评测及抗侧信道攻击策略开发的同时，如何对软件定义密码芯片的侧信道安全水平进行准确、定量的评估显得尤为关键。考虑到软件定义密码芯片特殊的运行机制，需要构建一套适用于软件定义密码芯片的评测系统。同时考虑到软件定义密码芯片在运行过程中会实时动态重构来改变芯片功能，在开展面向软件定义密码芯片的侧信道安全量化评定时必须要考虑软件定义芯片的运行状态。

现有的侧信道安全评估技术通过采集密码芯片在算法执行过程中的侧信道信息，利用统计分析方法，借助一定的信息泄露模型，衡量破解密码芯片中的密钥等敏感信息的难度。考虑到软件定义密码芯片本身就是一个复杂的系统，既有硬件电路实体，又包含动态配置控制，因此对软件定义密码芯片的侧信道评估方法一定有别于传统密码芯片的评估方法。需要充分考虑软件定义密码芯片计算形式的特点，结合现有硬件架构及编译范式，差异化配比"配置流"与"数据流"的信息泄露权重，对应潜在泄露敏感信息的电路模块，优化信息泄露模型。如式 (2-1) 所示，$R(t)$ 为随时间变化的辐射度量，电路中第 i 个逻辑单元的初始和结束运行状态分别是 A_i 和 B_i，在传统汉明距离模型的基础上，增加差异化权重配比 F_i，使得信息泄露模型更适用于软件定义硬件的评估。

$$R(t) = \sum_{i=1}^{n} F_i \times (A_i \oplus B_i) \tag{2-1}$$

　　基于优化的信息泄露模型，在时空混杂交叠场景下引入非均匀概率分布和 Student's *t*-test 检验，基于测试矢量的泄露评估(test vector leakage assessment，TVLA)方法学，采用密钥破解成功期望的形式来评估芯片的侧信道差异性显著水平，形成适应软件定义密码芯片计算和控制密集特性的侧信道安全量化评估算法。如式(2-2)所示，$\overline{X}_1$ 和 $\overline{X}_2$ 是不同驱动激励下电路的侧信道信息均值，S_1^2 和 S_2^2 为方差，n_1 和 n_2 为样本容量。用 T 分布理论来推论差异发生的概率，从而比较两个平均数的差异是否显著。如果 T 绝对值超过 4.5，则认为存在较显著的信息泄露。该模型同时还可以对剖分后的电路模块分别进行定量评估。

$$T = \frac{\overline{X}_1 - \overline{X}_2}{\sqrt{\dfrac{(n_1-1)S_1^2 + (n_2-1)S_2^2}{n_1 + n_2 - 2}\left(\dfrac{1}{n_1} + \dfrac{1}{n_2}\right)}} \tag{2-2}$$

　　为了在真实使用环境下对软件定义密码芯片的侧信道攻击防御效果进行验证，需要搭建侧信道测试实验平台，考虑到传统的测试平台往往只负责为待测芯片施加激励并采集侧信道信息泄露，并不会对芯片的运行状态进行同步监测，因此还需额外增加对芯片运行状态的监测，才能完成软件定义密码芯片的侧信道安全等级评定。需要搭建的测试平台框架如图 2-7 所示，在传统侧信道测试系统的基础上，额外通过调试接口增加对芯片工作状态的监测。通过对软件定义密码芯片的实际测试，能够检验特定安全等级的提升效果。

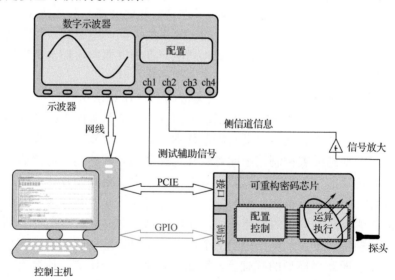

图 2-7　测试系统框图(含芯片状态监测)

软件定义密码芯片的硬件核心是可重构运算阵列(reconfigurable processing

unit，RPU)。软件定义阵列往往包含多个加解密运算核心(block computing unit，BCU)、数据交换模块、高速总线和其他外围电路，如图 2-8 所示；同时，软件定义密码芯片需要在一定配置策略的支持下，才能够正确执行相应的操作，其中的"配置流"文件负责对芯片的硬件进行调度和计算资源的分配，而"数据流"文件负责待处理数据的发送和运算结果的接收。BCU 可以对"配置流"信息进行数据报头解析，根据不同的控制命令对明/密文数据进行加/解密，控制"数据流"流向，完成计算。BCU 内部拥有多个计算处理单元(processing element，PE)，PE 单元中主要包括 ALU、S-BOX、SHIFT、GF、DP、BENES 等模块，能够完成算术逻辑操作(含加、减、与、或、异或等)、进行 S 盒查表操作、提供左右移位(含循环移位)操作、进行数据置换及交换和有限域乘积等。

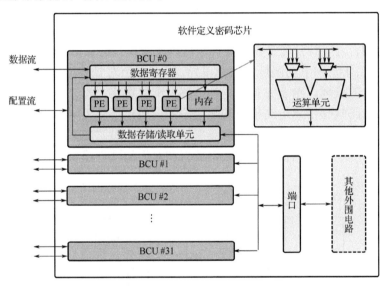

图 2-8　软件定义密码芯片硬件架构示意图

　　侧信道信息泄露的根本原因在于芯片工作时的侧信道信息与算法运算的中间值存在相关关系，而侧信道信息是由硬件电路在运行过程中产生的，因此需要重点对 PE 单元中的非线性逻辑操作电路模块进行逐一剖析，对"数据流"进行单比特分解及追踪，定位其中与密钥等敏感信息直接相关的比特位，在汉明距离泄露模型的基础上，建立"数据流"与侧信道信息泄露的映射关系。区别于传统密码芯片，软件定义密码芯片会在运行中对芯片功能进行再配置，改变芯片内部运算单元阵列连接关系和数据通路等，由于软件定义阵列包含多个 BCU，需要考虑"配置流"对密码芯片计算模式的改变以及对计算资源的调度，进一步完善"配置流"及"数据流"和容易泄露敏感信息电路模块的映射关系，形成能够用于软件定义密码芯片的侧信道脆弱性分析与定位方法。

表 2-1　指令流剖析示例

指令名称	指令格式	功能描述
SBOXA_PREXOR	0000001_rs2_rs1_010_rd_0001011	rd = sbox(rs1 XOR rs2)
TRIRS.XOR	rs3_2'b11_rs2_rs1_000_rd_1000011	rd=rs1 XOR rs2 XOR rs3

以对称密码算法中应用最广泛的 S 盒运算中的异或操作和多元运算异或操作为例进行说明，详见表 2-1。软件定义密码芯片执行异或操作的指令为 SBOXA_PREXOR，表示对于前一轮的加密运算结果 rs1 和扩展密钥 rs2 的异或操作，并将结果存储到 rd 中，即 rd=sbox(rs1^rs2)。对于该条指令，为了评估实际电路可能存在的信息泄露，需要对照"配置流"确定具体执行运算的 BCU 模块及内部的 PE，并对照"数据流"确定其中具体的操作数据。又如，多元运算异或指令为 TRIRS.XOR，表示对于 rs1、rs2 以及 rs3 进行异或操作，并将结果存储到 rd 中，即 rd=rs1^rs2^rs3，同样需要确定具体操作数据以及所执行运算的 PE，且需要考虑不同 PE 之间协同工作状态下的侧信道信息差异。参照以上对具体指令的分析方法，完成对现有指令集的梳理，结合完整的重构配置及配置策略，建立"配置流"及"数据流"和容易泄露敏感信息电路模块的映射关系。如图 2-9 所示，需要对指令流进行细粒度剖析，对"配置流"和"数据流"进行分解，对照加密运算时间轴，在每个时刻确定与算法运算中间值相关的特定数据和对应的硬件模块，进行信息泄露计算及评估。

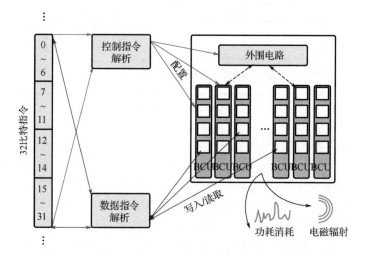

图 2-9　软件定义密码芯片硬件架构示意图

3. 基于冗余资源和随机化的抗侧信道攻击方法

前两小节对软件定义密码芯片的侧信道攻击和评估进行了介绍，本小节将在安全评测的基础上，具体结合软件定义芯片自身的本征特性提出抗侧信道攻击的防御策略，提升软件定义密码芯片的可靠性和安全性水平。下面围绕硬件架构、配置与控制和电路设计方法等方面介绍基于敏感信息隐藏的时空动态混杂重构策略研究。

对于软件定义密码芯片，由于在实际应用中需要对不同类别的密码算法进行切换，基于掩码的方案势必会对重构策略的开发提出更高的要求，且需要对硬件架构进行修改，以实现对加掩码以及去除掩码操作的支持；而基于隐藏的方案不会对密码运算本身产生影响，对于不同的密码算法具有通用性，适用于软件定义密码芯片。

首先分析基于隐藏的方案减小侧信道信息泄露的原理。记软件定义密码芯片的侧信道信息泄露为 H_{overall}，其一般由三部分构成，包括和数据运算密切相关的信息泄露 H_d、和数据运算无直接相关关系的信息泄露 H_{ind} 以及由各类噪声带来的侧信道信息泄露 H_n，如式(2-3)所示，其中 H_d 是攻击者关心的变量。

$$H_{\text{overall}} = H_d + H_{\text{ind}} + H_n \tag{2-3}$$

为了打破现有侧信道信息泄露之间的内在关系，可以通过引入和数据运算相关的额外"干扰变量"来实现对 H_d 的隐藏，引入的变量用 H_Δ 表示，如式(2-4)所示：

$$H_{\text{overall}} = H_d + H_{\text{ind}} + H_n + H_\Delta \tag{2-4}$$

一般侧信道攻击的核心思想是借助大量的侧信道曲线，在一定信息泄露模型的指导下，计算曲线与猜测密钥中间值的相关性。以被广泛采用的皮尔逊相关系数为例，相关系数 ρ 的计算公式如式(2-5)所示，其中 $E(\bullet)$ 和 $\text{Var}(\bullet)$ 代表计算相应数据的均值和方差，信噪比(signal-to-noise ratio，SNR)代表 $H_{\text{ind}} + H_n$ 和 $H_d + H_\Delta$ 之间的信噪比。通过推导可以发现，最终总体侧信道信息泄露 H_{overall} 的相关性系数与 $\text{Var}(H_\Delta)$ 和 $\text{Var}(H_d)$ 直接相关，因此可以通过增加额外引入的干扰 H_Δ、减少和数据运算密切相关的信息泄露 H_d 来降低信息泄露水平。

$$
\begin{aligned}
\rho(W, H_{\text{overall}}) &= \frac{E(W \cdot H_{\text{overall}}) - E(W) \cdot E(H_{\text{overall}})}{\sqrt{\text{Var}(W) \cdot \text{Var}(H_d + H_{\text{ind}} + H_n + H_\Delta)}} \\
&= \frac{E(W \cdot H_d) - E(W) \cdot E(H_d)}{\sqrt{\text{Var}(W) \cdot \text{Var}(H_d)} \sqrt{1 + \frac{\text{Var}(H_\Delta)}{\text{Var}(H_d)}} \sqrt{1 + \frac{\text{Var}(H_{\text{ind}} + H_\Delta)}{\text{Var}(H_d + H_\Delta)}}} \\
&= \frac{\rho(W, H_d)}{1 + \frac{1}{\text{SNR}}} \cdot \frac{1}{\sqrt{1 + \frac{\text{Var}(H_\Delta)}{\text{Var}(H_d)}}}
\end{aligned}
\tag{2-5}
$$

需要充分利用软件定义密码芯片的硅后重构特性，综合调度芯片内硬件资源冗余，在现有硬件架构的基础上，全面分析攻击行为的原理，在时域和空域双维度上进行防御策略的开发。在时间维度上引入动态随机虚假操作，在不影响主计算序列的前提下，扰乱电路内部运算和侧信道信息之间的相关性，达到使 H_Δ 变量增加的目的，同时在主计算序列中引入动态随机空操作，达到使 H_d 变量减小的目的；在空间维度上，将主操作、虚假操作和空操作的序列混杂地配置到片内不同的 BCU 及 PE 中，形成强混合的时空动态混杂重构方案，同时深入研究额外增加的操作植入数量和植入时间，在动态混杂的前提下引入最大的随机性。如图 2-10 所示，未防护的执行序列均在同一个 BCU 的相同 PE 中顺序执行，较易被攻击，而带防护策略的执行序列首先被随机分散在不同的 BCU 及 PE 中，并额外引入动态随机虚假和空操作。

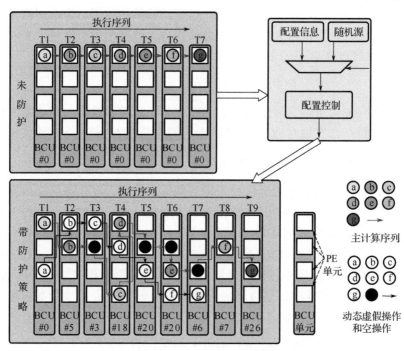

图 2-10　时空动态混杂重构策略示意图(见彩图)

　　带防护策略的重构方案不仅能防御功耗侧信道攻击，而且由于引入了空间动态随机特性，同时能够防御局部电磁侧信道攻击。此外，考虑到动态随机重构会增加配置信息量、降低芯片配置速度，因此还需要从芯片功能完整性、运算能效等方面进行回溯验证，通过适当提高运行主频、复用相同配置信息等方式对重构配置策略进行优化，并将验证结果前向反馈，经过迭代优化，最大限度地减小安全性提升带来的额外开销。

4. 安全设计自动化展望

　　在实际使用中，对于软件定义密码芯片，针对各类不同的密码算法，首先需要进行算法的解析、适配，现有的适配过程一般只追求较高的能效和较低的资源开销，但是对于安全性设计考虑不足。前面章节中介绍的基于冗余资源和随机化的抗侧信道攻击方法需要平衡功耗、开销和安全等级等参数，最佳做法是引入安全设计自动化，在各类算法的解析、适配过程中增加对安全属性的支持，增加安全性考量的选项。安全设计自动化的实现需要与现有开发流程紧密结合，如图 2-11 所示。在一般开发流程的基础上，增加对侧信道安全的需求，首先将时空动态混杂重构策略加入到现有设计流程中，随后借助高层次安全评估技术，提供初始的安全评估，在完成算法开发并在软件定义密码芯片上实现后，借助实际的侧信道信息采集及分析系统，完成最终的侧信道安全量化评定。借助此迭代流程，实现安全设计自动化。

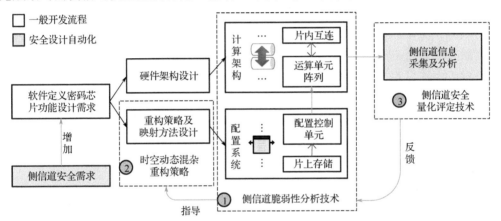

图 2-11　面向软件定义密码芯片的安全设计自动化

2.1.3　基于软件定义芯片的 PUF 技术

如同古希腊哲学家赫拉克利特说的"人不能两次踏进同一条河流"，完全相同的设计版图和生产工艺也无法保证两片芯片一模一样。传统芯片生产过程中各种原本不受欢迎的工艺偏差让识别每个芯片个体变得可能。这种独特识别性同时赋能了多样的密码安全应用。半导体 PUF(physically unclonable function) 被认为是硬件安全体系中的一种硬件可信根的元组模块，能够对集成电路芯片进行独特特性识别。这一元组模块往往设计为对芯片生产过程中的工艺偏差极为敏感，每个芯片个体上的 PUF 针对特定挑战输入，产生独特的响应输出。针对 PUF 的分类有多种方式，其中最常见的一种方式是根据 PUF 实现面积增长和挑战响应对(challenge-response pair, CRP)的增长的关系来定义的(图 2-12)：CRP 的增长与面积的增长呈多项式关系的定义为弱 PUF；呈指数关系的定义为强 PUF。在实际应用中，弱 PUF 往往用来替代成本较高的安全非易失存储器来存储加密系统中的敏感信息，如密钥；而强 PUF 除了用来生成密钥，也会用来做轻量级的认证。

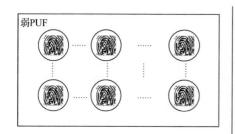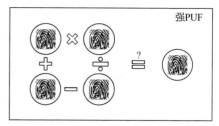

图 2-12　PUF 分为弱 PUF 和强 PUF

软件定义芯片赋予了 PUF 动态可重构这一特性,为 PUF 进一步广泛应用提供了新的根基和安全锚定。动态可重构能够增强 PUF 的可用性,改善其抗机器学习攻击的能力。现有 PUF 在用作生成密钥时,由于密钥提取函数是预先设计的,芯片生产之后无法更新。一旦密钥使用寿命周期结束或者有泄露风险时,无法进行撤销或者更新。而软件定义芯片让生成密钥的 PUF 拥有可重构能力,增强了现有 PUF 的可用性。被用作轻量级认证应用的强 PUF 往往受机器学习建模的威胁,截至目前几乎所有的强 PUF 都彻底或者一定程度上被各种机器学习算法所攻破。软件定义芯片的动态可重构性能够有针对性地改变 PUF 实现中的计算电路,让机器学习变得更加困难甚至不可能。

1. PUF 的评价指标

PUF 利用集成电路本身制造过程中不可控、不可避免的工艺偏差来在每个单独芯片上产生得到独特的输出。相同制造流程和参数下由于芯片内部的不完全一致性,每一个芯片都有其特有的 PUF 输入输出关系。基于应用领域的需求,往往对 PUF 的 4 个指标进行评估:均匀性、唯一性、可靠性和雪崩效应。均匀性表示 PUF 对不同输入挑战的响应中 1 和 0 的比例,均匀性的理想值是 50%。唯一性表示对同样挑战不同芯片产生的响应是足够随机的,理想值是 50%。可靠性定义为同一个 PUF 对相同输入挑战在不同时刻产生的输出的一致性;可靠性通过误码率来衡量,理想值是 0,代表没有误码率。雪崩效应用来衡量 PUF 设计中的每个挑战位的重要性,理想情况下输入挑战的任意比特发生单比特的变化,响应发生改变的概率为 50%。

如图 2-12 所示,PUF 可以根据挑战响应对(CRP)行为的算法属性划分为弱 PUF 和强 PUF。弱 PUF 的 CRP 空间一般较小,可以直接通过制表的方法实现攻击。强 PUF 由于 CRP 空间,一般不能通过制表来进行攻击,但大部分强 PUF 设计都可通过旁道攻击和机器学习攻击实现强 PUF 的数学建模。仲裁器 PUF(arbiter PUF,APUF)和基于环形振荡器的 PUF(ring oscillator PUF,ROPUF)是两种经典的强 PUF 和弱 PUF,其结构如图 2-13 和图 2-14 所示。PUF 也可根据提取工艺偏差的原理分为延时型 PUF 和存储器型 PUF,其中延时型 PUF 利用电路元件和连线的延时差来产生响应，如 APUF[32];存储器型 PUF 使用双稳态存储器元件来产生响应，如 SRAM PUF[33]。

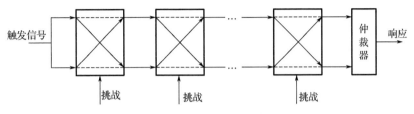

图 2-13　仲裁器 PUF 结构图

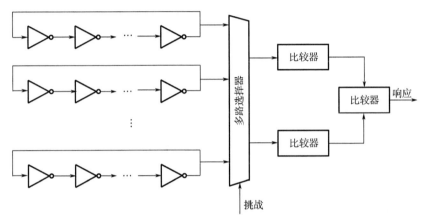

图 2-14　ROPUF 结构图

2. 针对 PUF 的攻击与防护策略

1) 功耗攻击及防护

功耗攻击通过分析电路瞬时功耗或电流变化来获取信息，一般分为简单功耗分析和差分功耗分析。简单功耗分析可以对单仲裁器 PUF 和异或仲裁器 PUF 进行攻击。该攻击的基本原理是分析瞬时功耗轨迹来辨别仲裁器 PUF 中锁存器从 0 到 1 的转换，从而判断出当前单个仲裁器 PUF 锁存器状态。对于多个仲裁器 PUF 并行使用组成异或仲裁器 PUF，可以使用简单功耗分析出锁存器或者仲裁器中 0 和 1 的数量，但无法定位输出为 1 或 0 的具体位置。因此，进行攻击时需要考虑结构特性来进行[34]。

文献[34]采用分而治之的方法来实现对这类 PUF 的攻击，在使用简单功耗分析获得输出为 1 的总数后，选择性地使用有利于攻击的 CRP，来分别对并行的每个仲裁器 PUF 进行机器学习攻击，即选择使所有并行仲裁器 PUF 输出都为 1 或者都为 0 的 CRP 用于训练模型，以实现对单个仲裁器 PUF 的高精度建模，进而实现高准确度攻击。对于异或仲裁器 PUF，差分功耗分析是一种有效的攻击方法。通过比较响应前后功率轨迹，用梯度优化算法获得拥有最小方差的拟合模型，得到对应的模型[35]。

为防御功耗攻击，可采用隐藏方法，一种常见的方式是平衡每一个门在不同输出逻辑时的功耗，如采用双轨电路[36]。每个时钟周期内对每个门的两个数据轨进行充放电，双轨得到了相等充电，充放电是数据无关的。整体电容充电和放电总是一个常数。互补操作也是常见的隐藏方法，0 和 1 两种不同的输出对应的操作同时进行，使得不同实际输出对应的总功耗保持一致，例如，仲裁器 PUF 可使用两个对称的反向输出信号和两个锁存器平衡功耗。

2) 错误攻击及防护

错误攻击利用错误信息和故障行为来进行攻击。PUF 在实际使用中的热噪声和环境变化等，其输出响应不完全是稳定的。利用 PUF 响应的可靠性信息，结合协方差矩阵自适应进化策略（covariance matrix adaptation evolution strategy，CMA-ES）机器学习攻击可以实现对异或仲裁器 PUF 的攻击。该方法聚焦攻击单个 PUF，其他 PUF 引入的不可靠性被当成噪声，每增加一个 PUF 仅仅是增加了额外噪声，这使得机器学习的复杂度与异或数量之间的关系由指数关系转化为线性关系，降低了攻击难度[37]。如果假设攻击者可以接触 PUF，那么其可通过调整电源电压或改变环境因素的方法来触发错误信息，增加不稳定 CRP 以加速攻击，提高攻击准确度。

根据错误攻击原理，可通过错误检测技术来减少错误产生，从而提高攻击抵抗力。常见的方法有空间冗余和时间冗余等经典错误检测技术。如果攻击者无法接触控制 PUF，那么可通过限制 CRP 重复使用次数，即每个 CRP 只被允许使用一次，攻击者无法得到错误信息或可靠性信息。此外，更多不同的 PUF 设计旨在克服可靠性问题。图 2-15 给出了一个包含单个 MUX 和多个仲裁器 PUF 的多路选择器 PUF（mux PUF，MPUF）结构。MPUF 响应的可靠性随着仲裁器 PUF 数量的增多而降低的速率低于异或仲裁器，从而对相关攻击有更高的抵抗能力[38]。

3) 电磁攻击

电磁（electromagnetic，EM）攻击主要用来攻击类似 ROPUF 之类的，基于振荡器的 PUF 设计。电磁攻击通过获取振荡器频率信息，来对 PUF 的输出做出高于 50% 正确率的猜测。针对 ROPUF 的电磁攻击，通过获得的电磁轨迹计算频率幅度谱，比较频率幅度差，判别出振荡器的频率范围。接着计算频率平均差或频率幅度平均值，识别出最高振荡器泄露的具体芯片区域。比较多次获得的频率幅度谱之间的平均，找到每次两个环形振荡器的分离频率，最后产生一个完整的 ROPUF 模型[39]。

为减少电磁泄漏，可通过使用特殊的晶体管级技术来隐藏电磁信息，但这一类方法需要额外的设计开销，大部分情况下会损失电路性能。设计者可能需要为每个关键元件准备大量的特殊的标准单元，同时需要谨慎布局布线。防止基于微探针的电磁攻击可通过检测封装打开来避免探针接近芯片表面，但需要特殊封装，大大增

加了制造成本。另一个防护方法在芯片上或芯片周围安装主动屏蔽，但驱动该屏蔽
消耗较多功耗。可设计电磁传感器来抵抗电磁攻击。利用探针和被测对象靠近时产
生的电耦合，使得探针无法在不干扰原始磁场的情况下完成测量。该方法使用基于
LC 振荡器的传感器检测入侵，适用于任何电磁分析和故障注入攻击，其中电磁探针
放置在检测目标电路附近[40]。

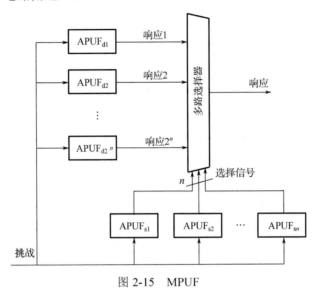

图 2-15 MPUF

针对特定 ROPUF 的电磁攻击，可以通过紧凑布局来提高其抵抗力，例如，模
仿正弦波和余弦波的位置来放置相邻振荡器阵列，两个相邻振荡器泄露的电磁域会
重叠使得电磁检测器无法区分单个环形振荡器频率。除此之外，也可以通过特殊设
计 ROPUF 的工作方式来增强对电磁攻击的抵抗，例如，可以使每个环形振荡器在
单次比较中只使用一次以防止针对环形振荡器的识别或同时比较所有环形振荡器。
缺点在于这两种方法都会增加硬件的开销。

4) 机器学习攻击及对策

(1) 攻击策略

机器学习攻击是一个强有力的针对 PUF 的攻击方法，根据对目标的了解程度可
以分为白盒、灰盒和黑盒三种攻击类型。其中黑盒攻击是最简单的，攻击者不需要
了解目标内部，也不需要提前建模，只需足够多的输入输出对即可。但黑盒攻击的
缺点是攻击准确度低。白盒攻击需要攻击者完全了解目标内部结构和工作情况，并
对目标进行建模，基于模型开展机器学习攻击。白盒攻击的复杂度最高，准确度也
最高。灰盒攻击则介于黑盒攻击和白盒攻击之间。

神经网络(neural network，NN)、逻辑回归(LR)、协方差矩阵自适应进化策略

(CMA-ES)和支持向量机(support vector machine，SVM)等都是常用的机器学习攻击方法。现有大部分 PUF 在设计时都没有考虑对机器学习攻击的抵抗。对于最经典的仲裁器 PUF，上面四种机器学习攻击方法即使在黑盒情况下也能实现对仲裁器 PUF 成功攻击。仲裁器 PUF 拥有简单的数学模型，在白盒攻击情况下，攻击准确度很高，可以接近 100%。

(2)攻击对策

为了增强 PUF 抵抗机器学习攻击的能力，可以通过增加 PUF 基础结构设计的复杂度来增加攻击难度。XOR PUF 是一种能在一定程度上抵抗机器学习攻击的 PUF[41]，如图 2-16 所示，将多个相同 PUF 通过异或门组合起来以产生最终输出。相较于单个 PUF，XOR PUF 提高了对机器学习攻击的抵抗能力，特别是在新的攻击方法提出后，其对机器学习攻击的抵抗被较大的削弱。例如，基于可靠性的机器学习攻击方法可以将异或仲裁器 PUF 对机器学习攻击的抵抗力由原来和 XOR 输入数量的指数关系减弱呈线性关系[37]。

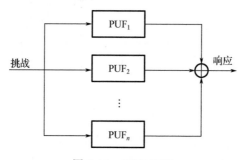

图 2-16　XOR PUF

多种仲裁器 PUF 的变种被提出以应对机器学习攻击，如轻量级安全仲裁器 PUF、前馈仲裁器 PUF[42]。但均已被机器学习攻击成功攻破。使用 LR 攻击拥有 5 个 XOR 输入模块的 128 级轻量级安全 PUF，攻击准确度可以达到 99%；基于 CMA-ES 的攻击对拥有 10 个前馈环的 128 级前馈 PUF 的攻击准确性也可以达到 97%以上[43]。

3. 软件定义芯片的物理不可克隆函数技术

传统上的物理不可克隆函数往往都有着静态的挑战响应，在不考虑响应中可能出现噪声的情况下，同样的挑战总是给出同样的回应。基于软件定义芯片的物理不可克隆函数也称为可重构物理不可克隆函数(reconfigurable PUF，rPUF)，这一个名称最早于 2004 年在 Lim 的硕士论文[44]中提出。

软件定义芯片的物理不可克隆函数，可以通过多样的可重构方式，将现有的物理不可克隆函数转变成新的物理不可克隆函数，新生成的物理不可克隆函数具有全新的、不可控的和不可预知的挑战响应对。可重构性一方面为现有的基于 PUF 的轻量级认证系统和生成的密钥提供了可撤销这一特性，另一方面也延长了对认证次数有限制的基于 PUF 的轻量级认证系统的寿命。一个软件定义芯片的物理不可克隆函数在应用重构这一特性时，转变成了一个新的物理不可克隆函数，这个新的物理不可克隆函数应该继承原先物理不可克隆函数的所有安全和非安全的特性，唯一改变了的是激励响应对。为了保证这一重构过程不会引入新的安全风险，重构过程必须是不可控的。

基于软件定义芯片的物理不可克隆函数的重构技术可以分为两种：一种是改变物理不可克隆函数硬件载体上的本征物理差异的本征可重构，另一种是通过改变物理不可克隆函数实现中的计算电路的应用可重构。

1）基于本征物理特性更新的可重构物理不可克隆函数

被用来作为物理不可克隆函数的本征物理参数在外界因素的影响下，发生了不可控的改变，从而导致物理不可克隆函数的激励响应对发生了不可控和不可逆的更新。这一过程被认为是基于本征物理差异更新的针对物理不可克隆函数的可重构操作。这里用两个例子来介绍基于本征物理特性更新的可重构物理不可克隆函数。

(1)基于聚合物的光学可重构不可克隆函数。

文献[45]提出了一种可重构的光学不可克隆函数。这个物理不可克隆函数的物理特性来自于聚合物的表面对光线散射微粒。其中挑战空间定义为包含激光照射的具体位置和入射角，而响应空间包含所有可能的斑点模式，图 2-17 给出了响应空间的两个响应样例[45]。这个物理不可克隆函数的实现可以工作在两种模式下：①当正常模式下的激光照射聚合物表面时，该物理不可克隆函数生成稳定的斑点模式；②当激光器工作在更高的电流下时，高强度激光束会让聚合物表面些许融化，从而导致散射微粒位置发生改变，改变的结构会在冷却之后固化，从而重构了该物理不可克隆函数的实现。

尽管现有的技术已经可以将激光源和适用于做光学物理不可克隆函数的材质做到高度集成[46]，但是芯片上集成光源的成本和对斑点模式进行提取所需的传感器都是可重构光学物理不可克隆函数广泛应用的现实障碍。

(a) 可重构前   (b) 可重构后

图 2-17 光学可重构 PUF

（2）基于相变位存储器的可重构物理不可克隆函数。

作为一种新型的快速非易失性存储器，相变位存储器同时可以作为可重构物理不可克隆函数实现的载体。相变位存储器通常是由含一种或多种硫系化合物的玻璃（chalcogenide glass）制成的，现在常见的相变材料基于锗锑碲（GeSbTe）合金。经过特殊模式的加热，它可以在晶体和非晶体之间切换，从而拥有不同的电阻值，因此可以用来存储不同的数值。通常来说，GeSbTe 合金在非晶态时的电阻较高，而在晶态时电阻较低。既可以将晶态和非晶态编码成逻辑"1"和"0"，也可以将中间态编码成多比特以增加单位单元内的存储能力。

文献[45]提出，一些相变位存储器中相位改变的控制精度小于对电阻值测量的精度。因此，如果相位改变的可控精度仅能够将可控相位改变所对应的全部电阻值区间分为 n 段，但是对电阻的测量精度却能将每一个 N 段进一步细分，如图 2-18 所示，电阻值的测量精度允许人们将每个 N 段分为左区间和右区间，那么就能对它们进行编码。这一左右区间的单比特信息很容易被读取出来，但是在重构的过程中，这里就是指改变相位，这一单比特信息不受控制，即可以通过这一不可控过程来可重构生成一个非易失的随机状态。既然相变位存储器可以用来作为集成电路中的嵌入式存储器，那么基于相变位存储器的可重构物理不可克隆函数也是可行的。

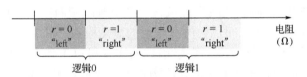

图 2-18　基于相变位存储器的可重构物理不可克隆函数

2）基于可重构电路硬件的物理不可克隆函数

如图 2-12，PUF 可以根据挑战响应对（CRP）行为的算法属性划分为弱 PUF 和强 PUF，强 PUF 主要由两部分组成，即物理不可克隆的本征特性和计算电路。文献[47]和文献[48]研究了基于计算电路的可重构来达到改变物理不可克隆函数的具体实现。这一类 PUF 一般依托的硬件平台为软件定义芯片。计算电路作为一个确定性的数字电路，它的可重构性可以通过传统可重构硬件来实现。

如上册图 3-1 所示，CGRA 由 PE 和它们之间的互连组成。PE 是执行运算的基本单元，其中包含 MUX、Register 和 ALU 等部件。通过外部配置信息的编程，PE 的功能可以改变。PE 之间有由配置信息决定的多种形式互连形式，如 2D-mesh 和 mesh plus 等。

单一的软件定义芯片可以通过配置同时执行多种密码算法，在其运行时片上空闲 PE 可以用来执行虚假操作来提高抗物理攻击的能力，软件定义芯片被认为是密码应用的理想平台之一。基于动态重构计算阵列的 PUF 可用于提供优质的随机源和安全密钥存储方式。

前面介绍过，延时型 PUF 通过比较两条结构路径相同的路径延时大小来生成响应，存储器型 PUF 则通过提取 SRAM 或其他交叉耦合反相器的亚稳态结构来产生响应。软件定义芯片有丰富的计算单元资源，可以通过组成多样的延时路径产生相应的 PUF 应答，易于实现延时型 PUF。

（1）基于 PE 互连的可重构物理不可克隆函数。

文献[47]中将软件定义芯片上基于单个运算单元 PE 的延时型 PUF 称为 PEPUF。PEPUF 通过比较相同架构 PE 之间的延时来产生单比特输出。同一时刻生成的信号在两个拥有相同拓扑结构的延时路径中传播，路径终点的仲裁器用来判断到达信号的先后顺序，产生单比特输出。仲裁器可以使用具有较小面积和较好瞬态特性的 RS 触发器。

将 PUF 的挑战映射到 PE 的输入，以图 2-19 所示 PEPUF 为例，每个 PE 两组输入分别为 $X_0 = (x_0, x_1, x_2, x_3)$ 和 $X_1 = (x_4, x_5, x_6, x_7)$，同时各自产生四比特的输出 $O_0 = (o_0, o_1, o_2, o_3)$ 和 $O_0' = (o_0', o_1', o_2', o_3')$。PEPUF 的响应通过仲裁器判断两个 PE 输出信号的到达先后顺序来决定。

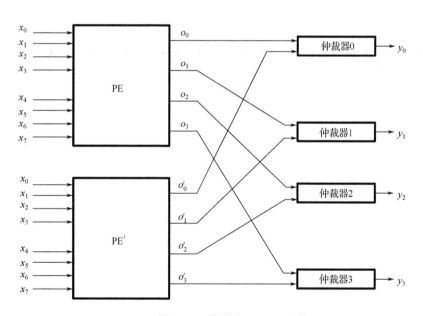

图 2-19　单模块 PEPUF 结构

PEPUF 是利用 PE 中运算的本征延时来产生 PUF 输出的延时型 PUF。图 2-19 单模块 PEPUF 所示的 PEPUF 为单级的 PEPUF，可用的挑战为 PE 的配置码以及 PE 的输入。PE 不同的配置码可以将 PE 配置成不同的功能，从而选择内部特定的计算模块作为提取本征工艺偏差的基本单元。常见的可配置功能包括算术计算中的加减运算以及逻辑运算中的与、或、非和异或操作。

软件定义芯片 PE 之间的互连线是另一丰富的 PUF 资源，为充分利用这些资源，可以将单个 PEPUF 单元通过互连形成多级 PEPUF。互连自身的本征延迟也可以利用 PUF 材料给 PEPUF 增加更多的熵输入。

在多模块 PEPUF 中，挑战的一部分作为互连线路径的选择，如图 2-20 多模块的 PEPUF 结构示例所示，浅灰阴影模块连接的 PEPUF 和深灰阴影模块连接的 PEPUF 具有完整的拓扑结构，到达仲裁器时两条线路上的延时差仅来自于软件定义芯片生产制造时的工艺偏差。

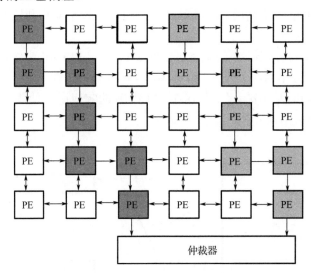

图 2-20　多模块的 PEPUF 结构示例

（2）PEPUF 实现灵活性分析。

这里分析在多互连 CGRA 实现上，通过改变互连形式探索 PEPUF 的实现空间。图 2-21 是一种特定的 CGRA 上具有 32 个延时单元的结构，按 4 行 8 列进行排列，为了叙述方便，用 (X,Y) 来标记结构中第 X 行第 Y 列的单元，行列均从 0 开始计数。为了简化研究，规定起始信号必须由左上角单元输入，由左下角延时单元输出连接到仲裁器，图中所示单元 $(0,0)$ 左端与起始信号相连，输出单元 $(3,0)$ 左端与仲裁器相连。中间一般单元 (X,Y) 可以通过配置与其邻近的 6 个延时单元相连，分别位于 $(X-1,Y-1)$、$(X,Y-1)$、$(X+1,Y-1)$、$(X-1,Y+1)$、$(X,Y+1)$、$(X+1,Y+1)$。所采用 CGRA 结构中第 0 列和第 7 列的延时单元，除了一般连接，还存在特殊连接。图 2-21 中的特殊连接如下：延时单元 $(1,0)$ 和 $(2,0)$ 左端相互连接；延时单元 $(0,7)$ 和 $(1,7)$ 右端相互连接，延时单元 $(2,7)$ 和 $(3,7)$ 右端相互连接。图 2-21 上各单元之间的连接由虚线表示，表示这种连接可在运行时进行动态配置，因此通过基本单元构建的 PUF 长度也是不固定的。

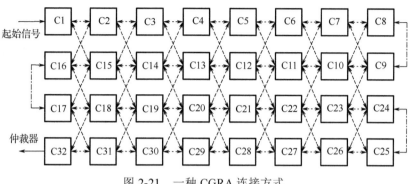

图 2-21　一种 CGRA 连接方式

为了便于研究，除了第一个单元必须为 (0,0)，最后一个单元必须为 (3,0)，规定 PEPUF 的路径不能两次通过同一延时单元。基于以上三个限制条件，构建算法遍历搜索该 CGRA 中可以使用的 PEPUF 条数以及连接关系。结果显示在该 32 单元的结构中构建长度为 16 的 PEPUF，能够得到的数量是 19220；能够构建长度为 32 的 PEPUF 数为 56675。图 2-21 中每两行之间只有一个特殊连接，限制了 PEPUF 的灵活性。因此，可以考虑增加 CGRA 结构中每行特殊连接的数目，以增加 PEPUF 路径的灵活性，如图 2-22 所示。

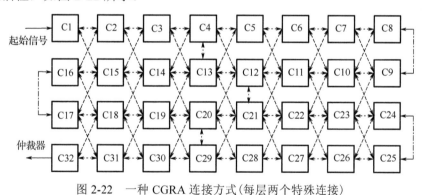

图 2-22　一种 CGRA 连接方式(每层两个特殊连接)

2.2　可　靠　性

随着软件定义芯片计算单元阵列规模的不断扩大，互连在整个系统中发挥着至关重要的地位。片上网络(network-on-chip, NoC)因其可重构性、高性能和低功耗的优势，逐渐成为最常用的互连架构之一。片上网络对整个软件定义芯片的可靠性有着重要的影响。本节以片上网络为例,从拓扑结构重构方法和多目标联合映射优化两方面具体介绍如何有效提升系统芯片的可靠性。

2.2.1　基于最大流算法的拓扑结构重构方法

由于软件定义芯片上通常集成了大量运算单元,部分空闲的运算单元可以作为备用元件代替出错元件以维持整个系统的正确性。由于运算单元数目有限,如何最大限度地利用这些元件提高修复率和可靠性是一个值得研究的问题。本节介绍一种基于最大流算法的拓扑结构重构算法[49],该算法受图论中网络流算法的启发,将修复出错运算单元的问题转化为网络流问题,并为该问题建立了数学模型,采用最大流算法求解。通过引入虚拟拓扑结构的概念,大大降低了因拓扑结构改变而为操作系统带来的负担。

1. 设计指标

假设有一组 PE,一部分可以正常工作,另一部分有错误,如何重新配置这些PE 之间的连线,以得到一个功能正确的 NoC 系统是我们要研究的问题,希望尽可能提高修复率,同时降低代价,如重构时间的增加、拓扑结构的改变、面积的增加、吞吐率的降低和延迟的增加。由于面积、吞吐率和延迟是评价 NoC 的常用指标,这里就不再赘述。下面介绍其他三个评价指标,即修复率、重构时间和拓扑结构。

修复率是用来评价一种修复方法有效性的重要指标,定义为所有出错的 PE 都可以被备用 PE 修复的概率。不同修复方法的修复率是不同的。由于芯片上的硬件资源是有限的,目标是为每一个缺陷 PE 提供尽可能多的修复方案,这样它们可以被有效修复。

重构时间决定了一种方法是否可以在系统运行时执行,这取决于修复算法的计算时间。重构时间对整个系统的性能影响很大,如果错误可以在运行中检测出来并通过重构进行修复,那么系统就不需要停下来等待修复,从而提高性能。另外,当芯片大规模生产和测试时,重构时间也是一个重要的指标,因为它与芯片的生产成本息息相关。因此,最好尽量缩短重构时间。

在重构过程中,拓扑结构也是一个考虑要素。因为事先不知道出错 PE 的位置,当出错 PE 被备用 PE 代替时,得到的拓扑结构可能变得不规则,并导致性能降低。例如,图 2-23(a)是一个 4×4 的二维网格结构。假设增加一列备用 PE 来提高芯片的可靠性,如图 2-23(b)所示。当出错 PE 被备用 PE 代替时,如图 2-23(c)和(d)所示,不同的芯片可能得到不同的拓扑结构,而这些拓扑结构可能和希望得到的结构不同。这样操作系统在不同的拓扑结构上优化并行程序时负担会很重[50]。为了解决这个问题,下面首先介绍一些有关拓扑结构的概念。参考拓扑结构(reference topology)定义为希望得到的拓扑结构[51]。例如,图 2-23(a)就是一个 4×4 的二维网格的参考拓扑结构。图 2-24(a)有 4 个备用 PE 和 4 个出错 PE，出错 PE 分别是 2 号、7 号、8 号和 19 号。物理拓扑结构(physical topology)是由正常工作的 PE 组成的结构，如图 2-24(b) 所示。尽管这一拓扑结构和参考拓扑结构不同，但是这些 PE 仍然可以构成一个 4×4 的处理器。在新得到的芯片中，每一个 PE 都被认为与它周围的 PE 虚拟相连。因此，重构得到的拓扑结构就被定义为虚拟拓扑结构(virtual topology)。图 2-24(c)是一个 4×4 二维网格虚拟拓扑结构的例子。在图 2-24(c)中，3 号、6 号、9 号和 13 号是 12 号 PE 的 4 个虚拟相邻点，13 号 PE 被虚拟认为位于 12 号 PE 的下方，尽管在物理上它们是左右相邻的。尽管 9 号 PE 与 12 号 PE 实际相距 3 步，但是在虚拟拓扑结构中认为它们是相邻的。对操作系统和其他应用程序来说，无论实际物理拓扑结构如何，虚拟拓扑结构都是相同的。这样操作系统可以更容易地优化并行程序和分配任务。

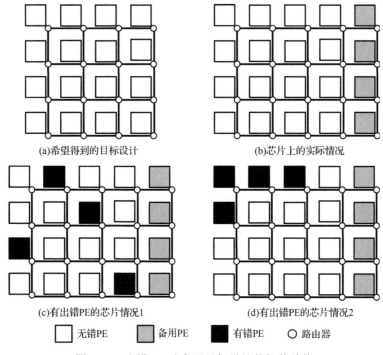

(a)希望得到的目标设计　　　　　　　　　　　(b)芯片上的实际情况

(c)有出错PE的芯片情况1　　　　　　　　　　(d)有出错PE的芯片情况2

□ 无错PE　　　■ 备用PE　　　■ 有错PE　　　○ 路由器

图 2-23　出错 PE 改变了目标设计的拓扑结构

2. 算法介绍

这里介绍两种方法来解决拓扑结构重构问题，并对重构时间、吞吐率和延迟进行分析。第一种是最大流(maximum flow, MF)算法。这种方法假设 PE 之间的数据传输量是均匀分布的，不会改变系统基本的拓扑结构。然而，在实际应用中，不同 PE 之间的数据传输量并不是均匀分布的。所以提出了一种改进的算法，即最小费用最大流算法，增加了一个费用的特性来对不同 PE 进行建模。

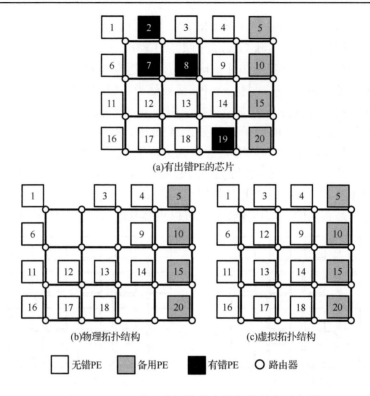

(a)有出错PE的芯片

(b)物理拓扑结构　　　　　　　(c)虚拟拓扑结构

□ 无错PE　　■ 备用PE（灰）　　■ 有错PE　　○ 路由器

图 2-24　4×4 的二维网格的参考拓扑结构示意图

　　若 PE 之间的数据传输量是均匀分布的，则出错信息在制造测试中获得。关于哪些是出错 PE、哪些是备用 PE 的信息都存在一个集中的拓扑结构重构控制器中。控制器由一个 ARM 7 处理器实现。假设位于 (x, y) 的非备用 PE 出错，在一个有效的修复方案中，该 PE 的功能被位于 (x', y') 的正常工作 PE 所替代。更确切地说，(x', y') 的 PE 在重构的网络中被重新编号为 (x, y)。原本发往 (x, y) 的数据包将会发送到 (x', y')。出错 PE 重新编号的过程是在重构时完成的。因为只改变了编号，而路由策略没有发生变化，所以在运行时没有额外的开销。这样数据包就通过 NoC 发送到逻辑上相邻的节点。当 (x, y) 的 PE 被 (x', y') 的 PE 取代后，(x', y') 的 PE 接着由 (x'', y'') 的 PE 所取代，直到这一取代过程以一个备用 PE 作为终点。这一替代过程中的有序序列 (x, y)、(x', y')、(x'', y'')、…就被定义为修复路径。这是一个在逻辑上用备用 PE 取代出错 PE 的序列。受文献[52]中提出的补偿路径的启发，这里提出一种通用的重构出错网络的方法，即确定修复路径。一旦确定了修复路径，每个 PE 的虚拟相邻节点就可以确定，这样就可以得到虚拟拓扑结构。图 2-25 给出了一个例子阐述修复路径和重构得到的虚拟拓扑结构的概念。

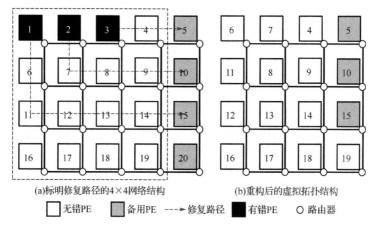

(a)标明修复路径的4×4网络结构　　　(b)重构后的虚拟拓扑结构

☐ 无错PE　　■ 备用PE　---→ 修复路径　■ 有错PE　○ 路由器

图 2-25　一个标明修复路径的 4×4 网格及其重构后得到拓扑结构示意图

图的顶部有三个集中的出错 PE，分别由三条不相交的修复路径连接至备用 PE上。3 号 PE 有错，它由 4 号 PE 代替，4 号 PE 由 5 号备用 PE 代替。这样，原本应发送至 3 号 PE 的数据包将会发送给 4 号 PE。例如，在原来的拓扑结构中，如果数据要从 9 号 PE 发送到 3 号 PE，那么传输路径应该是 9-8-3。但是在重构后的拓扑结构中，传输路径是 10-9-4。这表明原始拓扑中的每个 PE 在虚拟拓扑结构中都被重新编号。这一映射过程通过查找表来完成，查找表存储在每个路由器中。重构控制器计算出修复路径后，将新的坐标分配给每个 PE。

找到出错 PE 后，为了修复该错误，修复路径必须以出错 PE 为起点，以一个备用 PE 为终点。由于数据包只能通过 NoC 传送给物理相邻节点，因此修复路径上的 PE 序列必须在物理上相连，也就是说修复路径必须连续。如果网络中有多条修复路径，那么这些路径不能相交。因为在虚拟拓扑结构中，每个 PE 只能映射到一个坐标上，路径相交意味着该交点处的 PE 将被映射到两个坐标上，所以不允许这种情况出现。总结一下，一组修复路径必须满足以下条件：

(1)每条修复路径是连续的。

(2)该修复路径组必须涵盖所有出错的非冗余 PE。

(3)每条修复路径不能相交。

接下来介绍 MF 修复算法，该算法可以分析一个网络是否可以完全修复，以及如果可以修复，如何得到修复路径。如果网络中所有出错 PE 都可以修复，那么 MF 将生成一组修复路径；如果不能完全修复，那么 MF 会生成一组可以最大限度修复出错 PE 的修复路径。生成一组不相交且连续的修复路径的问题可以转化为最大流问题。最大流问题是一个经典的组合优化问题，即在一个节点和边均有容量限制的网络中，如何确定源点和汇点之间的最大流量。修复路径和 MF 算法之间的关系将在下文阐述(图 2-26)。

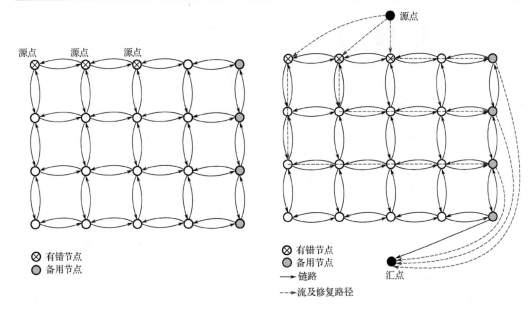

(a)多源点多汇点网络　　　　　　　　(b)标记了流和修复路径的单源点单汇点网络

图 2-26　用最大流算法确定修复路径

　　将网格看成一个有向图,每一条修复路径可以看成从出错 PE 到备用 PE 的单位流。这样就变成了一个多源点多汇点的最大流问题。每个节点和每条边的容量限制设为"1",这样保证在修复路径中每个节点和每条边最多只能出现一次。增加一个超级源点,指向所有出错的 PE,增加一个超级汇点,所有备用 PE 都指向该汇点。此时形成了一个单源点单汇点的网络。由于每条修复路径都是由源点到汇点的单位流,因此该网络的最大流量就等于可以被修复的出错 PE 数目。如果所有出错 PE 都可以找到修复路径,即所有出错 PE 都可修复,那么此时网络的最大流量等于出错PE 总数。这样,NoC 拓扑结构重构问题就转化为图论中的最大流问题。

　　一个网格可以用有向图 $G(V, E)$ 来表示,V 是该网络中节点的集合,E 是边的集合。F 是出错节点的集合。每个节点代表一个 PE 和相应的路由器,而连接两个节点的有向边就是路由器之间的链路。每条边和每个节点的容量都是 1。下面是该问题的数学描述方法。

　　(1)节点集合定义为 $V' = V \bigcup \{S, T\}$,S 是源点,T 是汇点。

　　(2)连接 V' 中的节点的边集合 E 定义如下:

　　　　①对于网格中每一对相邻节点 (i, j),定义两条边 $i \rightarrow j$ 和 $j \rightarrow i$;

　　　　②对于每一个备用节点 $v \in V$,定义边 $v \rightarrow T$;

　　　　③对于每一个出错节点 $v \in F$,定义边 $S \rightarrow v$。

　　(3)定义每条边的容量为 1。

(4)定义每个节点的容量为 1。

(5)对上面构建的图，求解最大流问题。

求解上述问题，将会得到该图的最大流量以及每一条流。图的最大流量表示有多少出错 PE 可以被修复，每一条流代表一条修复路径。根据修复路径，可以得到虚拟拓扑结构，如图 2-26(b)所示。每个 PE 的虚拟编号都存储在路由器中，在运行时调用。另外，如果最大流量不等于出错 PE 的数目，则表明有一些错误不能被修复。也就是说，在当前出错模式下，不能找到一组包含所有出错 PE 的修复路径。图 2-27 给出了一个不能完全修复的出错模式。图中有 6 个出错 PE 和 6 个备用 PE。其中一个备用 PE 是错误的。在这个模式中，只有 3 个错误可以被修复，修复路径也画在图中。

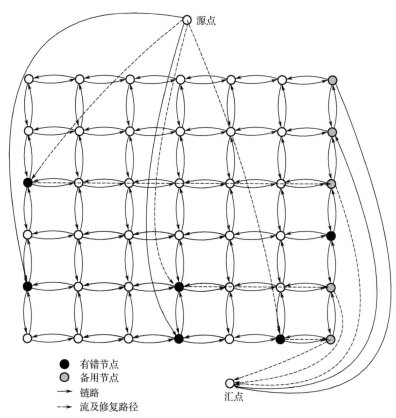

图 2-27　无法完全修复的错误模式示例

3. 重构时间和性能理论分析

找到源点和汇点之间的最大流量确保了尽可能多的出错 PE 被备用 PE 修复，以此提高网络的可靠性。最大流问题的时间复杂度是多项式级的。通常情况下，时间

复杂度是 $O(V^3)$ [53]，V 是节点数目。对于中等规模的稀疏图，如果边容量是整数，那么时间复杂度可以降到 $O(VElogU)$，E 是边的数目，U 是边容量的上限 [54]。传统模拟退火算法 (simulated annealing, SA) 的执行时间是不确定的，但它不能在多项式量级的时间内解出 [53]。当问题规模增大时，时间复杂度会非常高。由于这里提出的方法可以在多项式时间内解决，因此它可以在芯片制造后执行一次，也可以在运行时周期性执行，而不会带来很大的重构时间代价。

从 NoC 的角度来看，有必要建立模型来评价不同虚拟拓扑结构的性能降低情况，在文献[51]中引入了一个名为距离因子 (distance factor, DF) 的指标。显然，在不规则的拓扑结构中，节点之间的平均距离大于参考拓扑结构，所以延迟更长。DF 用于描述虚拟相邻节点之间的平均距离，所以该指标也反映了网络的平均延迟和吞吐率。节点 m 和 n 之间的距离因子定义为它们在物理上的距离 ($DF_{mn}=Hops_{mn}$)。节点 n 的距离因子 (DF_n) 定义为节点 n 与它周围所有 k 个虚拟相邻节点的距离因子平均值：

$$DF_n = \frac{1}{k} \sum_{m=1}^{k} DF_{mn} \qquad (2-6)$$

一个拓扑结构的距离因子 DF 定义为该拓扑结构中所有 N 个节点 DF_n 的平均值。

$$DF = \frac{1}{N} \sum_{N=1}^{N} DF_n \qquad (2-7)$$

显然，参考拓扑结构的 DF 最小，因为每个节点与虚拟相邻节点在物理上都是相邻的。例如，在二维网格中 DF=1，这表明每一对虚拟相邻节点之间的距离都是 1。DF 越小说明虚拟相邻节点之间的传输延时越小，它们在物理上的距离越近。

下面通过实验来评估 MF 修复算法的性能。采用两种修复方案作为比较标准，即平移修复 [55] 和交换修复 [56]。这两种方法分别用 "N:1" 和 "N:2" 来表示。图 2-28 给出了这两种方法的例子。平移修复方法在网格的右侧增加了一列备用 PE。如果某一行中有出错 PE，那么从该错误处起位移一位，用备用 PE 进行修复，这种方法每行可以容纳一个错误。交换修复方法在网格的左右两侧分别增加一列备用 PE，该方法每行可以容纳两个错误。因此，在实验中有两种类型的拓扑结构，即 $N \times (N+1)$ 和 $N \times (N+2)$ 的网格，分别对应上述两种修复方法。公平起见，MF 修复算法使用的备用硬件资源与比较方案完全相同，即 MF 与 N:1 进行比较时，两种方法都采用 $N \times (N+1)$ 拓扑结构；MF 与 N:2 进行比较时，两种方法都采用 $N \times (N+2)$ 拓扑结构。在相同的拓扑结构和出错模式下，每种方法可能得到不同的虚拟拓扑结构，因此性能可能不同。图 2-28 (d) 和 (e) 分别给出了 N:2 和 MF 修复算法得到的不同虚拟拓扑结构的例子。

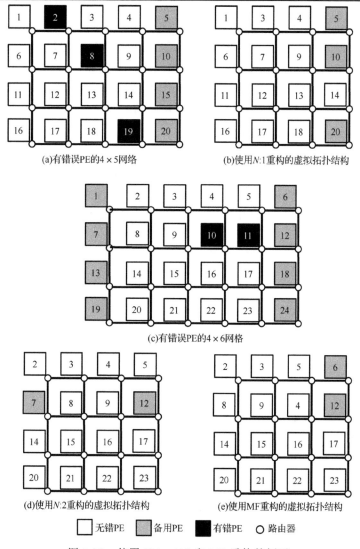

(a)有错误PE的4×5网络　　　　　　(b)使用N:1重构的虚拟拓扑结构

(c)有错误PE的4×6网格

(d)使用N:2重构的虚拟拓扑结构　　　(e)使用MF重构的虚拟拓扑结构

□ 无错PE　■ 备用PE　■ 有错PE　○ 路由器

图 2-28　使用 N:1、N:2 和 MF 重构的例子

　　仿真中使用两种不同尺寸的网格，即 $N=4$ 和 $N=8$。PE 的出错率从 1%到 10%，对于每种尺寸，随机产生 10000 组出错模式。在某些出错模式中，MF 可以修复所有错误，而 N:1 和 N:2 则不能。例如，某行中有超过两个错误，MF 方法可以得到一个功能正确的虚拟拓扑结构，而 N:1 和 N:2 不能。然而，在下面的实验中，这种情况不予考虑，因为此时无法计算 DF。只有在两种方法都可以完全修复网络中的错误时，才计算 DF。图 2-29 给出了 DF 的比较结果。如图所示，DF 随错误率的增加而增加。N:1 和 MF 的 DF 相同，原因是对于那些可以被这两种方法同时修复的出错模式，使用 N:1 得到的解决方案和 MF 完全相同，因此 DF 相同。换句话说，N:1

是 MF 的一个子集。与 N:2 相比，MF 的 DF 更小。N:2 只能用同一行的备用 PE 修
复错误，而并没有将修复路径的特点考虑在内。图 2-28(d) 和 (e) 给出了一个 4×6 的
出错网格分别用 N:2 和 MF 方法进行修复的结果。如图 2-28(c) 所示，10 号 PE 有错
误。使用 N:2 方法，修复路径只能是 9-8-7。而 MF 的灵活度更高，修复路径可以是
4-5-6。N:2 的 DF 是 1.3958，而 MF 的 DF 是 1.2187。MF 基于广度优先搜索，尽量
找到最短的修复路径。这一优势随着网格尺寸的增加而越来越显著。在 N:2 和 MF
的比较中，对于某个出错模式，N:2 得到的解决方案 MF 也同样可以得到。这说明
MF 可以得到不差于 N:2 的解决方案。根据 DF 的定义，MF 得到的虚拟相邻节点之
间的平均距离与 N:1 相同，但小于 N:2。因此可以预测，MF 得到的吞吐率和延迟优
于这两种比较方案。仿真实验测量所测得的吞吐率和延迟结果也证实了该预测。

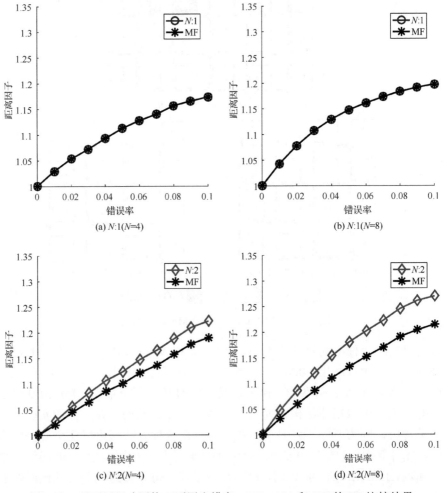

图 2-29　对不同尺寸网格、不同出错率，MF、N:1 和 N:2 的 DF 比较结果

4. 算法改进

在上面的讨论中，系统中的所有元素都被认为是相同的。而在实际应用中，PE 之间的数据传输量和链路上的负载都可能是不同的。为了更精确地建模，这些不同之处应该被赋予不同的权值。为了解决这个问题，提出一种改进的最小费用 MF 方法[57]，在给定费用限制的条件下，得到最大流的同时减小费用。有向流量图的建立方法和 MF 类似，增加一个超级源点和超级汇点，每个节点和边的容量限制为 1。图中还引入了一个新的变量-费用。费用可以定义在节点或边上，它可以对网络中任意不同的量进行建模，如边延迟、硬件代价、生产成本等。然后该问题可以用最小费用最大流算法来解决，时间复杂度是多项式级别的[54]。

实验结果表明，在使用相同硬件资源的情况下，MF 的修复率可提高 50%。而与无错系统相比，吞吐率仅下降 2.5%，延迟增加不到 4%。MF 方法最大限度地利用了冗余硬件资源，可靠性高于以往的方法。该方法的重构时间是多项式级的，可用于实时重构。此外，虚拟拓扑结构概念大大降低了操作系统优化程序时的负担。通过将拓扑结构重构问题转化为图论中的网络流问题，从而提高可重构系统的可靠性。使用最大流算法来提高冗余硬件资源的利用率的思想并不仅局限于二维网格拓扑结构，还可用于其他拓扑结构，出错 PE 和备用 PE 的位置也可以是任意的。其核心思想是一致的，即将所有出错 PE 汇集成一个超级源点，所有备用 PE 汇集成一个超级汇点，从而构成一个有向图，然后对该图求解最大流问题。

2.2.2　可重构片上网络多目标联合映射优化方法

为了满足软件定义芯片动态可重构的要求，片上网络的最佳映射方式需要以一个准确灵活的评估模型和高效准确的映射方法确定。因此，本节从建模分析、映射方法和实验验证三个方面展开讨论[58]。

1. 建模分析

1）背景

在研究中，目标应用通常是由图 2-30（a）所示的应用特征信息图表示的。应用特征信息图是一个双向图，其中每一个节点对应的是一个 IP，而连接节点的边代表 IP 之间的通信。IP 之间的通信量由边的权重定义，如每条边上的数字所示。图 2-30（b）是一个片上网络架构示例，同样也是双向图。每一个节点代表一个路由器和处理单元，而每一条边代表的是路由器之间的互连线。每两个节点之间的互连线都是双向线，如果一个片上网络总的通信路径数量定义为 N，那么图 2-30（b）中的 N=24。这里讨论的应用映射就是在应用特征信息图和 NoC 架构之间找到最佳的节点和边对应关系。

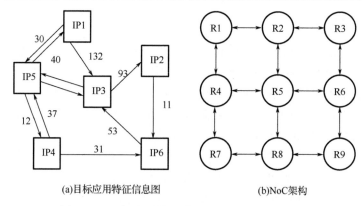

(a)目标应用特征信息图　　　　　　　　(b)NoC架构

图 2-30　目标应用特征信息图和 NoC 架构举例

软件定义芯片计算阵列中发生的错误类型通常可以定义为硬错或软错。错误发生的位置包括路由器、处理单元和通信路径。所有的硬错和发生在处理单元的软错都可以采用冗余来替代发生错误的模块[59]，在替换之后需要通过重新映射来找到最优的映射方式。发生在路由器和通信路径的软错通过等待软错消失的方法来处理，但这些软错对可靠性、通信能耗和性能的影响在建模过程中都有考量。发生在路由器中的软错可能会影响一条或是多条连接到路由器的互连线，从而导致数据无法正确传输到目的路由器。研究采用了最差情况作为假设条件，即路由器内部任何模块发生错误都被认为所有连接到路由器的互连线都发生错误。这样，发生在路由器和互连线的错误都能归结为互连线的错误。在建模过程中，需要考虑的错误情况即可简化为互连线中发生的软错。

片上网络中的互连线发生错误的概率可能会受很多因素的影响，如互连线附近芯片的温度、邻近模块的错误等。这里不讨论受不同因素影响互连线发生错误的具体模型，而是在进行多目标优化建模时将每一条互连线的错误概率都单独考虑。换句话说，方法能够适用于任何互连线错误模型。当 N 条互连线中有 n 条发生错误时，如果考虑所有可能发生错误的互连线位置，那么总共有 $M = C_N^n$ 种错误情况。由于在这 M 种不同情况中对应的可靠性、通信能耗和性能都大不相同，因此在建模的过程中会将这 M 种错误情况全都考虑在内。

2）可靠性模型

尽管在仿真过程中实际处理互连线发生软错的方法是等待软错自行消失后再传输数据，但是互连线错误对通信路径的影响仍应当纳入可靠性模型的考虑中。因为在错误发生那一个周期里，数据是无法通过发生错误的互连线进行传输的。在可靠性模型中应当把有错误发生的通信路径和没有错误发生的通信路径区分开来。

可靠性的模型主要通过两个步骤完成：①根据路由算法找出所有可行的通信路径；②根据互连线发生错误的情况判断源路由到目的路由之间是否存在通信路径能

够将数据成功传输到目的地，并用一个二进制标识给可靠性赋值。当 n 条互连线发生错误时，从源路由 S 到目的路由 D 的第 i 种错误情况的可靠性定义为 $R_{i,n}^{SD}$。例如，图 2-31 给出了当有三条互连线发生错误的两种不同错误情况，其中 R4 为源路由，R9 为目的路由。图 2-31(a)中是第 6、14 和 21 条路径发生错误。对于确定路由算法，通信路径是提前可以确定的。如果是 X-Y 路由算法，那么通信路径为 R4-R5-R6-R9；如果是 Y-X 路由算法，那么通信路径则为 R4-R7-R8-R9。在图 2-31(a)中的错误情况下，对于 X-Y 路由算法，数据无法从 R4 传输到 R9，也就是说 $R_{1,3}^{49}=0$。然而，对于 Y-X 路由算法，数据是可以成功从 R4 传输到 R9 的，在这种情况下，$R_{1,3}^{49}=1$。对于自适应路由，源路由和目的路由之间可能会有多条可行的传输路径。例如，对于最短路径的自适应路由算法，R4 和 R9 之间有三条通信路径，分别为 R4-R5-R6-R9、R4-R5-R8-R9 和 R4-R7-R8-R9。在图 2-31(a)中错误互连情况下，尽管数据无法通过 R4-R5-R6-R9 正常传输，但是另外两条通信路径是可行的。那么无论选择哪条路径，R4 到 R9 在这种错误情况下的可靠性 $R_{1,3}^{49}=1$。图 2-31(b)显示的是第二种错误情况，第 6、13、23 条互连线发生了错误。在这种错误情况下，无论哪一种路由算法，数据都无法成功从 R4 传到 R9，也就是说 $R_{2,3}^{49}=0$。在考虑源路由 S 到目的路由 D 之间通信路径的可靠性时，当 n 条互连线发生错误时，所有 $M=C_N^n$ 种发生错误的情况都考虑在内，如式(2-8)所示：

$$R^{SD}=\sum_{n=0}^{N}\sum_{i=1}^{M}R_{i,n}^{SD}P_{I,n} \tag{2-8}$$

其中，$P_{I,n}$ 表示当 n 条互连线发生错误时第 i 种错误情况的错误概率，如式(2-9)所示。其中 I 表示的是第 i 种错误情况下 n 条错误互连线的集合。

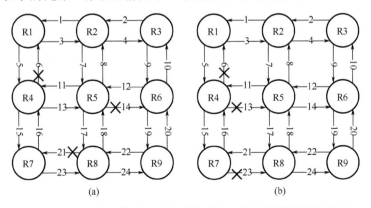

图 2-31 当三条通信路径发生错误时的两种不同错误情况示例

$$P_{I,n}=\prod_{j=1,j\in I}^{N}p_j\times\prod_{j=1,j\notin I}^{N}(1-p_j) \tag{2-9}$$

p_j 代表第 j 条互连线的错误概率，这样所有互连线的错误概率都可以不一样。

3）通信能耗模型

实际应用在片上网络运行时的能耗主要包括三个部分：处理单元的计算能耗、片上网络的静态能耗和片上网络传输数据的通信能耗。这里的处理单元都假设为同构的，所以在用不同映射方法运行同一个应用时，总的计算能耗并不会因为不同的映射方法而不同，所以第一部分的能耗不在建模考虑范围内。静态能耗通常受芯片工艺尺寸、工作温度和工作电压影响，但是只有工作温度会因不同的映射方法而略有不同。过去的研究结果表明，不同的映射会带来 1~2℃ 的温度变化[60]。与此同时，HSpice 的仿真结果表明这样的温度变化会带来最多 9.44% 的静态能耗变化。在 14nm 的工艺尺寸中，静态能耗大概占到总能耗的 5%~20%[61]。相应地，9.44% 的静态能耗变化只会占到总能耗变化的 0.5~1.9%。因此，暂不考虑不同映射方法对工作温度进而对第二部分静态能耗的影响。不同的映射方法对第三部分通信能耗的影响最大，而关注重点在于不同映射方法下的能耗差异而并非能耗的绝对值。因此，建模对象仅考虑第三部分片上网络传输数据的通信能耗。

片上网络通信能耗的计算采用的是单比特数据能耗模型[62]，即用单比特数据通过一个路由器的能耗 E_{Rbit} 和一条互连线所消耗的能耗 E_{Lbit} 来计算源路由 S 和目的路由 D 之间传输数据所消耗的通信能耗。当 n 条互连线发生错误时，第 i 种情况的通信能耗如式（2-10）所示：

$$E_{i,n}^{SD} = V^{SD} \left[E_{\text{Rbit}}(d_{i,n}^{SD} + 1) + E_{\text{Lbit}} d_{i,n}^{SD} \right] \tag{2-10}$$

其中，V^{SD} 是从 S 到 D 之间的通信量；$d_{i,n}^{SD}$ 是当 n 条互连线发生错误时第 i 种错误情况下通信路径上互连线的数目。与可靠性模型相似，所有 M 种错误情况下的能耗情况都考虑在内，从 S 到 D 通信路径的能耗如式（2-11）所示：

$$E^{SD} = \sum_{n=0}^{N} \sum_{i=1}^{M} E_{i,n}^{SD} P_{I,n} \tag{2-11}$$

其中，$P_{I,n}$ 如式（2-9）所示，是当 n 条互连线发生错误时第 i 种错误情况的错误概率。

对于确定路由算法，源路由和目的路由之间的通信路径是提前确定的，那么数据传输所经过的路由数目和互连线数目也是预先可以决定的。对于自适应路由算法，通信路径是随着数据传输实时更新的，也就是说式（2-10）中的 $d_{i,n}^{SD}$ 也是实时更新的。因此，该通信能耗模型同时适用于确定路由算法和自适应路由算法。

4）性能模型

通信网络的性能主要从延时和吞吐率两方面考量，这里的性能建模将对延时进行定量分析，而吞吐率则从带宽限制进行定性分析。延时可以分为三个部分：①当互连线没有发生错误且没有阻塞发生时将数据从源路由传输到目的路由的传输时间；②等待软错消失的时间；③由阻塞造成的等待时间。

性能模型采用虫孔（wormhole）作为交换技术，体片（body flit）和尾片（tail flit）的延时与头片（head flit）的延时是相同的。为了简化模型，只对头片的延时进行建模，其定义为头片在源节点被建立时与在目的节点被接收之间的时间间隔。第一部分的延时即头片从源节点传输到目的节点的时间，如式（2-12）所示：

$$C_{i,n}^{SD} = t_w d_{i,n}^{SD} + t_r(d_{i,n}^{SD} + 1) \tag{2-12}$$

其中，t_w 和 t_r 分别代表通过一条互连线和一个路由器传输一个片所需的时间。在这里的研究中，头片遇到发生错误的互连线时采取的方法是等待一个时钟周期再尝试重新传输，直到软错消失能够成功传输。由于无法准确估计每条互连线需要从软错恢复中的周期数，因此采用平均等待时间来表示由第 j 条互连线引起的等待时间，如式（2-13）所示：

$$F_j = \lim_{T \to \infty}(p_j + 2p_j^2 + 3p_j^3 + \cdots + Tp_j^T) = \frac{p_j}{(1-p_j)^2} \tag{2-13}$$

其中，p_j 为第 j 条互连线的错误概率；T 为头片需要等待的时钟周期数。与式（2-10）中计算通信能耗的方式相似，式（2-12）和式（2-13）也同样能应用于自适应路由中。当通信路径根据系统信息更新时，源节点和目的节点之间的数据传输路径长度也相应地更新。

在应用实际运行过程中，可能会出现多个头片需要同时通过一个路由的情况，这样就造成了第三部分由阻塞引起的延时。计算阻塞带来的延时采用先到先处理的队列方式，每一个路由被看成一个服务台。对于确定性路由，当源节点和目的节点已经被确定时，头片的传输路径就确定了。当发生阻塞时，等待传输的头片只能排在一条队列上，也就是说这种情况下队列中只有一个服务台能服务于该数据。对于自适应路由，通信路径会随着系统信息而更新，所以头片是可能根据通信网络的状态被传输到不同的路由器中的，这意味着可能有多个服务台服务于该头片。假设服务台的数量为 m，每一个路由器中有 vc 个虚拟通道，这些虚拟通道也能作为排队模型中的服务台。因此，采用 G/G/m-FIFO 队列来计算由阻塞引起的等待时间。在该队列中，到达间隔时间和服务时间都被认为是相互独立的一般性随机分布。利用 Allen-Cunneen 公式[63]，从第 K 个路由器的第 u 个输入端口到第 v 个输出端口的等待时间为 $W_{u \to v}^K$，如式（2-14）～式（2-16）所示：

$$W_{u \to v}^K = \frac{\overline{W_0^K}}{\left(1 - \sum_{x=u}^{U} \rho_{x \to v}^K\right)\left(1 - \sum_{x=u+1}^{U} \rho_{x \to v}^K\right)} \tag{2-14}$$

$$\overline{W_0^K} = \frac{P_{m+\text{vc}}}{2(m+\text{vc})} \cdot \frac{1}{\rho} \times \frac{C_{A_{u\to v}^K}^2 + C_{S_v^K}^2}{\mu_v^K} \times \rho_v^K \tag{2-15}$$

$$P_{m+\text{cv}} = \begin{cases} \dfrac{\rho^{m+\text{vc}} + \rho}{2}, & \rho > 0.7 \\ \rho^{\frac{m+\text{vc}+1}{2}}, & \rho \leqslant 0.7 \end{cases} \tag{2-16}$$

其中，$C_{A_{u\to v}^K}^2$ 是路由器 K 到达队列的变异系数，到达网络中的每个路由器的到达队列由目标应用决定。$C_{S_v^K}^2$ 是路由器 K 的服务队列的变异系数。在第 K 个路由第 v 个输出端口的服务时间由以下三个部分组成：①将一个片从第 K 个路由器传输到第 $K+1$ 个路由器的单纯传输时间；②为数据分配从第 $K+1$ 个路由的第 u 个输入端口到第 v 个输出端口的等待时间；③等待第 $K+1$ 个路由第 v 个输出端口变为空闲的等待时间，也就是第 $K+1$ 个路由第 v 个输出端口的服务时间。由于第 $K+1$ 个路由的每个输出端口都对第 K 个路由的第 v 个输出端口的服务时间有重要影响，因此采用相关性树和递归算法来进行计算。以第 $K+1$ 个路由器为根节点，只有当下一个路由器与当前路由器有通信时，下一个路由器才会添加到相关性树上，否则该路由器会被舍弃。相关性树节点的添加将会一直进行到当路由器只与处理单元通信，而与其他路由器没有任何通信时。当相关性树建立完成之后，先计算叶节点的服务时间，然后采用递归算法向上逆推父节点的服务时间，直到算出根节点的服务时间。第 K 个路由的第 v 个输出端口的平均服务时间为 $\overline{S_v^K}$，路由器 K 的输出端口 v 的服务时间分布二阶矩为 $\overline{\left(S_v^K\right)^2}$，服务器 K 的服务阵列变异系数为 $C_{S_v^K}^2$ 如式（2-17）所示：

$$\overline{S_v^K} = \sum_{x=1}^{V} \frac{\lambda_{u\to x}^K}{\lambda_x^K}\left(t_w + t_r + W_{u\to x}^{K+1} + \overline{S_x^{K+1}}\right)$$

$$\overline{\left(S_v^K\right)^2} = \sum_{x=1}^{V} \frac{\lambda_{u\to x}^K}{\lambda_x^K}\left(t_w + t_r + W_{u\to x}^{K+1} + \overline{S_x^{K+1}}\right)^2 \tag{2-17}$$

$$C_{S_v^K}^2 = \frac{\overline{\left(S_v^K\right)^2}}{\left(\overline{S_v^K}\right)^2} - 1$$

其中，式（2-14）～式（2-17）中所用到的参数是由实际目标应用和通信网络决定的，相关定义如表 2-2 所示。

综上所述，当 n 条互连线发生第 i 种错误情况时，源节点 S 和目的节点 D 之间的头片延迟如式（2-18）所示：

表 2-2　延时模型中的相关参数定义

参数	定义
$\rho_{x \to v}^{K}$	路由器 K 的输出端口 v 被输入端口 x 所占用的时间比
ρ_v^K, ρ	$\rho_v^K = \sum\limits_{x=1}^{U} \lambda_{x \to v}^K \mu_v^K, \rho = \sum\limits_{v=1}^{V} \rho_v^K$
$\lambda_{x \to v}^K$	平均片信息输入率（flit/cycle）
μ_v^K	平均服务率（cycle/flit）
U	一个路由器的输入端口总数
V	一个路由器的输出端口总数

$$L_{i,n}^{SD} = C_{i,n}^{SD} + \sum_{t=1}^{d_{i,n}^{SD}} F_{J(t)} + \sum_{t=1}^{d_{i,n}^{SD}+1} W_{U(t) \to V(t)}^{K(t)} \tag{2-18}$$

其中，$J(t)$ 是计算第 t 条互连线在通信路径上序号的函数；$K(t)$ 是计算第 t 个路由器在通信路径上序号的函数；$U(t)$ 和 $V(t)$ 分别是计算第 t 个路由器的输入端口和输出端口编号的函数。同样，将各种错误情况都考虑到总的延时计算中时，总的延时如式(2-19)所示：

$$L^{SD} = \sum_{n=0}^{N} \sum_{i=1}^{M} L_{i,n}^{SD} P_{I,n} \tag{2-19}$$

其中，$P_{I,n}$ 是当 n 条互连线发生第 i 种错误情况的错误概率。

对于吞吐率的考量是基于对带宽限制的定量分析，如式(2-20)所示，带宽限制可以尽可能平衡各个节点的通信量，从而保证吞吐率。

$$\sum_{S,D} \left[f(P_{\mathrm{map}(S),\mathrm{map}(D)}, l) \times V^{SD} \right] \leqslant B(l) \tag{2-20}$$

其中，l 是互连线的序号，$B(l)$ 是第 l 条互连线的最大带宽。$P_{\mathrm{map}(S),\mathrm{map}(D)}$ 是源节点 S 到目的节点 D 映射到的通信路径，由式(2-21)所示的二进制函数 $f(P_{\mathrm{map}(S),\mathrm{map}(D)}, l)$ 代表的是第 l 条互连线是否在相应的通信路径上。

$$f(P_{\mathrm{map}(S),\mathrm{map}(D)}, l) = \begin{cases} 1, & l \in P_{\mathrm{map}(S),\mathrm{map}(D)} \\ 0, & l \notin P_{\mathrm{map}(S),\mathrm{map}(D)} \end{cases} \tag{2-21}$$

5) 可靠性效率模型

找到最优的映射方式的关键是在可靠性、能耗和性能之间找到最佳平衡，但事实上三者的关系通常是相互制约的。例如，可靠性的增加很可能是以能耗的增加和性能的减弱为代价的。因此，可靠性效率模型被提出用作衡量可靠性、能耗和性能三者之间的关系。可靠性效率(R/EL)定义为单位能耗延时积所带来的可靠性收益。

在不同的应用场景中，相应的可靠性、能耗和性能需求可能会大不相同。例如，大多数移动设备的首要诉求是低功耗，而用于宇宙空间探索设备的首要需求则是高可靠性。因此，需要在可靠性效率模型中引入一个权重参数来区分三者的重要性。在引入权重参数之后，从源节点到目的节点的可靠性效率模型如式(2-22)所示：

$$R_{\text{eff}}^{SD} = \frac{(R^{SD} - \text{minre})^{\alpha}}{1 + E^{SD} \times L^{SD}} \tag{2-22}$$

其中，α 是权重参数；minre 是系统对通信路径的最小可靠性要求。权重参数 α 是用于调整可靠性和能耗延时积相对重要性的权重。minre 的取值取决于很多因素，如片上网络所处的周边环境、应用场景、系统要求等。例如，一个超级平行计算机的可靠性要求只允许其互连架构在一万个工作小时内至多一次丢包[12]，这样，对应的minre 数值可以根据错误概率来计算。在实际应用中，用户可以根据不同的需求通过更加系统的方式来确定 minre 的具体数值。对于一个特定的映射模式，总的可靠性效率由式(2-23)定义：

$$R_{\text{eff}} = \sum_{S,D} R_{\text{eff}}^{SD} \times Y^{SD} \tag{2-23}$$

其中，Y^{SD} 是一个二进制函数，用来表明源节点 S 与目的节点 D 之间是否有数据传输。如果 S 与 D 之间有通信，那么 $Y^{SD} = 1$，否则 $Y^{SD} = 0$。

2. 映射方法

片上网络可以看成一个完全图，寻找最优映射的方法可以抽象为在完全图中寻找一条能够覆盖到所有节点的代价最小的路径。这样，寻找最优映射的方法可以转换为旅行推销员问题。已经有研究证明，旅行推销员问题是一个非确定性多项式完备问题(non-deterministic polynomial complete，NPC)问题。绝大多数情况下，NPC问题的计算复杂度都很高。经典算法如模拟退火和分支定界(branch and bound，BB)方法都用来降低这类问题的计算复杂度。本节的主要目标是在找到最优映射的前提下尽可能降低计算复杂度以满足动态可重构的要求。为了进一步降低计算复杂度，这里提出基于优先级分配和补偿因子的分支定界(priority and compensation factor oriented branch and bound，PCBB)映射方法。在介绍 PCBB 映射方法之前，先简要介绍一下 BB 映射方法。

1) BB 映射方法

BB 映射方法通过建立查找树来寻找一个目标函数的最优解。寻找最优映射的过程中，目标函数就是前面建立的可靠性效率模型，求解最优解的过程即可用 BB映射方法实现。图 2-32 是一个查找树的简单例子，展示了一个有三个 IP 的应用映射到 NoC 上的过程。图中的每一个方框代表一种可能的映射方式，也是查找树的一个节点。查找树的根节点是查找树的起点，也是映射的开始，方框中的三个空格表示还没有 IP 被映射到 NoC 上。随着 IP 映射到 NoC 第一个节点上，有新的查找树节点生成。位于查找树分支上的中间节点代表的是有一部分 IP 已经映射到 NoC 上的部分映射。方框中的数字代表已经映射到 NoC 上的 IP 的序号，而数字和空格对应的位置代表 NoC 上节点的序号。例如，中间节点"23_"代表的是 IP2 和 IP3 分别映射到第一个和第二个 NoC 节点上，而 IP1 还没有被映射。当叶节点生成之后，也就是所有的 IP 都被成功映射到 NoC 上相应节点后，也就完成了查找树的建立。在查找树建立的过程中，为了降低计算复杂度，只有可能成为最优解的节点才会建立并得以保留。对于任意一个中间节点，如果该节点的最大收益小于目前最优解的最大收益，那么该节点不可能成为最优解，会被直接删去。在删去这些中间节点的同时，由该节点生成的子节点也都不会生成，这样就大大降低了查找的复杂度。

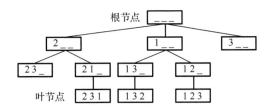

图 2-32　将有三个 IP 的应用映射到 NoC 上的查找树示例

2)PCBB 映射方法

从 BB 映射方法中可以看到，越接近根节点的中间节点有更多的子节点，这也就意味着更高的计算复杂度。如果这部分中间节点中有非最佳映射，能够尽早识别出来并删除掉该节点，那么整个查找算法的开销会大大减少。所以，可以采用优先级分配的方法来尽早甄别并删除这些接近根节点的非最佳映射的中间节点从而降低整个查找过程的计算复杂度。根据目标应用的 IP 总通信量对 IP 进行优先级排序，通信量最大的 IP 有最高的优先级。在映射过程中，IP 的映射顺序则根据其优先级从高到低进行。

在 BB 映射方法中，当中间节点的最大收益小于目前最优解的最大收益时，该中间节点会被删去，其中最大收益是基于前面提出的可靠性效益模型计算的。准确计算出可靠性收益能帮助我们找到更接近实际最优解的映射模式，但是同时也意味着更高的计算复杂度。因此，为了在准确度和计算复杂度之间寻求一个折中，引入补偿因子 β 到删除中间节点的标准中，如式(2-24)所示：

$$\text{UB} < \max\{R_{\text{eff}}\}/(1+\beta) \tag{2-24}$$

其中，UB 是可靠性收益的最大值，包括以下三个部分：①已经映射的 IP 之间的可靠性效率 $\text{UB}_{m,m}$；②已经映射的 IP 和还没有映射的 IP 之间的可靠性效率 $\text{UB}_{m,n}$；

③还没有映射的 IP 之间的可靠性效率 $UB_{n,n}$。其中 $UB_{m,m}$ 可以直接用式(2-23)计算，而 $UB_{m,n}$ 和 $UB_{n,n}$ 可以分别通过贪心算法映射剩余的 IP 估算出来。尽管这样估算得到的值会比真实值略高一些，但是这并不会影响式(2-24)中的删除标准。因为如果估算出来中间节点的可靠性收益最大值仍小于目前最优解的最大值，那么真实的可靠性收益也一定满足式(2-24)。否则，该中间节点将会生成作为下一步映射的比较对象之一。

3) 重新映射流程

前面讨论的是当目标应用第一次映射到 NoC 上时，寻找一个同时考虑可靠性、通信能耗和性能的最佳映射模式的方法。这里考虑将目标应用映射到 NoC 上的方法的另一方面：重新映射。当应用在 NoC 上运行时，互连线、路由器或者处理单元发生错误或者应用需求发生改变，都需要动态实现重新映射。换句话说，当 NoC 发生了实时重构时，也需要能够实时更新最佳映射。为了提高重新映射的效率，当需要重新计算最优映射的需求发起时，如当有错误发生时，会首先将发生错误之前的映射作为当前的最优映射存到存储器。这样一来就省去了从头开始的很多中间节点的计算开销从而加快重新映射的计算速度。与此同时，当前映射的可靠性效率也被计算出来作为当前可靠性收益的最大值。接下来的映射模式会按照前面介绍的 PCBB 映射方法逐步比较、生成或者舍弃。重新映射全过程的代码如图 2-33 所示。

```
if (need reconfiguration){
      Read(LastMap);
      MaxGain=LastMap -> gain;
      MaxUpperBound=LastMap->upperbound;
}
else{
    MaxGain=-1;
    MaxUpperBound=-1;
}
initialization;
while(Q is not empty){
    Establish(child);
    if(child->gain< MaxGain or child->upperbound<MaxUpperBound){
          delete child;
    }
    else{
    insert child in Q;
    if ( all IPs are mapped)
            BestMap=child;
    if(child->gain > MaxGain)
            MaxGain= child->gain;
    if (child->upperbound > MaxUpperBound)
            MaxUpperBound= child->upperbound;
    }
}
```

图 2-33　重新映射流程代码

4）计算复杂度分析

PCBB 映射方法在 BB 映射方法的基础上通过优先级分配的方法降低计算复杂度，采用补偿因子来均衡计算开销和准确性。这里从以下两个方面对寻找最优映射的方法进行复杂度分析：①计算每一个中间节点的可靠性效率 R_{eff} 的计算复杂度；②在映射过程中进行节点删除的比较判定带来的计算开销。在实际实施过程中，很多中间数据（如路由表、通信能耗等）可以事先存在存储器中，所以对于每一个中间节点的可靠性效率计算，需要进行相似的基本运算。这部分的计算复杂度和 NoC 节点数目（N_{NoC}）呈指数关系 $O(N_{\mathrm{NoC}}^{2.5})$。由于无法准确估算每层分支上具体被删除的节点数目，因此不妨假设每层分支上剩下的中间节点数目为 q，那么总的计算复杂度则如式（2-25）所示：

$$CC = O(N_{\mathrm{NoC}}^{2.5} \times q^{N_{\mathrm{NoC}}/2-1}) \tag{2-25}$$

3. 实验验证

验证实验主要包括三个方面：寻找最优映射方法准确性、可重构性和求解方法效率的验证。采用 C++ 编写的一个软件平台来寻找最优映射模式并计算寻找过程所需的时间。最优映射方法的评估通过将目标应用映射到片上网络后进行版图级仿真。实验设计了一个 7×7 二维 Mesh 片上网络，首先用 Verilog 实现了寄存器传输级的片上网络，接着用 TSMC 65nm 工艺进行综合，在布局布线之后得到版图。NoC 的面积大约为 $1.14 \times 0.96\mathrm{mm}^2$，工作频率达到 200MHz。设计的片上网络也在 Xilinx XC7V585TFFG1157-3 FPGA 进行了功能验证，仅占 FPGA 总资源的 13.45%。在式（2-22）所定义的可靠性效率模型中，可靠性、能耗和延时的模型都是以互连线错误概率相互独立为前提建立的。这足以证明是可以将现在已有甚至将来研究出来的互连线错误模型嵌入上文所提出的方法中的。实验采用一个简单的互连线错误模型来证明当互连线错误概率不同时本节方法也同样适用。根据通信量将互连线分成两组，通信量较大的一组互连线有较高的错误概率 p_h，而通信量较小的一组错误概率 p_l 较小。在所有仿真过程中，错误根据互连线的不同位置以这两种错误概率被随机注入片上互联网络中。实验中假设不需要对可靠性、通信能耗或者性能进行特殊的强调，所以权重系数 α 的取值为 1，最低可靠性常数 minre 取值为 0。可靠性在仿真中的衡量是通过一个片成功从源节点传输到目的节点的概率，而通信能耗是直接从版图级仿真结果中直接获取的。在所有仿真中，一个包由一个头片、六个体片和一个尾片共计 8 个片组成。延时通过头片的延时确定，也就是当头片在源节点生成到被目标节点接收到的时间间隔。吞吐率根据仿真中每个路由器传输的平均片信息数目得到。

1）准确性验证

为了验证本节方法找到的最优映射，从可靠性、通信能耗和性能三个方面对

PCBB、BB[64]和 SA 三种映射方法进行比较。共选取了八个应用，如表 2-3 所示。前四个应用是选的和 BB 映射方法[64]一样的应用，也是现实中常用的应用，后四个选取的是通信量较大的应用，用以满足复杂度日益增高的基于片上网络的可重构计算阵列的需求。其中 H264 和 HEVC 是两个视频编码标准，而 Freqmine 和 Swaption 是从 Princeton Application Repository for Shared-Memory Computers（PARSEC）[65]中选取的。这些应用的 IP 数目是基于尽可能使得 IP 之间的通信量均衡的原则确定的。

表 2-3　目标应用及其具体信息

应用名称	IP 数目	最小/最大通信量	NoC 规模
MPEG4	9	1/942	9
Telecom	16	11/71	16
Ami25	25	1/4	25
Ami49	49	1/14	49
H264	14	3280/124417508	16
HEVC	16	697/1087166	16
Freqmine	12	12/6174	16
Swaption	15	145/47726417	16

比较对象 BB 映射方法只局限于二维 Mesh 拓扑结构和 X-Y 路由，所以在准确性验证中采用同样的设定。SA 映射方法是一种通过概率算法寻找目标函数局部最优解的经典算法，缺少对可靠性、通信能耗和性能的模型，所以为了公平比较，该方法的结果基于上文提出的可靠性效率模型。由于当互连线错误概率大于 50%时，整个通信网络很可能无法正常工作。所以在仿真中，互连线的错误概率都设定为小于 0.5 的数值。其中，p_l=0.0001, 0.001, 0.025, 0.04, 0.0625, 0.1, 0.25, 0.5，p_h=0.001, 0.025, 0.04, 0.0625, 0.1, 0.25, 0.5。表 2-4 统计了总共 5000 组错误概率注入实验结果的最大值、最小值和平均值。从表中的平均值可以看到，PCBB 映射方法相对于 BB 映射方法和 SA 映射方法在各方面都有显著优势。下面将分别从可靠性、通信能耗和性能进一步阐释。

表 2-4　PCBB 映射方法找到的最优映射与 BB 映射方法和 SA 映射方法在各方面的比较概况（单位：%）

比较项	与 BB 映射方法相比			与 SA 映射方法相比		
	最小	最大	平均	最小	最大	平均
可靠性增加量	−0.96	106.8	8.2	−20.8	167.0	4.2
通信能耗减少量	−1.1	52.3	21.2	−8.2	65.1	6.7
延时减少量	2.4	37.1	15.5	−3.5	25.3	8.9
吞吐率增加量	0.7	22.2	9.3	3.5	22.2	8.5

（1）可靠性

PCBB、BB 和 SA 三种映射方法针对八个应用的可靠性相对于不同的互连线错误概率的比较如下：当错误概率较小（$p_l \le 0.025$）时，PCBB 映射方法和其他两种映射方法找到的最优映射可靠性几乎差不多，这是因为当错误概率小时，几乎所有的映射方法都具备很高的可靠性。随着错误概率的增大（$p_l > 0.025$），PCBB 映射方法的结果可靠性相比于其他映射方法有明显优势。尽管少数情况（25%）PCBB 映射方法的结果不如 SA 映射方法，但是在计算效率验证的结果中，SA 映射方法的计算时间远大于 PCBB 映射方法。此处可能的原因是 PCBB 映射方法的准确性可能为速度的提升有所牺牲，更详细的讨论会在相关小节中进一步阐释。总体而言，相比于 BB 映射方法和 SA 映射方法，PCBB 映射方法获得了 8.2% 和 4.2% 的可靠性增益。

（2）通信能耗

在通信能耗的比较中，大多数情况下（73.4%）PCBB 映射方法找到的最优映射的通信能耗比其他两种方法的结果要小。剩下的情况很可能也是因为采用了加速，删去了最优的中间节点，从总体平均值来看，PCBB 映射方法仍然比 BB 映射方法和 SA 映射方法的通信能耗低 21.2% 和 6.7%。

（3）性能

性能的比较包括延时和吞吐率两个方面，而且延时本身是和吞吐率密切相关的。所以延时的结果是在 $p_l=0.01$、$p_h=0.1$ 的错误概率下找到最优映射之后，改变吞吐率的值来进行对比。当吞吐率较低时，延时大概是 15cycles/flit。随着吞吐率的增加，整个网络逐渐进入饱和。从平均结果来看，PCBB 映射方法的延时比 BB 映射方法减少了 15.5%。这个优势在于可靠性模型中对延时的定量分析，那些有着较多阻塞和受错误互连影响较大的映射模式能很容易地被剔除掉，而较低延时的映射会被保留作为最优映射的备选。相比于基于同样模型的 SA 映射方法，PCBB 映射方法也有平均 8.5% 的延时降低，进一步证明了寻找最优解方法的准确性。

在不同错误概率下，对吞吐率的变化进行了比较。当注入率较小时，不同错误概率的吞吐率基本是一致的，为了考量不同错误概率对吞吐率的影响，实验中的注入率选择为 1 flit/(cycle·node)，此时网络已经达到饱和。随着错误概率的增加，吞吐率在不断下降。同时，尽管在模型中吞吐率只是通过带宽限制进行定性考虑的，没有做相应的定量模型，但是 PCBB 映射方法所找到的最优映射具有明显的优势。从平均数值来看，PCBB 映射方法相比于 BB 映射方法和 SA 映射方法的吞吐率增益能够分别达到 9.3% 和 8.5%。

2）计算效率验证

为了满足运行时可以重新映射的需要，计算复杂度需要在保证准确度的情况下尽可能降低。这里针对将目标应用首次映射到 NoC 上寻找最优映射所需的计算时间与 BB 映射方法和 SA 映射方法进行比较。同时，三者的运算都运行在同样的计算平台：2 × Intel® Xeon®E5520 CPU、2.27GHz 主频和 16GB 内存。在 PCBB 映射方法中，补偿因子 β 的取值为 0，从而最大化寻找最优解的速度。八个应用的最佳映射的计算时间以及相应比值如表 2-5 所示。可以看到 PCBB 映射方法能够比 BB 映射方法和 SA 映射方法更快地找到最优映射，而在前面论述中可以看到，PCBB 映射方法寻找最优映射的准确度在大多数情况下都比二者要好。速度的优势主要得益于寻找方法中的优先级分配，能够优先考虑通信量较大的 IP，并将与根节点距离更近的中间节点优先删除，这样在很大程度上减小了计算开销。

表 2-5　PCBB、BB 和 SA 三种映射方法的计算时间比较

应用名称	PCBB/s	BB/s	SA/s	BB/PCBB	SA/PCBB
MPEG4	0.02	0.03	37.4	1.5	1870
Telecom	0.65	2.65	156.7	4.1	241
Ami25	7.38	9.62	1397.3	1.3	189
Ami49	18.14	31.6	13064.4	1.7	720
H264	0.50	2.68	486.8	5.4	974
HEVC	0.64	3.19	340.3	5.0	532
Freqmine	0.87	1.77	335.5	2.0	386
Swaption	0.45	2.03	385.5	4.5	857

3）可重构验证

（1）可行性

除了首次映射的时间开销要尽可能小，在发生错误或是其他情况需要重新映射时，也需要能够在运行时针对新的拓扑结构和路由算法重新计算最优映射。根据需要重新映射的不同场景，一共进行了以下实验。

根据不同应用需要，软件定义芯片计算阵列可能会需要改变互连结构，也就是说片上网络的拓扑结构和路由算法可能会在运行过程中发生改变。本实验将从最常用的二维 Mesh 拓扑结构和 X-Y 确定性路由算法开始运行表 2-3 所示的八种应用，然后改变 NoC 的拓扑结构和路由算法，重新计算重构后的 NoC 所对应的最优映射。变换后的四种常见拓扑结构和路由算法组合是根据一篇研究了 60 篇片上网络文献的综述文章得来的[66]。该调查共提到了 66 种拓扑结构和 67 种路由算法。最常见的拓扑结构有三类：56.1%是 Mesh/Torus，12.1%是自定制，7.6%是环形。路由算法通常分为两类：确定性路由（62.7%）和自适应路由（37.3%）。所以在这三类常见拓扑结构中分别选取了 Torus、Spidergon、deBrujinGraph 和 Mesh 作为验证拓扑结构，而路由算法也选取了确定性和自适应性路由两种算法，如表 2-6 所示。针对这四种 NoC 拓扑结构和路由算法的重新映射时间如表 2-7 所示。对于不同应用，随着应用规模的增大，重新映射的时间也是在逐渐增大的，这和式（2-25）的理

论分析是一致的。更重要的是，可以看到各种条件下重新映射的时间都在可重构架构的需求范围内。

表 2-6　验证可重构特性的不同片上网络拓扑结构和路由算法组合

组合序号	拓扑结构		路由算法	
	名称	分类	名称	分类
I	Torus	Mesh/Torus	OddEven	自适应路由
II	Spidergon	环形	CrossFirst	确定性路由
III	deBruijnGraph	自定制	Deflection	确定性路由
IV	Mesh	Mesh/Torus	Fulladaptive	自适应路由

表 2-7　NoC 拓扑结构和路由算法发生改变后重新映射的计算时间比较　（单位：s）

应用名称	I	II	III	IV
MPEG4	0.02	0.01	0.01	0.03
Telecom	0.57	0.56	0.57	0.56
Ami25	3.67	3.7	3.81	3.66
Ami49	8.06	6.26	6.96	6.81
H264	0.56	0.56	0.57	0.57
HEVC	0.56	0.57	0.58	0.56
Freqmine	0.57	0.57	0.57	0.57
Swaption	0.57	0.56	0.57	0.57

互连线、路由器和处理单元的硬错通过冗余替换来解决。当替换发生后，节点之间的通信会发生改变，因此也需要重新寻找最优映射。路由器的错误可以化归到所有与之连接的互连线上。表 2-8 给出了不同数目的互连线发生错误后，重新寻找最优映射的计算时间，比表 2-7 中的结果还要小一个数量级。

表 2-8　互连线发生错误之后重新映射的计算时间比较　（单位：ms）

应用名称	错误互连线的数目			
	3	6	9	12
MPEG4	10	12	13	12
Telecom	25	24	23	25
Ami25	50	54	53	54
Ami49	83	83	81	80
H264	24	23	25	23
HEVC	26	27	24	27
Freqmine	24	25	25	24
Swaption	25	24	22	22

软件定义芯片(下册)

相关研究[67]提出了两种处理单元发生错误之后重新映射的方法。PCBB 映射方法采用了相同的应用并与之进行了比较,如表 2-9 所示。尽管 PCBB 映射方法比 LICF 略慢一些,但二者基本处在同一数量级上。同时,PCBB 映射方法重新映射的计算时间远小于 MIQP,而且 PCBB 映射方法的搜索空间要远大于这两种方法。总体来说,由错误引发的重新映射的计算时间也是满足动态可重构需求的。

表 2-9　处理单元发生错误之后重新映射的计算时间比较　　　　　　(单位:s)

应用 (IP 数目)	NoC 规模	错误数目	LICF[67]	MIQP[67]	PCBB (本节)
Auto-Indust (9IP)	4I	2	0.01	0.2	0.03
		4	0.02	2.51	0.04
		6	0.04	51.62	0.06
		7	0.04	177.72	0.08
TGFF-1 (12IP)		2	0.01	0.44	0.02
		3	0.02	1.34	0.05
		4	0.03	4.3	0.06

(2)能耗代价

在探讨了可重构的可行性之后,也需要考虑采用 PCBB 映射方法进行重新映射的能耗代价。对于因为应用需求整个 NoC 拓扑结构和路由算法都发生改变的情况,重新映射是唯一的选择,所以其代价可以暂不考虑。但对于发生错误采用冗余进行替换的情况,除了重新映射,最简单直接的方法就是将发生错误的节点上的 IP 移到最近可用的节点上并不改变其他 IP 的映射位置。针对这种情况,选取 Swaption 映射到二维 Mesh 片上网络并采用 X-Y 路由为例,对重新映射的能耗代价进行讨论。表 2-10 比较了不同情况下简单地就近替换和重新映射的代价。其中表 2-10 中的代价由式(2-26)定义:

$$代价=(新的映射模式所消耗的能耗+移动 IP 所消耗的能耗)$$
$$-发生错误之前的映射模式所消耗的能耗 \qquad (2-26)$$

由表 2-10 的比较结果可以看到,当移动 IP 数目较小以及冗余单元离错误单元距离较近时,简单地就近替换更有优势。但是如果冗余单元与错误单元距离较远或者需要移动的 IP 由于通信路径等原因数目较多时,那么即使需要移动一些 IP,但是重新映射之后的能耗还是能通过多目标优化减少。与之相比,简单地就近替换带来的是能耗的大幅增加。从能耗代价的角度来看,重新映射的优势显而易见。

表 2-10　重新映射与就近替换的能耗代价比较

冗余单元与错误单元距离	移动 IP 数目	就近替换代价/J	重新映射代价/J
1	1	−0.03	0.02
2	4	−0.10	−0.05
3	3	−0.08	−0.08
4	2	0.04	−0.10
5	4	0.14	−0.16
6	3	0.32	−0.23
7	2	0.43	−0.16
8	2	0.83	−0.27

参 考 文 献

[1] van Woudenberg J G J, Witteman M F, Menarini F. Practical optical fault injection on secure microcontrollers[C]// Workshop on Fault Diagnosis and Tolerance in Cryptography, 2011: 91-99.

[2] 王博. 高能效可重构密码处理器架构及其抗物理攻击技术研究[D]. 北京: 清华大学, 2018.

[3] Wang B, Liu L, Deng C, et al. Against double fault attacks: Injection effort model, space and time randomization based countermeasures for reconfigurable array architecture[J]. IEEE Transactions on Information Forensics and Security, 2016, 11 (6) : 1151-1164.

[4] 刘雷波, 王博, 魏少军, 等. 可重构计算密码处理器[M]. 北京: 科学出版社, 2018.

[5] Anderson R, Kuhn M. Tamper resistance—A cautionary note[C]//Proceedings of the 2nd Usenix Workshop on Electronic Commerce, 1996: 1-11.

[6] Skorobogatov S. Physical attacks on tamper resistance: Progress and lessons[C]//Proceedings of the 2nd ARO Special Workshop on Hardware Assurance, 2011: 1-10.

[7] Skorobogatov S P. Semi-invasive attacks: A new approach to hardware security analysis[D]. 2005.

[8] Kocher P, Jaffe J, Jun B. Differential power analysis[C]//Annual International Cryptology Conference, 1999: 388-397.

[9] Kocher P C. Timing Attacks on Implementations of Diffie-Hellman, RSA, DSS, and Other Systems[M]. Berlin: Springer, 1996.

[10] Yen S, Lien W, Moon S, et al. Power analysis by exploiting chosen message and internal collisions: Vulnerability of checking mechanism for RSA-decryption[C]//Springer, 2005: 183-195.

[11] Ors S B, Gurkaynak F, Oswald E, et al. Power-analysis attack on an ASIC AES implementation[C]//International Conference on Information Technology: Coding and Computing, 2004: 546-552.

[12] Kadir S A, Sasongko A, Zulkifli M. Simple power analysis attack against elliptic curve cryptography processor on FPGA implementation[C]//Proceedings of the 2011 International Conference on Electrical Engineering and Informatics, 2011: 1-4.

[13] Guo L, Wang L, Li Q, et al. Differential power analysis on dynamic password token based on SM3 algorithm, and countermeasures[C]//The 11th International Conference on Computational Intelligence and Security, 2015: 354-357.

[14] Qiu S, Bai G. Power analysis of a FPGA implementation of SM4[C]//The 5th International Conference on Computing, Communications and Networking Technologies, 2014: 1-6.

[15] Duan X, Cui Q, Wang S, et al. Differential power analysis attack and efficient countermeasures on PRESENT[C]//The 8th IEEE International Conference on Communication Software and Networks, 2016: 8-12.

[16] Li H, Wu K, Peng B, et al. Enhanced correlation power analysis attack on smart card[C]//The 9th International Conference for Young Computer Scientists, 2008: 2143-2148.

[17] Adegbite O, Hasan S R. A novel correlation power analysis attack on PIC based AES-128 without access to crypto device[C]//The 60th International Midwest Symposium on Circuits and Systems, 2017: 1320-1323.

[18] Masoomi M, Masoumi M, Ahmadian M. A practical differential power analysis attack against an FPGA implementation of AES cryptosystem[C]//International Conference on Information Society, 2010: 308-312.

[19] Sugawara T, Suzuki D, Saeki M, et al. On measurable side-channel leaks inside ASIC design primitives[C]//Springer, 2013: 159-178.

[20] Courrège J, Feix B, Roussellet M. Simple power analysis on exponentiation revisited[C]//International Conference on Smart Card Research and Advanced Applications, 2010: 65-79.

[21] Brier E, Clavier C, Olivier F. Correlation power analysis with a leakage model[C]//International Workshop on Cryptographic Hardware and Embedded Systems, 2004: 16-29.

[22] Gierlichs B, Batina L, Tuyls P, et al. Mutual information analysis[C]//International Workshop on Cryptographic Hardware and Embedded Systems, 2008: 426-442.

[23] Chari S, Rao J R, Rohatgi P. Template attacks[C]//International Workshop on Cryptographic Hardware and Embedded Systems, 2002: 13-28.

[24] Dassance F, Venelli A. Combined fault and side-channel attacks on the AES key schedule[C]//Workshop on Fault Diagnosis and Tolerance in Cryptography, 2012: 63-71.

[25] Güneysu T, Moradi A. Generic side-channel countermeasures for reconfigurable devices[C]//International Workshop on Cryptographic Hardware and Embedded Systems, 2011: 33-48.

[26] Moradi A, Mischke O, Paar C. Practical evaluation of DPA countermeasures on reconfigurable

hardware[C]//IEEE International Symposium on Hardware-Oriented Security and Trust, 2011: 154-160.

[27] Beat R, Grabher P, Page D, et al. On reconfigurable fabrics and generic side-channel countermeasures[C]//The 22nd International Conference on Field Programmable Logic and Applications, 2012: 663-666.

[28] Shan W, Shi L, Fu X, et al. A side-channel analysis resistant reconfigurable cryptographic coprocessor supporting multiple block cipher algorithms[C]//Proceedings of the 51st Annual Design Automation Conference, 2014: 1-6.

[29] Sasdrich P, Moradi A, Mischke O, et al. Achieving side-channel protection with dynamic logic reconfiguration on modern FPGAs[C]//IEEE International Symposium on Hardware Oriented Security and Trust, 2015: 130-136.

[30] Hettwer B, Petersen J, Gehrer S, et al. Securing cryptographic circuits by exploiting implementation diversity and partial reconfiguration on FPGAs[C]//Design, Automation & Test in Europe Conference & Exhibition, 2019: 260-263.

[31] Wang B, Liu L, Deng C, et al. Exploration of benes network in cryptographic processors: A random infection countermeasure for block ciphers against fault attacks[J]. IEEE Transactions on Information Forensics and Security, 2016, 12(2): 309-322.

[32] Devadas S, Suh E, Paral S, et al. Design and implementation of PUF-based "unclonable" RFID ICs for anti-counterfeiting and security applications[C]//IEEE International Conference on RFID, 2008: 58-64.

[33] Guajardo J, Kumar S S, Schrijen G, et al. FPGA intrinsic PUFs and their use for IP protection[C]//Cryptographic Hardware and Embedded Systems, Vienna, 2007: 63-80.

[34] Mahmoud A, Rührmair U, Majzoobi M, et al. Combined modeling and side channel attacks on strong PUFs[EB/OL]. https://eprint.iacr.org/2013/632[2020-12-20].

[35] Rührmair U, Xu X, Sölter J, et al. Efficient power and timing side channels for physical unclonable functions[C]//Cryptographic Hardware and Embedded Systems, 2014: 476-492.

[36] Tiri K, Hwang D, Hodjat A, et al. Prototype IC with WDDL and differential routing–DPA resistance assessment[C]//Cryptographic Hardware and Embedded Systems, 2005: 354-365.

[37] Delvaux J, Verbauwhede I. Side channel modeling attacks on 65nm arbiter PUFs exploiting CMOS device noise[C]//IEEE International Symposium on Hardware-Oriented Security and Trust, 2013: 137-142.

[38] Sahoo D P, Mukhopadhyay D, Chakraborty R S, et al. A multiplexer-based arbiter PUF composition with enhanced reliability and security[J]. IEEE Transactions on Computers, 2018, 67(3): 403-417.

[39] Merli D, Schuster D, Stumpf F, et al. Semi-invasive EM attack on FPGA RO PUFs and

countermeasures[C]//Workshop on Embedded Systems Security, 2011: 1-9.

[40] Homma N, Hayashi Y, Miura N, et al. EM Attack is non-invasive?—Design methodology and validity verification of EM attack sensor[C]//Cryptographic Hardware and Embedded Systems, 2014: 1-16.

[41] Suh G E, Devadas S. Physical unclonable functions for device authentication and secret key generation[C]//Design Automation Conference, 2007: 9-14.

[42] Lee J W, Lim D, Gassend B, et al. A technique to build a secret key in integrated circuits for identification and authentication applications[C]//Symposium on VLSI Circuits, 2004: 176-179.

[43] Jing Y, Guo Q, Yu H, et al. Modeling attacks on strong physical unclonable functions strengthened by random number and weak PUF[C]//IEEE VLSI Test Symposium, 2018: 1-6.

[44] Lim D. Extracting secret keys from integrated circuits[D]. Cambridge: Massachusetts Institute of Technology, 2004.

[45] Kursawe K, Sadeghi A R, Schellekens D, et al. Reconfigurable physical unclonable functions-enabling technology for tamper-resistant storage[C]//IEEE International Workshop on Hardware-Oriented Security and Trust, 2009: 22-29.

[46] Škorić B, Tuyls P, Ophey W. Robust key extraction from physical unclonable functions[C]//International Conference on Applied Cryptography and Network Security, 2005: 407-422.

[47] 汪东星. 动态重构计算阵列构建物理不可克隆函数关键技术研究[D]. 北京: 清华大学, 2018.

[48] 周卓泉. 可重构计算处理器硬件安全关键技术研究[D]. 北京: 清华大学, 2018.

[49] Liu L, Ren Y, Deng C, et al. A novel approach using a minimum cost maximum flow algorithm for fault-tolerant topology reconfiguration in NoC architectures[C]//The 20th Asia and South Pacific Design Automation Conference, 2015: 48-53.

[50] Stallings W. Operating Systems: Internals and Design Principles[M]. 9th ed. Englewood: Pearson, 2017.

[51] Zhang L, Han Y, Xu Q, et al. On topology reconfiguration for defect-tolerant NoC-based homogeneous manycore systems[J]. IEEE Transactions on Very Large Scale Integration (VLSI) Systems, 2009, 17(9): 1173-1186.

[52] Varvarigou T A, Roychowdhury V P, Kailath T. Reconfiguring processor arrays using multiple-track models: The 3-track-1-spare-approach[J]. IEEE Transactions on Computers, 1993, 42(11): 1281-1293.

[53] Karzanov A. Determining the maximal flow in a network by the method of preflows[C]//Souviet Mathematics Doklady, 1974: 1-8.

[54] Edmonds J, Karp R M. Theoretical improvements in algorithmic efficiency for network flow problems[J]. Journal of the ACM, 1972, 19(2): 248-264.

[55] Chang Y, Chiu C, Lin S, et al. On the design and analysis of fault tolerant NoC architecture using spare routers[C]//The 16th Asia and South Pacific Design Automation Conference, 2011: 431-436.

[56] Kang U, Chung H, Heo S, et al. 8 Gb 3-D DDR3 DRAM using through-silicon-via technology[J]. IEEE Journal of Solid-State Circuits, 2010, 45(1): 111-119.

[57] 任彧. 高可靠性片上互联网络设计关键技术研究[D]. 北京: 清华大学, 2014.

[58] 吴晨. 面向可重构片上网络的多目标联合优化映射方法研究[D]. 北京: 清华大学, 2015.

[59] Chatterjee N, Chattopadhyay S, Manna K. A spare router based reliable network-on-chip design[C]//IEEE International Symposium on Circuits and Systems, 2014: 1957-1960.

[60] Kornaros G, Pnevmatikatos D. Dynamic power and thermal management of NoC-based heterogeneous MPSoCs[J]. ACM Transactions on Reconfigurable Technology & Systems, 2014, 7(1): 1.

[61] Shahidi G G. Chip power scaling in recent CMOS technology nodes[J]. IEEE Access, 2019, 7: 851-856.

[62] Ye T T, Benini L, de Micheli G. Analysis of power consumption on switch fabrics in network routers[C]//Proceedings 2002 Design Automation Conference, 2002: 524-529.

[63] Gunter Bolch S G H D. Queueing Networks and Markov Chains: Modeling and Performance Evaluation with Computer Science Applications[M]. Manhattan: Wiley, 2006.

[64] Ababei C, Kia H S, Yadav O P, et al. Energy and reliability oriented mapping for regular networks-on-chip[C]//Proceedings of the 5th ACM/IEEE International Symposium on Networks-on-Chip, Pittsburgh, Pennsylvania: Association for Computing Machinery, 2011: 121-128.

[65] The PARSEC Benchmark Suite[EB/OL]. https://parsec.cs.princeton.edu/overview.htm [2020-05-30].

[66] Salminen E, Kulmala A, Hamalainen T D. Survey of network-on-chip proposals[J]. White Paper, OCP-IP, 2008, 1: 13.

[67] Li Z, Li S, Hua X, et al. Run-time reconfiguration to tolerate core failures for real-time embedded applications on NoC manycore platforms[C]//2013 IEEE 10th International Conference on High Performance Computing and Communications & 2013 IEEE International Conference on Embedded and Ubiquitous Computing, 2013: 1990-1997.

第 3 章　技术难点与发展趋势

A new golden age for computer architecture: domain-specific hardware/software co-design, enhanced security, open instruction sets, and agile chip development.

计算机架构将迎来新的黄金时代，其中四个重要的方向分别是：领域定制的软硬件协同设计、计算机体系结构的安全提升、开源的指令集架构和敏捷芯片开发。

——John Hennessy and David Patterson, Turing Award, 2018

本书的第 2 章介绍了在软件定义芯片研究中需要考虑的关键问题，而上册第 3、4 章及本册第 1、2 章分别从不同的层次和角度介绍了这些关键问题的设计空间。本章将重点阐述在解决这些关键问题时面临的主要技术难点。从根本上来说，软件定义芯片希望解决的关键问题是在单颗芯片上同时实现高度的灵活性、易用性和计算效率。但是这些目标本身是相互制约的：功能上的灵活性意味着更多的硬件资源冗余，用户的易用性意味着更少的硬件优化机会，而这些毫无疑问是造成计算效率难以提升的重要因素。直到今天，大部分主流计算芯片设计都反映了芯片开发人员无可奈何的权衡：CPU 通过时分复用少量运算逻辑单元等组件完美实现了功能的灵活性，但计算逻辑在其芯片设计中只占了非常小的面积，在处理许多应用时，CPU 的非计算资源(如指令流控制逻辑)本质上都是多余的；另一个极端，即 ASIC 通过空间并行、流水和专用化设计等方法最大化其底层电路计算效率，但是动辄数千万甚至上亿的设计生产费用和以年计算的开发周期使其易用性很差，只能适用于少量极泛用的应用领域。然而，软件定义芯片的关键问题绝不是简单地在灵活性、易用性和计算效率之间做出满足目标约束的权衡(这是目前许多加速器芯片正在做的)，而是希望从体系结构革新的角度出发，发现现有体系架构设计方法和理论的短板，从而实现在不牺牲或尽量少牺牲其他指标的前提下，提高灵活性、计算效率或是易用性。因此，本章将在灵活性、高效性和易用性等方面分析利用现有芯片设计方法和思想来实现软件定义芯片的主要技术困难。针对这些技术难点，进一步探讨新型设计理念的可能性，展望软件定义芯片的未来发展趋势。

3.1　技术难点分析

FPGA、CPU 甚至 GPU 这些芯片已经形成了成熟的从软件到硬件的生态系统。例如，使用 Verilog 语言对 FPGA 进行编程已经成为标准方法，GPGPU 可以使用

CUDA 或者 OpenCL 标准对其进行编程，这些软硬件工作流的效率、性能和易用性都较好，能够让应用充分利用底层硬件的并行处理能力，因此被广泛接受。然而，软件定义芯片还处于建立软硬件生态系统的发展阶段，还没有一个完善的、经过广泛商业化检验的标准。在建立和完善这个生态系统或者标准时，它仍然有许多待解决的问题。这些问题当中的大部分其实并不是软件定义芯片所特有的。例如，如何将硬件特有的并行处理能力更多地提供给应用而又不使编程模型过于复杂和令人生畏，或者由内存带宽受限导致的"存储墙"问题等，这些都是在芯片设计中普遍会面临的问题。然而，针对这些问题的解决方案也不是万能的，不同的底层硬件可能会有完全不同的处理方式，因此这些问题现在仍然是软件定义芯片的研究重点。当然，软件定义芯片还有一些特有的挑战，是与其特定硬件以及编程、计算和执行模型相关的。总体而言，软件定义芯片面临的挑战主要有三方面：如何进行软硬件协同的可编程性设计以获得灵活性、如何对硬件并行性和利用率进行权衡以高效开发，以及如何使用软件调度的虚拟化硬件优化以提高易用性。

3.1.1　灵活性：软硬件协同的可编程性设计

软件定义芯片需要充分灵活以支持不同的计算任务和应用，这必然会导致硬件资源的冗余。软件定义芯片应当在满足应用要求的情况下尽可能减少这种冗余，从而提升硬件的利用率。这就需要软件和硬件紧密合作，共同寻找一个系统最优的平衡点。因此，软件定义芯片的第一个挑战在于如何实现软硬件相互协同的可编程性设计。

软硬件协同设计中一个最直接的问题就是编程模型该如何设计。编程模型定义了软件或应用如何使用底层硬件的方式。它有两个目的：一是计算效率，即更多地暴露底层硬件的细节，让软件能充分利用其硬件所提供的能力，以提高硬件利用率；二是编程效率，即希望尽可能简单地对硬件进行抽象，让软件设计者能够不需要太多对底层硬件深入的理解就可以进行编程。这两个目的显然是矛盾的，因为若要优化应用性能则不能对硬件进行简单抽象，而要让系统可编程性更好，则不可能将所有底层细节都提供给编程者。因此，最终需要一个两边都能接受的折中。现在对软件定义芯片这方面的研究还非常稀少，所以还没有一个有效且好用的编程模型。针对不同应用或者不同研究中的软件定义芯片往往采用不同的编程模型，但还没有哪种编程模型的可编程性和性能能够达到广泛商业化的要求。找到一个最适合软件定义芯片的编程模型是非常急需的，是软件定义芯片生态系统能够被学术界和产业界广泛接受最重要的前提条件之一。所以，软硬件协同的可编程性设计仍然是软件定义芯片面临的最主要的挑战。

针对软件定义芯片，可以从硬件和软件两个视角来探讨什么才是最适合软件定义芯片的编程模型，以及其面临的挑战都是什么。

从硬件角度来考虑，软件定义芯片是比其他计算架构复杂度高得多的一种计算架构。

与 CPU 不同，软件定义芯片是一个二维分布的空间计算阵列，与 CPU 相比有更高维度的并行性和更强的计算能力。这些硬件能力需要以可编程性较好的方式提供给软件，这甚至比 VLIW 编程模型更加困难。这是因为虽然 VLIW 能提供计算单元的并行编程能力，但其不同指令的底层控制逻辑只能在去耦合的情况下整合成一条长指令，而软件定义芯片在同一时刻所有计算单元与相邻单元都可能有数据交互。

软件定义芯片与 GPU 不同，它拥有可动态配置的互连，不同计算单元之间不是通过共享内存的形式交互的，而是直接通信。一般来说，GPU 首先将主存中的数据通过 PCIe 搬运到 GPU 的 VRAM，然后执行基于共享存储模型进行编程的程序。但软件定义芯片不同，它需要对数据的流动方式进行定义才能实现功能。

软件定义芯片与 FPGA 不同，它的基础计算单元是粗粒度的，可以进行不同功能的计算且能根据不同配置信息进行动态切换。所以软件定义芯片中任务的调度和划分比 FPGA 更加复杂。另外，虽然 HLS 技术已经发展了一段时间，但使用高级语言对 FPGA 编程仍然没有被广泛采用，主要是因为 HLS 的性能与直接使用底层语言进行编程的性能差距太大。因此可以发现，想要使用高层次语言对软件定义芯片进行编程比对 FPGA 编程挑战更大。

可见，软件定义芯片复杂的硬件架构是软硬件协同的可编程性设计中面临的一个最基本的也是非常困难的挑战。不仅如此，在软件定义芯片硬件部分的设计中，还可以根据应用的需求调整其提供的功能。这对编程模型设计来说又引入了一个新的变量，即硬件功能，因此大幅度提高了编程模型设计的难度。

从软件角度来考虑，主流的编程模型都是顺序风格的，但基于顺序风格的编程模型不能充分利用软件定义芯片二维的大量细粒度的并行处理能力，因此不适用于其软硬件协同设计。正如前文所述，编程模型设计中遇到的挑战，本质上是软件如果对底层架构进行高层次的抽象，那么只能提供粗粒度的并行度；而如果直接对底层架构进行低层次的编程，那么可编程性就太差。从软件的角度来分析，编程者不可能对底层硬件的实现细节十分了解，一个好的编程模型应当能够在不使编程工作过于复杂的前提下尽可能提供底层架构最核心的元素，让软件能够控制和利用绝大部分硬件所能提供的并行度。通俗地来讲就是让软件能简单地从硬件中最大限度地榨取硬件所能提供的计算能力。这通常不是一件容易的事情，正如我们在 FPGA 上所看到的那样，HLS 虽然提供了高层次编程的可能，它将高级语言自动综合成硬件描述语言，但最终实现出来的性能却远不及实用的地步；而手工进行 VHDL 等低级硬件描述语言的编程，工程量很大，可编程性也很差。当然也有成功的例子，例如，CUDA 就是一种使用高层次语言对 GPGPU 进行编程的很好的例子，这是因为 GPU 是一个非常规则的并行处理单元，计算模式也比较单一，所以在此之上抽象出来的

CUDA 模型对 GPU 的并行度利用效率较高,给编程者带来的负担不大。

对软件定义芯片设计一种通用的编程模型挑战非常大。但是,可以注意到大部分软件定义芯片都是针对特定领域如机器学习进行设计的。因此,借鉴 DSL 的想法,一种比较可行的办法是针对不同应用领域设计不同的编程模型。由于限制了计算模式,为不同领域设计的编程模型能够针对应用领域的数据和控制特征进行提前优化,因此硬件所提供的功能可以相对较为固定,这大幅度缩小了编程模型的设计空间。因此,相比通用计算的编程模型,针对领域设计的编程模型有可能能够达到很高的硬件利用率。虽然如此,这个方向仍然面临挑战,即需要针对不同应用领域提取其应用特征,考虑其在底层硬件上的有效实现方式,并将其结合进编程模型的设计当中。

总体来说,软件定义芯片的灵活性需要软硬件协同的可编程性设计来保障。其中最主要的问题是如何设计软件定义芯片的编程模型。硬件的复杂性和现有软件的局限性,以及硬件功能的可定制,这些特点最终使得其编程模型的设计空间变得非常庞大并且复杂。这表明寻找软硬件结合的系统最优点是十分困难的,但这却也是软件定义芯片的发展所需要考虑的问题。

3.1.2　高效性:硬件并行性和利用率的权衡

计算架构的性能主要由其吞吐量(throughput),即单位时间能处理多少特定数据,或者完成多少操作来定义。例如,每秒浮点运算数量(FLOPS)或者每秒特定运算数量(如乘加操作)用于定义高性能计算机和应用加速器的计算能力,而每秒传输的数据大小(即带宽)则用于评估网络交换机或者路由器的性能。吞吐量其实是反映系统并行性的一个指标,其体现了一个系统能同时处理多少请求或者内容。现代的计算架构中,各个部分均有许多并行性可以利用,例如,在超标量 CPU 中指令可以多发射,另外还能分支预测、乱序执行,而多核处理器能够同时处理多个线程。这是三种不同层次的并行度,它们对处理器的性能提高都有十分重要的贡献。当然,不同层次的并行度在系统中肯定会相互影响。当一个架构能更好地提供和利用各种不同的并行性并使其不产生冲突时,性能就会更好,但同时也会导致更大的功耗和面积。为了研究的方便,目前计算机架构领域一般将系统的并行度归纳为以下几个方面。

1. 指令级并行

指令级并行(ILP)是指同一时间内系统能处理多条指令的能力。指令级并行的命名主要是针对 CPU 的,虽然其他许多架构也会涉及。例如,超标量处理器能够一次发射多条指令,VLIW 处理器能同时对长指令分拆之后并行执行。这些都是在代码执行之前,编译时开发指令级并行的方法。另外,乱序执行的处理器可以在代码运行时动态地利用指令级并行，可以同时执行多条没有数据相关的指令。相同的软件代码在 ILP 较高的处理器上显然能够更快地执行。

2. 数据级并行

数据级并行(DLP)是指一条操作可以处理多个或者多组数据的能力。当计算模式比较统一的情况下，利用 SIMD 的模式来同时处理多个数据，是数据级并行比较常见的实现方式。GPU 是 SIMD 的典范之一，其单条指令可以依据编号同时控制多个流处理器，对大量数据同时进行计算。在单条控制单次运算的情况下，指令的获取译码以及提交等操作往往限制了运算吞吐量的进一步提升。因此，数据级并行能够绕过指令控制的瓶颈，大幅度提升系统的吞吐量，且拥有很高的能效。Intel 的 x86指令集也经过了多次演进，随着时间的推移加入了众多同样也是 SIMD 模式的向量运算指令扩展，如数据流单指令多数据扩展(streaming SIMD extension，SSE)，AVX2、AVX512 等，旨在为高性能计算提供更高的并行度和更大的吞吐量。

3. 存储级并行

存储级并行(MLP)是指能够同时执行多个不同访存请求的能力。摩尔定律使得计算芯片的吞吐量稳步提升，导致访存的带宽也逐步上升，存储系统带宽的发展却跟不上这个脚步，称为"存储墙"问题。为了充分利用指令级并行和数据级并行，需要设计一个存储带宽与其相符合的系统。但存储的单次访问延时在近 20 年来几乎没有下降，因此存储级并行成为提升存储带宽最主要也是最有效的方式。从计算系统的角度来看，非阻塞性缓存、多个存储控制器以及允许多条访存同时执行等技术都是有效提供存储级并行的方式。从存储系统的角度来看，主存提供多个访存通道，可以同时访问不同的 bank 和 Rank，也是提升 MLP 的关键因素。

4. 任务级并行

任务级并行是指系统能够同时执行多个任务的能力。例如，多核处理器能同时执行多个线程，相比单核处理器，能大幅度提升多任务处理性能，这也最终反映在相较单核处理器吞吐量的提升上。此外，对于单任务，也可以将其划分为耦合度不高的子任务，利用任务级并行来提升吞吐量。

5. 推测并行

推测并行(SP)即推测后续可能会产生的操作，提前准备数据或者执行操作，来减少等待所需要的延时，提升带宽和吞吐量。如果推测错误则恢复之前所在的位置再执行正确的操作。例如，CPU 中的分支预测和乱序执行，就是推测并行的一种实现。之前讨论的并行性都是通过提升同时执行的请求数量来提高系统性能的，而推测并行难能可贵的是它通过减小等待时间和延时来提高系统性能。根据 Amdalh 定律，当一个系统的可并行部分被大量并行之后，整个程序的最终执行时间是由串行部分决定的。许多应用都包含很大部分的串行指令，如 SPEC2006 中的分支指令占总指令数量的 20%左右[1]，这部分往往是系统整体性能的瓶颈，却无法通过利用推测并行以外的并行性提升性能。当预测准确度足够高时，预测失败时需要的恢复所带来的代价较小，推测并行就能提高串行部分性能的短板，使系统的吞吐量大幅度提升。

推测并行主要对两种依赖进行预测，即指令的控制依赖和数据的模糊依赖（ambiguous dependence）。其中指令的控制依赖是指前一条指令的结果能够决定之后某条指令是否执行的情况，而数据的模糊依赖是一种部分的数据依赖，指访存的地址由寄存器决定，只在指令执行时才能决定两条指令是否具有数据依赖的情形。在 CPU 里解决这两部分依赖的主要 SP 技术分别是分支预测和乱序执行。分支预测技术记录本分支指令或者其他相关分支指令的历史决策，然后根据历史对本分支指令以后的行为进行预测，提前执行预测结果之后的指令片段。当然，这需要硬件上提供预测结果检测以及在预测失败之后清空流水线的机制，因此需要一些额外寄存器来记录分支时刻的系统状态，以便失败之后回滚。乱序执行技术用于解决数据的模糊依赖。虽然真实数据依赖必须顺序执行，但没有真实的数据依赖的指令通过对操作数进行重命名可以同时执行。

推测并行能大幅度提升系统的性能，但是同样也会大幅度增加其功耗和面积。预测执行并不会提升系统的能效，因为正确的操作始终需要执行，而错误操作可能也被执行且需要回滚。这也是乱序执行 CPU 的能效远不如顺序执行 CPU 的原因。

对于一个计算系统，并不是不同层次的并行度越多越好，如 GPU 很少使用 SP。这是因为在硬件上提供不同层次的并行度并不是没有代价的。例如，AVX512 指令扩展的实现，就需要向 CPU 里增加更多的译码控制逻辑和运算单元，这会增加 CPU 的功耗和面积开销。同样，软件定义芯片也需要在提供更大并行度和控制功耗和面积之间进行平衡，即不仅需要提供大的并行度来提升系统的性能，更需要考虑能效和面积效率是否足够高。否则如果一味增加并行性，系统的功耗和面积代价往往太大，而不具有可实现性。

按照文献[2]对软件定义芯片计算模型的分类来讨论，其中 SCSD 计算模型在单一数据集上每次执行单个配置信息，是一种被普遍接受、简单但有效的计算模型。这种方式可以提供大量的指令级并行，这是因为一个配置信息可以整合大量指令，并将其映射到空间阵列当中同时执行。而 SCMD 计算模型在同一配置里可以对多个数据集进行操作，这样可以充分利用空闲 PE。SCMD 计算模型在 SCSD 之上又提供了更大的数据级并行。这种方式与 GPU 类似，适合处理多媒体等向量或者流式应用。最后，MCMD 计算模型可以在 PE 阵列中同时执行多个不同配置，且在不同时刻可以切换 PE 阵列配置，进行时分复用。这种方式在 SCMD 的基础上主要探索了软件定义芯片的任务级并行。

　　越复杂的计算模型显然能提供越大的并行性,例如 MCMD 对 PE 阵列的利用率一般来说会比 SCSD 高许多,因而具有更好的性能。但是复杂计算模型所提供的并行性需要更复杂的硬件或者更强劲的编译器才能利用起来,这个代价不容小觑。例如 MCMD 计算模型需要将不同任务空间和时间复用地映射到 PE 阵列上,且由于没有共享存储,MCMD 线程间的通信需要显式地通过互连进行消息传递,这都对软件定义芯片的编译器提出了巨大的挑战。

　　已经有许多研究探讨了如何在软件定义芯片中利用不同层次的并行性[3-5]。例如,TRIPS[3]支持三种工作模式,分别能够提供指令级并行、数据级并行和任务级并行三种并行性;而存储级并行和数据级并行是现在软件定义芯片在处理大数据应用时不可避免需要考虑的问题。

　　除了上面讨论的指令级并行、数据级并行和任务级并行,软件定义芯片也可以提供推测并行。研究[6]显示预测地执行循环指令,将其依赖消除然后并行化,可以提升超过60%的性能。这从性能角度解释了为什么在软件定义芯片上需要提供推测并行,毕竟软件定义芯片对循环指令的并行是非常容易支持的。然而,在软件定义芯片上实现推测并行并不是容易的事情,这是因为软件定义芯片的“指令”实质上是一套配置信息,而配置中会执行大量操作。这就导致如果进行分支预测和乱序执行,就需要对这些大量操作的内存访问进行记录和重排序,而这会对软件定义芯片的功耗和面积造成一个非常大的负担。另外,由于配置切换并没有指令执行那么频繁,基于历史的分支预测器在软件定义芯片中的性能尚未达到一个可接受的程度[7]。因此,若要在软件定义芯片上实现推测并行,还需要在提高预测精确度和降低预测失败代价方面进行研究。

　　此外,软件定义芯片也需要提供存储级并行,以增加访问内存的带宽。这是保证其他并行性能够被充分利用起来的关键。但目前对软件定义芯片的研究还比较缺少对存储级并行的讨论,这可能是因为存储级并行的实现不仅需要软件定义芯片的计算和编译部分配合,也需要单独设计适用的存储系统,研究成本和门槛比较高。针对软件定义芯片的存储级并行设计主要有以下三个挑战。

　　一是现有的存储系统是针对内存的顺序流式访问进行了深度优化的,阵列中有行缓存(row buffer)可以缓存附近的数据,并会通过预取(prefetch)和突发模式(burst mode)与处理芯片进行交互,以提升带宽。但是,软件定义芯片二维分布的 PE 往往会产生分布式的稀疏访问请求,因此相较 CPU、GPU 等计算架构,现有的存储系统并不非常适合软件定义芯片,这对在其之中实现存储级并行提出了更高的挑战。

　　二是虽然许多研究探索了针对不同应用,软件定义芯片可以进行计算架构定制和优化,但对存储系统和应用访存的模式却还没有研究有针对性的考虑。现有的软件定义芯片研究往往使用的都是传统的高速缓存(Cache)和暂存器缓存(scratchpad memory），而主存甚至只做一个简单抽象，较少有将计算和存储联合起来考虑的系统，因此存储往往会对整个系统的性能形成较大的制约。

三是软件定义芯片十分适合与存内计算结合起来，这样可以大幅度增加存储级并行。然而，DRAM 工艺是针对密度进行优化的，并不适合实现计算逻辑，因此将软件定义芯片在主存上实现十分困难。如何将存储和软件定义芯片的 PE 比较好地结合在一起从而能够更有效率地访问存储也成为存储级并行的挑战之一。

总之，软件定义芯片的高效性要求硬件在提供大量不同层次并行性的同时保证硬件利用效率。然而，正如本节所讨论的，虽然软件定义芯片有能力提供计算各个层次以及存储的并行性，但是实现不同并行性之间的共存以及达到较高的利用效率还存在很大的困难，这制约着软件定义芯片性能的提升。

3.1.3　易用性：软件调度的虚拟化硬件优化

软件定义芯片的硬件架构新设计层出不穷，不同的架构往往遵循不同的编程模型，这令软件定义芯片的程序移植较为困难，仅仅是架构的小规模更新都可能导致程序需要重写。因此，易用性是软件定义芯片面临的重要挑战。解决不同架构的程序不兼容问题的主要方法之一是使用虚拟化技术，通过软件对虚拟化实体进行调度来开发其易用性。

虚拟化并不是一个前沿的概念，FPGA 和 CPU 的虚拟化技术已经非常成熟，例如，Intel 和 AMD 分别提出了 VT-x 和 AMD-V 技术，本质上是在 x86 指令集上增加虚拟化专用的指令，并在微架构上增加支持这些指令的实现，同时增加 CPU 的运行模式，使其能够支持虚拟化的状态。CPU 的虚拟化主要目的是安全地运行编译为其他 CPU 指令集的程序，以及操作系统。软件定义芯片的虚拟化与 FPGA 类似，主要目的是提升其易用性。具体来说是为软件和硬件提供一个中间层，应用相关的软件只需要针对这个虚拟的模型进行编程，而不需要考虑如何将这个虚拟的中间层实现到具体的硬件上。这与 3.1.1 节中所提到的编程模型设计不同，虚拟化当中的中间层并不是软硬件的接口，而是一个完整的软件定义芯片的硬件模型，只不过是虚拟的。对这个中间层进行编程需要使用在此之上抽象出的编程模型。

目前软件定义芯片有许多不同的硬件实现，它们往往采用不同的计算模型和执行模型。现在的情形是当硬件架构迭代之后，软件需要重新编写，这对开发和使用软件定义芯片都形成了非常大的阻力。部分原因在于软件定义芯片现在并没有被广泛采用的商业化产品，缺少大家共同认可的性能评判标准、基础性的研究平台和编译方法，另外还在于缺少将软件定义芯片虚拟化的范式和标准。将软件定义芯片虚拟化，让编译代替人工对不同的硬件架构进行实现，可以比较好地解决开发周期长、工作量大和重复工程等问题。如图 3-1 所示，虚拟化需要将软件定义芯片的各种硬件实现抽象为一个统一的模型，应用只需要针对该模型进行编程即可。这个统一的模型可以自然地结合进操作系统里，由操作系统对根据该模型编写的配置进行动态调度和执行。针对统一的软件定义芯片模型进行编程的应用，可以被编译器和特定硬件架构的编译工具编译为适合特定硬件架构的配置信息等代码，最终调度在硬件上执行。

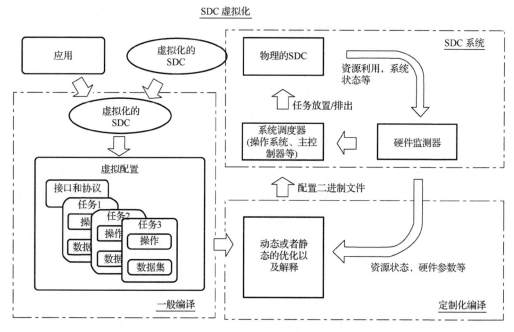

图 3-1　软件定义芯片(SDC)的虚拟化和相关支持系统

　　然而，将软件定义芯片虚拟化面临许多挑战。首先，结合众多学术研究和工程应用中迥异的软件定义芯片架构，抽象出一个统一的计算模型，并不是一件容易的事情。FPGA 的虚拟化自从 20 世纪 90 年代就开始被广泛研究，但软件定义芯片相关研究还非常少，就现在而言，不同的软件定义芯片的控制策略、接口、PE 功能、存储系统甚至互连的实现都形色各异，似乎还找不到一个比较好的统一模型能够将它们有机地联系起来。第二个挑战主要在于编译，软件定义芯片硬件比较复杂，动态编译因为硬件开销很大，并没有被广泛接受。如今的编译器主要依赖静态编译的方式对其进行编程。所以，当软件定义芯片被虚拟化之后，如何将虚拟化的模型映射到具体的硬件上也是一个比较大的挑战，就如今的软件定义芯片系统而言，这个工作主要由静态编译的编译器完成。这并不是一个明智的方法，因为编译器的设计是运行前的，只依靠静态编译实现软件定义芯片的虚拟化，可能导致运行时较低的利用率和较差的性能。

　　软件定义芯片的易用性需要虚拟化技术来保障。但是，正如本节所述，其虚拟化技术存在模型抽象困难、软件调度虚拟化实体性能较差且代价很高的问题。因此，如何高效地实现软件调度的虚拟化硬件优化成为软件定义芯片的一个重要挑战。

3.2　发展趋势展望

3.1 节讨论了软件定义芯片发展面临的三个主要的挑战或者说障碍。本节将基于这三个挑战讨论软件定义芯片发展现状，并对其未来的发展趋势进行展望。首先，针对灵活性的问题，软件定义芯片还未有一个被认可的解决方案，但由于 FPGA 可以看成一种细粒度可重构的软件定义芯片，其针对灵活性的比较成熟的解决方法和研究思路值得借鉴。可以认为，软件定义芯片的灵活性未来会依靠应用驱动的软硬件一体化设计来实现。针对高效性的问题，在软件定义芯片的各个层次上开发和利用推测并行，是计算模型的前沿趋势；另外，与新兴的存储工艺如三维堆叠的 DRAM 相结合，也是一个热点研究方向。针对易用性的问题，软件定义芯片的虚拟化是一个有待开发的研究领域，需要更深入地研究。同样，这方面也可以借鉴 FPGA 虚拟化方案的一些思路。另外，利用软件定义芯片可重构的特性，硬件能够对执行的任务进行动态优化，自主在线训练。这不仅对提升软件定义芯片的易用性十分有帮助，而且对其高效性和灵活性的设计也大有裨益。本节分别针对灵活性、高效性和易用性的发展趋势分别进行展望。

3.2.1　应用驱动的软硬件一体化设计

应用驱动是指软件定义芯片的架构设计针对特定应用进行优化并且加速迭代的结果。现在大多数软件定义芯片都不是为成为通用计算芯片而设计的。与 ASIC 或者 FPGA 一样，主流的软件定义芯片都是受应用驱动的领域性的加速器。早期软件定义芯片的设计流程往往采用的是类似于 ASIC 的针对应用进行架构迭代优化的方法[8-10]。在 ASIC 的设计流程中，针对使用高层次语言编写的特定应用，会使用工具分析其特征和执行中的热点或热区，针对其容易优化的部分或者热区并行展开来做架构设计，最终经过编译和仿真得到结果。之后将结果与应用的特征分析结合起来进行下一次迭代，分析没有解决的热点或者新的瓶颈，进而迭代架构设计。这套流程对于固定应用的优化来说非常有效，大部分情况下收敛得比较快。对于 ASIC 的设计来说非常合适，因为 ASIC 的硬件设计空间非常大，可以针对任何热区或者应用的性能瓶颈进行特定的硬件架构优化，每次迭代都可能发现新的热区，因此使得结果有比较大的性能提升，这样最终的性能会非常好。在硬件设计空间很大的情况下，采用这样的只需要少量人工参与的优化迭代流程是比较合适的。但是，软件定义芯片的设计空间并没有 ASIC 那么大，其计算和执行模式是有规律可循的。

在这样的情况下仍然采用这一套设计流程所得到的好处并不足以弥补其带来的问题。例如，自动化的针对应用的分析优化方法需要一个性能测试集来判定何时停止迭代，但事实上对于早期的软件定义芯片来说缺少一个可靠的性能测试集来评判设计优劣，如没有清楚地描述其设计流程所参照的基准是什么[11-14]。因为软件定义芯片所面对的问题往往是领域性的应用，而非 ASIC 的特定算法实现，所以往往难以找到一个领域涵盖范围类似的基准。而如果性能基准选取不适当，那么最终迭代出来的优化结果可能对该目标领域并不适用。另外，在设计软件定义芯片中使用这一套流程虽然最终得到的性能可能较高，但因为迭代周期长，效率往往并不高。而软件定义芯片的硬件架构和计算模式相较 ASIC 来说比较固定，需要探索的设计空间并没有那么广阔，如果使用人工进行一些启发性的和顶层的设计，生产力和效率会比自动化的流程高得多。

软件定义芯片的软硬件设计流程应该是针对应用领域的，可以认为，将人的智慧更好地融入这个设计流程当中是提升其设计生产力和效率的有效方法。而其主要实现方式是将编程模型结合进整个软件定义芯片设计流程当中，并作为软硬件一体化设计的重要对象进行设计，如图 3-2 所示，其中从软件应用到可执行代码为软件部分，从工程师到架构描述为硬件部分。编程模型一方面指导软件应用如何针对本硬件进行编程，另一方面又给硬件设计提出了一些要求，指导在其之下的计算执行模型设计以及最终的架构实现。虚拟化模板为软件定义芯片虚拟化抽象出了描述方式。在形成架构描述过程中，考虑虚拟化模板对软件定义芯片的易用性会有很大的帮助，具体的虚拟化方式会在 3.2.3 节进行讨论。在图 3-2 中可以看到，在整个软硬件结合的设计流程中编程模型处于一个非常核心的地位。它一方面需要吸取应用特征进行设计，另一方面也要充分利用硬件的能力。在这样一个区别于 ASIC 的软硬件设计流程中，因为考虑了人的主观能力，易用性和灵活性都会有很大提升，开发周期也会缩短。

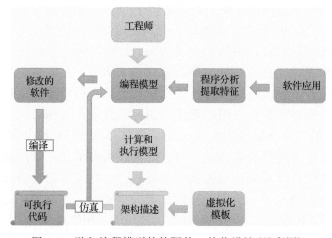

图 3-2　融入编程模型的软硬件一体化设计(见彩图)

　　虽然 3.1.1 节已经提到，在软件定义芯片的编程模型设计上还有许多挑战，但我们认为编程模型的设计与研究是软件定义芯片亟须解决的问题，也是软件定义芯片的发展趋势之一。这个趋势在 FPGA 领域曾经也出现过。如前文所述，FPGA 可以视为一个细粒度的软件定义芯片，因此本节将借鉴其已经发表的相关代表性研究。值得注意的是，FPGA 的编程模型设计到现在也仍然时常有新的研究结果发表。下面举一些对 FPGA 的设计流程进行研究的例子。文献[15]提出了一种高层次的针对 FPGA 的 DSL，它将一些如 map、reduce 和枚举等常用的计算模式针对 FPGA 的硬件进行优化，并整合进其 DSL 中。编程者学习这个编程模型之后就能够针对这些计算模式直接生成相应的优化过的硬件模块。这个想法与 CPU 的特定指令集设计类似，但此处的编程模型设计需要生成硬件而不仅仅是在执行过程中调用硬件上集成的特定功能。在此之上，文献[16]~[18]优化了编译硬件模块的方式、设计空间探索的方法，提出了新的编程模型和设计框架，这些编程模型考虑了新的功能，如对线程的预测，在有效利用的情况下能提供更高的性能。

　　这些研究工作在 FPGA 设计流程之中融合了编程模型。这种设计流程与自动化的应用驱动的流程不同，编程模型使得人能够在设计迭代流程之中发挥能动性，提供直接使用预定义硬件模块的可能。借鉴 FPGA 的思路，软件定义芯片同样可以利用编程模型。在其设计流程当中引入编程模型，能更快速有效地进行开发，这样灵活性和易用性都会更好。软件定义芯片具有一些易于开发的特性，在其编程模型设计中应当被充分利用，其中有些可能是在 FPGA 的编程模型设计中不会考虑到的，下面对这些特性进行简单介绍和分析。

　　1. 独立的任务级并行能力

　　软件定义芯片中 PE 间的通信是依赖互连进行的，其执行依赖显式的编译，这对编译器设计要求很高。而当任务间没有数据交流或者交流很少的情况下，软件定义芯片可以很容易地将不同任务同时或者时分复用地映射到 PE 阵列当中，例如，MCMD 这种计算模型类型的软件定义芯片就可以在同一时刻同一 PE 阵列中执行多个任务的配置。由于软件定义芯片的计算架构对这种并行的实现比较容易，因此编程模型设计需要支持这样的功能。

　　2. 数据级并行能力

　　数据级并行不管是在 FPGA、CPU、GPU，还是在存储中都非常常见，这是因为不管是计算密集应用还是数据密集应用，它们所需要处理的某些数据间没有依赖关系的情况非常普遍。软件定义芯片具有空间计算架构，有众多的计算单元 PE，它几乎天然地支持数据级并行，且已经形成了一个比较固定的模式，例如，SCMD 这类软件定义芯片，能在同一 PE 阵列中同时执行多个数据计算。因此，定义芯片的编程模型也不应当忽略这一功能。

3. 比特级并行能力

软件定义芯片是粗粒度的计算架构，往往并不支持比特级别操作。但是如果在软件定义芯片中融合一些细粒度单元，那么就可以比较好地利用在密码等领域普遍存在的比特级并行优化机会。如果将软件定义芯片应用到密码领域，那么其编程模型的设计也不应该遗漏比特级并行的实现。

4. 访存特性优化

应用的访存规律往往是迥异的，这对如今针对顺序读写进行优化的 DRAM 来说代价很大。软件定义芯片是二维的计算架构，每个 PE 都有独立访存的能力，如果软件定义芯片的编程模型能够显式地利用不同应用的访存特性，利用空间布局顺序化访问，并尽可能将数据放置在靠近计算的位置，就可以有效降低对存储带宽的要求。这在存储带宽受限的今天有重要的意义。

软件定义芯片设计流程的现有研究工作对这些方面都有一定的考虑，例如，文献[19]提出了流式的数据流模型，其设计流程同样从应用领域的分析开始，将应用的访存、指令访问和计算特性归纳，并提出相应的执行模型对其进行优化，然后基于执行模型抽象出其需要的编程模型。这主要针对访存特性提出了优化方案。文献[19]考虑了并行编程模型的映射问题，将一些循环或者嵌套模式利用多级流水线的模式映射到 PE 阵列上，这是任务级并行和数据级并行的实现。现有的软件定义芯片的编程模型研究工作并不多，仍有待进一步完善。但同时，利用编程模型进行应用驱动的软硬件设计也会不断完善，这是软件定义芯片未来的发展趋势之一。

3.2.2 存算融合的多层次并行化设计

3.2.1 节已经介绍了不同层次的并行度，以及在软件定义芯片中提供这些不同层次并行度所面临的挑战。有一些并行度在软件定义芯片中是比较容易实现的，如数据级并行和任务级并行，但有些如推测并行虽然对软件定义芯片性能可能提升非常大却并不太好实现。本节具体来探讨已有的研究工作是如何在软件定义芯片中针对不同层次并行度进行开发的，以及在提升软件定义芯片的并行度方面发展趋势如何。

1. 软件定义芯片中指令级并行的实现

在通用处理器中，流水线是指令级并行的最主要实现方式之一。但是，软件定义芯片二维的空间计算架构其实并不好实现流水线，因为空间计算架构并不是串行的计算过程，不能通过简单地增加一些寄存器和控制逻辑来流水线化，更不用说软件定义芯片需要支持动态可重构，这需要流水线也是可重构的。虽然硬件几乎无法吸收流水线的思想，但是仍然可以利用软件流水线技术开发一些指令级并行，例如，文献[20]~[23]探讨了使用软件流水线技术展开循环等操作，其最终可以在软件定义芯片上实现。在软件定义芯片中开发指令级并行的方式是借助静态编译和动态调度执行的,这两种方式在软件定义芯片中相互融合和支持。这不同于 VLIW 主要依赖编译的情形,也不同于乱序处理器主要依赖动态调度的情形。对于静态编译,VLIW或者超标量实质上是一种一维的空间计算架构,它可以同时进行两个不同指令的操作,而软件定义芯片是空间上更复杂的二维计算架构,相同的思路可以应用到软件定义芯片上。例如,软件定义芯片的一个配置是对一串指令的空间实现,本质上是一种用空间换时间的指令级并行。另外,在软件定义芯片中还可以使用数据流方法,首先将软件静态编译成一个数据流图,然后用硬件来管理数据的依赖和操作的执行顺序,每当数据准备好时就可以进行下一步处理。这种动态的数据流方法类似于乱序执行技术,但是处理器中的乱序执行是针对指令的,而数据流方法是针对指令所编译成的数据流图的。本质上它们都是利用动态调度开发指令级并行的实现方式。数据流方法广泛应用于软件定义芯片中[3, 19, 24, 25],其主要目的也在于减少控制所带来的不必要代价,使其以数据为中心进行计算。

2. 软件定义芯片中数据级并行的实现

软件定义芯片其实比较适合 MIMD 的计算和执行方式,这是因为其二维计算架构上运行的配置可以看成一组指令的空间展开,而二维空间上也可以比较容易地同时执行多组不同的指令。但一些软件定义芯片的研究也探索了如何在其之上实现SIMD。前文已经提到 SIMD 是数据级并行的标准实现方式,是 GPGPU 计算的根本技术。软件定义芯片中可以采用 SCMD 的方法来实现数据级并行,由此减少指令处理所带来能耗和面积的代价[5, 26]。

3. 软件定义芯片中任务级并行的实现

任务级并行需要不同的不相干任务异步执行,但是许多软件定义芯片中的 PE阵列本身并不支持异步执行。这是因为同步执行的 PE 阵列只需要加载一个配置即可,能效、硬件利用率和编程易用性都会比较好。这样的软件定义芯片使用一种集中式的管理模式来对芯片进行控制,有效且能效高,但是不支持任务级并行[27-29]。同步执行的 PE 阵列无法完成任务级并行所需要的异步功能,会产生同步冲突,而任务间的通信也会有许多问题。当然,也可以将单个 PE 阵列作为处理器核,在软件定义芯片中集成多个 PE 阵列以实现粗粒度的任务级并行,这个思路与多核处理器是类似的,文献[30]就是这方面的一个典型例子。同样与多核处理器类似,粗粒度任务级并行的瓶颈在于 PE 阵列的利用率可能并不高:一方面原因是软件定义芯片往往是领域定制的,PE 阵列的通用性没有 CPU 高;另一方面则是因为在软件定义芯片上实现任务级并行的编程门槛较高。

对于在 PE 阵列上细粒度的任务级并行,软件定义芯片也不是全然没有办法。

利用数据流方法，不仅可以实现指令级并行，也可以实现细粒度的任务级并行。数据流有两种方式：一种完全通过编译器编译形成静态的数据流图；另一种通过动态调度和检测实现及时响应执行。两种方法都可以实现任务级并行。静态数据流在编译时可以结合多个任务的数据流共同编译，使得不同任务的数据流图能够在空间上共享一个 PE 阵列，然后将其映射到 PE 阵列中进行计算[3]。当不同任务的数据依赖可以静态显式表达时，这种方法是有效的，但如果有静态编译难以解决的模糊内存数据依赖时则不适用。动态数据流方法在静态之上支持不同数据流图在时间上错开执行，动态的调度能够使得任务级并行更好地被利用，这方面的研究见文献[25]。另一方面，在 CPU 上进行任务级并行编程往往需要借助 MPI 或者 OpenMP 实现，不同任务间的通信是一大瓶颈。硬件上，处理器中不同任务之间的通信只能通过共享存储实现。其片上有限的 SRAM 资源只有缓存功能，并没有针对通信进行优化。而软件定义芯片不同任务间的通信可以有多种实现方式。除了共享存储，软件定义芯片还提供更多样的通信方式，如使用片上分布式 FIFO，或者通过电路交换的片上互连进行通信。这些通信方式比共享存储的能效和性能都高许多，也是软件定义芯片中实现任务级并行必不可少的部分。虽然这种显式的通信方式对编程者和编译器的要求会高许多，但软件定义芯片支持这些功能，就提供了一种选择，是否使用以及根据不同情况和应用选用不同的任务级并行的通信方式都成为可选的，这增大了可设计和优化的空间。

4. 软件定义芯片中推测并行的实现

推测并行技术将相互有依赖关系的指令顺序执行，如果预测失败，那么就回滚已经完成了的操作，然后重新执行正确的指令。推测并行可以与指令级并行、数据级并行甚至任务级并行结合起来共同提升系统并行度与性能，但是需要提供额外的硬件支持，例如，预测操作中检测谓词判断何时到来需要额外硬件单元，而其预测计算操作需要缓存来与正常操作隔离，在谓词判断到来时才进行确认；又如，预测失败需要支持已完成操作的回滚，如果涉及内存操作，那么还会带来额外的内存访问延时。乱序处理器的架构是指令级并行与推测并行结合最经典的案例。就任务级并行而言，在多任务系统中，线程或者任务的相互依赖关系同样可以被串行化。只要保证能够进行回滚且预测失败率低，那么总的来说预测对性能就会有提升。在软件定义芯片的计算和控制架构中主要有三种实现推测并行的方式。虽然迄今为止没有太多相关研究，但这是开发软件定义芯片中推测并行的必经之路，因此是未来重要的发展趋势之一。下面分别说明这三种实现推测并行的方式。

如图 3-3 所示，这是一个简单的控制流程。判断操作 A 决定了下一步是计算 B 还是 C，最终得到结果 D。推测并行默认执行 B 或者 C，在执行错误时进行回滚。

第一种推测并行实现方法如图 3-4 所示，即在外围的主控制器上实现推测并行。

主控制器(通常是通用处理器或者有限自动机)将预测的操作静态编译成为配置包的先后顺序，然后映射到 PE 阵列上执行。在图 3-4 的情况下，预测 A 判断是真，那么将 B 提前执行。如果预测成功，那么可以继续执行之后的操作，如果预测失败，A 的判断实际上是假，那么需要冲掉错误配置并且重新加载正确配置，即执行 C 的配置，这段计算过程需要重新执行。同时，上半部分的预测配置已经执行了，因此需要撤销已经执行的操作。

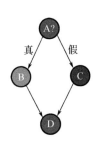

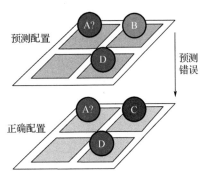

图 3-3　可进行预测的控制流示意图　　　图 3-4　基于主控制器的推测并行

图 3-5 给出了另外一种可能，即在 PE 阵列中实现 SP。将两个不同的路径都编译到一个配置包内，然后加载到 PE 阵列上执行，这样就可以同时进行两个不同的路径。A、B 和 C 同时执行，B 和 C 中必然有一个是预测正确的，那么当 A 得到结果之后在之中选择一个即可。这种预测的性能优势在于如果 B 和 C 的运算时间比 A 短，那么就可以完全被 SP 所隐藏。另外，在 PE 阵列中的 SP 不需要配置的重新加载，这降低了预

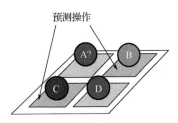

图 3-5　PE 阵列中的推测并行

测失误的损耗[31, 32]。这种方法其实并没有预测失误所带来的损耗，因为并没有操作需要被撤销，而正确操作总是会发生。这种枚举选择的思路在数字电路设计当中有非常广泛的应用，例如，进位选择加法器将进位枚举分别进行计算，然后根据进位的最终结果选择计算结果。广义上来说这也是一种空间换时间的操作，需要对所有可能性进行枚举，在需要枚举的情况不多时，这种方法是有优势的，否则得不偿失。一方面是因为 PE 阵列无法同时映射过多需要枚举的计算块，例如，在图 3-5 的情况下 B 和 C 需要同时在 PE 阵列上执行；另一方面也是因为如果需要枚举的情况太多，那么用于执行正确计算的功耗面积占整体功耗面积的比值会随之下降，PE 阵列的利用率会非常低。此外，这个方法的另一个限制在于无法实现反向的控制依赖，因此这种方法所提供的推测并行是比较有限的，在限制应用领域的情况下可能会有更好的效果。

图 3-6 是一种在 PE 内实现推测并行的方法。使用这种方法首先需要 PE 是自治的，即在这种情况下不需要一个外在的主控制器对 PE 阵列进行控制，而是每个 PE 都有自己的控制决策能力，这是一种分布式的控制模式，如 TIA[33]。在这种情况下，B 与 A 是同时执行的，但是当正确路径是 C 时，只有 B 被切换为 C。当然，同时 B 的执行的副作用需要被消除。与图 3-4 所示的基于外在控制器的推测并行相比，基于 PE 本身的推测并行不需要整体配置的切换。如果外在主控制器可以对 PE 阵列同时执行多个配置，进行细粒度的配置并行，那么同样可以在其基础之上实现图 3-6 这样的细粒度重配置的推测并行。

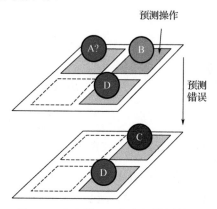

图 3-6　在自治 PE 中实现推测并行

软件定义芯片中已有的关于推测并行的研究工作都是在这三个层次进行的探索。文献[31]和[34]提出了使用部分谓词执行来使分支和分支决策同时执行的方法，但预测失败的分支所进行的操作需要被限制在本阵列中。文献[35]提出了计算块中融入分支预测器的方法，每个计算块都能够进行预测，这与在自治 PE 种实现推测并行的方法类似。另外，文献[36]利用了 PE 阵列的转发控制能力来在单个配置中实现推测并行，这正是图 3-5 的方法。

总体来说，在 PE 阵列中实现推测并行是最为有效的方法。但是这种方法与其他两种方法有本质区别。这种方法错误和正确分支同时执行，利用空间换时间，随之而来的是功耗的提升与硬件利用率的降低。其他两种方法在推测准确度高的情况下，没有过多错误分支被执行，效率会很高。另外，因为单独采用某一策略无法在比较通用的情况下取得很好的性能提升，所以在 PE 阵列中实现推测并行和在自治 PE 中实现推测并行需要同时探索与研究。根据不同计算块的特性，如预测准确度高低以及预测期望是否有偏来选择性地进行不同层次的预测并行，是一个比较有前景的设计空间探索问题。最后，推测并行也同样需要一个高效的存储系统来支持，这是因为预测失败直接的后果是存储内的数据需要修改。探索更高效的推测并行实现方式是软件定义芯片重要的发展趋势之一。

5. 软件定义芯片中存储的效率

在当今这个大数据时代，数据所占据的存储空间越来越大，单位时间需要处理的数据也变得越来越多。由于处理器片上存储容量有限，大量数据需要从主存搬运到处理器上进行计算，再将计算结果搬运回主存中。如果数据的计算是比较简单的，那么整个系统的数据处理能力就受限于主存与处理器的带宽。这就是现在越发严峻的"存储墙"问题[37]。不管计算架构和形式是什么样的，只要其处理数据的吞吐率达到一定程度，必然会面临这个问题，软件定义芯片也不例外。目前"存储墙"问题的解决方法主要有四种。

第一种方法是使用 SRAM 对系统进行优化。通用处理器存储系统中的缓存是一个非常经典的设计。缓存将空间局部性或者重用性好的数据段在首次使用时从主存复制到片上的一块小且快的 SRAM 上。由于 SRAM 相比主存 DRAM 延时较低、带宽较高，如果数据可以复用，那么缓存会给系统带来巨大的性能加成。现代通用处理器有相当大比例的面积是用于缓存的 SRAM。但是缓存也有局限性。它的问题在于如果数据在处理器中只会被使用一次，那么缓存不但没有优势，反而还因为多次搬运数据增加了整个系统的功耗。事实上现代处理器功耗最大的部分就是缓存。另一种使用 SRAM 的方法是通过设计程序可访问的片上 SRAM 空间，给编程者提供显式地利用这种高效的存储位置的方法，这可以将优化问题转化到程序设计上，降低硬件的代价。例如，GPGPU 中每几个流处理器之间就共享有一块 MB 量级的 SRAM 存储，称为共享存储。在使用 CUDA 编程时，可以显式地通过修饰符对共享存储进行索引读取。提供显式的接口虽然结合了算法编写者的智慧，能够让人来决定什么时候利用这块高性能的存储，但仍没有解决数据复用性非常差时的问题。

另一种比较经典的方法是内存压缩。内存压缩有两个目的：一是将不常用的主存数据压缩起来以节省主存空间，这与将硬盘上部分空间保留为交换存储的作用是类似的；二是在处理器与主存之间只需要传输压缩的数据，因此减少了对内存带宽的需求。压缩方法有许多种编码方式，如霍夫曼编码和算术编码等，这些编码都是根据数据特点消除其冗余，以求达到香农极限。具体到软件定义芯片，文献[38]～[40]讨论了将软件定义芯片的配置信息提前压缩好，在执行过程中只需要传输这些压缩的配置到芯片上，然后通过硬件在线解码，得到原配置信息。然而，在线解码并不是一个容易的操作，其对硬件要求太高。复杂的编码压缩效率往往更高，但实现在线解码就越困难。因此，软件定义芯片中进行内存压缩不是很常见，尽管在如今的通用处理器中内存压缩已经是工业标准之一。

第三种方法是利用如今集成电路越发先进的工艺技术，将存储制造在离计算更近的地方。其中一种做法是嵌入式 DRAM（embedded DRAM，eDRAM），即在 CMOS

工艺上实现 DRAM，以在片上提供大容量的存储空间。在高性能服务器领域，eDRAM 已经出现了许多商业化的产品，如 IBM 的 z 系列处理器就是 eDRAM 的忠实拥护者。其中 z15 在计算芯片上集成了 256MB 的 eDRAM 作为 L3 缓存，另外还单独制造了一块互连芯片，使用其绝大部分面积制造了 960MB 的 eDRAM 用于共享 L4 缓存[41]。虽然相比片上 SRAM，eDRAM 能够提供更大的存储空间，但是由于 eDRAM 使用 CMOS 逻辑工艺制造，因此相比经过几十年容量优化的使用成熟存储工艺制造的 DRAM 芯片，eDRAM 的单位面积容量要低得多。因为容量限制，eDRAM 并不能成为代替外部模块化主存的方法。另外，DRAM 需要不停地进行刷新才能维持数据，这对计算芯片的功耗和散热又提出了很大的挑战，文献[42]专门针对 eDRAM 的刷新进行了应用相关的优化。如今的 eDRAM 更多地被用做缓存，正如在 IBM z 系列处理器中一样。目前，在软件定义芯片中还很少有研究讨论过使用 eDRAM 是否能够带来性能上的提升或者缓解"存储墙"问题。考虑到软件定义芯片上虽然很少使用缓存，但是也会集成可显式访问的暂存器(scratchpad)或者分布式的 SRAM FIFO，这些存储也会面临容量上的瓶颈，因此在软件定义芯片中使用 eDRAM 可能会提高某些应用领域的性能。

除了 eDRAM，三维堆叠技术也是一个让存储位置更靠近计算的新工艺。美光的 HMC 和现在已经被 JEDEC 纳为标准的高带宽存储器(high bandwidth memory, HBM)、HBM2 以及 HBM2E 都利用了三维堆叠的技术将多块存储芯片堆叠到一起。具体来说，三维堆叠技术利用硅穿孔(through silicon via, TSV)，将多个存储芯片堆叠到一起，形成三维的芯片组。这个大容量的芯片组可以直接堆叠在逻辑芯片上(如 HMC)或者通过一个只有互连的硅衬底再与逻辑芯片连接(如 HBM)，从而减小存储到计算的物理距离，大幅度提升带宽。虽然 HMC 已经被美光抛弃，但 HBM 在高性能 GPU 中被广泛采用，例如，AMD 的 RX Vega 系列就采用了 HBM2，以为 GPU 提供大带宽。2019 年，SK 海力士表示其 HBM2E 产品将 8 个存储芯片堆叠到一起，可以提供 16GB 的总容量和最高 460GB/s 的巨大带宽。除了在 GPU 上有应用，高性能领域加速器如 Google 用于神经网络训练的 TPUv2 以及 TPUv3，也从 TPU 的 DDR3 转换到了 HBM[43]，这也是因为神经网络的训练对主存带宽的需求比 TPU 实现的推测功能要高出许多。对于软件定义芯片，使用 HBM 这种三维堆叠的存储，也是一个非常直接而又有效的提升带宽的方法。借助三维堆叠的工艺还可以实现近存计算，将一部分计算核下放到离存储更近的地方进行执行。HRL[44]在三维堆叠的存储芯片底部堆叠了一个逻辑芯片，混合使用了粗粒度、细粒度的可重构计算单元以及用于分支选择输出的多路选择器单元。NDA[45]探索了利用 TSV 将商业化的传统 DDR 或者 LPDDR(low power DDR)与软件定义芯片堆叠起来，分析了其性能并进行了设计空间探索。然而，这些研究尚未考虑不同堆叠之间的通信和同步问题，对 TSV 所支持的使用更大位宽进行通信的可能性也没有深入讨论。

　　第四种方法是直接在存储单元上进行计算,可以系统性地解决存储带宽的问题。这是因为传输计算控制所需要的比特数相较于传输计算数据所需的比特数,一般是可以忽略不计的。这个思想在 20 世纪就已经被提出[46],在学术界成为过一段时间的热点,但由于硬件和工艺的限制难以实现。并且由于当时摩尔定律所带来的性能提升十分可观,"存储墙"问题并不严峻,这种思路没有被工业界采用,进而被学术界搁置。直到最近几年,当摩尔定律放缓之后,神经网络和生物信息等需要大量数据处理的新兴应用出现,使得这个研究方向又焕发了生机。研究发现,在许多存储器件阵列中都可以进行计算,称为 PIM,如在 DRAM 中可以实现逻辑操作[47, 48]、在 SRAM 中可以进行计算[49-51]、在自旋转移扭矩磁性随机存储器(spin transfer torque-magnetoresistive random access memory,STT-MRAM)中可以进行计算[52]、在 ReRAM 中可以进行计算[53],甚至在相变存储器(phase change memory,PRAM)中也可以进行计算[54]。

　　软件定义芯片中针对存储系统的优化,主要集中在接口设计和与新工艺结合上。接口设计有两个优化机会,一方面针对访存规律的应用,如神经网络、图像处理等,可以设计流式的存储接口,以提升存储的并行度与利用率。DySER[28]和 Eyeriss[56]就是采用流式访存接口的例子。另一方面,大多数应用访存数据碎片化且并没有那么容易结合在一起,这个时候可以显式地将内存访问结合到指令集中开放给编程者,采用人工静态优化的方法来提高存储利用效率[57, 58]。另外,存储系统的新工艺也给软件定义芯片带来了新的机遇,例如,HRL 将软件定义芯片与 DRAM 芯片通过 TSV 连接在一起,能大幅度提高系统的内存带宽,从而对应用进行加速。

　　总体来说,一个存算融合的多层次并行架构是软件定义芯片发展的必然趋势。

3.2.3　软件透明的硬件动态优化设计

　　如今的软件定义芯片多依赖于静态编译,但一个能够在运行时优化数据流的动态可编译架构对于如今主流的应用来说可能更有效率。因此,软件定义芯片的一个发展趋势是结合硬件动态优化的相关研究,探索运行时在线硬件优化的可能。有两个技术可能对软件透明的硬件动态优化有帮助:一是对软件定义芯片的虚拟化,二是利用机器学习进行硬件在线训练和动态优化。

1. 软件定义芯片的虚拟化

　　虚拟化不仅仅是软件定义芯片易用性的保障,也是一种实现软件透明的硬件动态优化的方式。软件定义芯片虚拟化后形成的虚拟线程或者进程,需要操作系统或者更底层的运行时系统来对硬件资源进行动态调度和利用才能运行。这个过程是对软件或者应用不可见的,可以针对不同虚拟进程的特性进行不同的硬件设置和资源分配。这是一种动态的优化过程。

目前，软件定义芯片的虚拟化探索还处于起步阶段，但考虑到其与 FPGA 的相似性，应当借鉴 FPGA 虚拟化设计中的关键技术。第一个关键技术是标准化，即使用标准化的硬件接口、软件调用接口以及协议等。在软件定义芯片中实现标准化并不困难，但需要工业界和学术界来共同推动。第二是覆盖层(overlay)，例如，软件定义芯片就是 FPGA 的一种覆盖层[59, 60]，覆盖层将底层细节抽象，提供了不需要硬件编程就能够使用硬件的能力，是敏捷开发的必要条件。虽然软件定义芯片的覆盖还没有被广泛讨论，但文献[2]中对软件定义芯片的分类可以作为一种其覆盖层探索的指导。第三是虚拟化进程技术。根据动态调度和优化的策略，一个虚拟化进程会被分配一些运算单元和存储资源。虚拟化进程同样需要考虑软硬件接口、协议。一般而言，FPGA 和软件定义芯片既可以作为加速器，也可以作为一个独立的协处理器，当然更多的是作为领域加速器进行设计和使用。这两种不同的模式对硬件进程及其设计的要求也显然不一样。尽管如此，软件定义芯片由于可以对其粗粒度的硬件资源进行动态调度，相对 FPGA 来说设计和执行硬件进程较为容易。但同样，用于不同功能的软件定义芯片所需要的虚拟化方法和动态优化策略都会有所区别。

对于硬件动态优化，虚拟化技术中对资源的调度是最为重要的，特别是考虑到由于软件定义芯片拥有二维空间计算架构以及显式的数据通信，其调度难度会非常高。软件定义芯片并没有一个预定义的架构模板，它的重配置可以是 PE 阵列层次的，如 ADRES[27]；可以是 PE 行层次的，如 PipeRench[29]；也可以是单个 PE 层次的，如 TIA[33]。这些不同的模式也就对应着不同的硬件资源，运行时系统需要对这些硬件资源进行调度和利用并不是一件简单的事情。但如果能有效对硬件资源进行调度，以匹配不同虚拟化进程的要求，在上层软件相同的情况下，性能就会有很大的提升。这也是硬件动态优化的意义所在。

2. 利用机器学习进行在线训练

在计算架构领域，对机器学习进行加速的硬件层出不穷。同时，近几年来人们也开始探索机器学习对硬件设计和系统性能的优化是否能有所帮助。机器学习处理一些问题的时候与传统方法相比会有非常大的性能提升，总体来说，以机器学习针对的问题进行分类，机器学习可以分为监督学习、无监督学习和强化学习三种。监督学习的输入是大量经过标记的数据，适合解决巨大搜索空间求解最优解、复杂的函数关系拟合、分类等问题。例如，卷积神经网络(convolutional neural network, CNN)在图像识别和计算机视觉领域有广泛应用，而递归神经网络(recursive neural network, RNN)在语音识别研究中更为常见。无监督学习的输入是没有标记的数据，主要用于解决可标记数据较少的困境。而强化学习则是利用统计方法求解使得某个特定目标最优化时，当前状态与所需要的动作的映射，因此适合解决针对特定目标的复杂系统最优化问题。

在计算架构中，不管是监督学习还是强化学习，都有许多可能可以一展身手的空间，如计算系统的性能建模和仿真。因为计算系统中各个部分会相互影响，使用传统方法预测系统性能往往是十分困难且不准确的，而这正是监督学习比较适合的领域。同样，对于计算架构的设计空间探索，由于设计空间很大，人工探索工程量巨大，使用监督学习可能可以为硬件设计提供指导，指明一些有效的优化方向，以节省人力成本。以上的例子都是考虑的硬件设计的实际问题，而在系统运行时，机器学习也有许多可以应用的地方，这也是本小节着墨之处。在软件定义芯片中，能耗优化、互连的性能优化、配置的调度和预测执行甚至存储控制器都可以借助机器学习实现动态的硬件自适应。

DVFS 可以根据系统中各硬件资源的负载率来动态调整所需要的功耗，是强化学习可以发挥作用的范畴。将电压频率的调整作为强化学习中的动作，而最终优化目标设为系统能耗，强化学习可以大幅度降低系统能耗[61, 62]。

软件定义芯片中 PE 之间有大量的互连，在 PE 数量较多且允许数据转发的情况下，就会形成一个片上网络。机器学习在计算机网络中有许多应用，如进行负载均衡(load balancing)、流量工程(traffic engineering)等。同样在片上网络中，利用机器学习也能够更好地进行网络数据流的控制，对每个节点产生的网络数据进行动态限流，以达到网络利用率最高的目的。不仅如此，片上网络的纠错系统也可以利用机器学习进行改进，相较循环冗余校验(cyclic redundancy check，CRC)，能效、延迟和可靠性都会有大幅度的提升[63, 64]。

软件定义芯片大多数是作为应用领域加速器设计和使用的，因此它往往是异构系统的一个组成部分。在异构系统中，主控如果需要动态分配资源和调度卸载到加速器上的任务，那么利用机器学习可以将任务分配的长期影响考虑进去，在线训练机器学习模型，从而动态实现任务调度的最优化。另外，软件定义芯片的 PE 阵列包含许多 PE，如果采用 MCMD 的计算模型，那么在每个时刻都需要进行决策，需要考虑在阵列上如何分配 PE，以及执行哪些配置对系统总体性能的提升更大。这些决策也可以通过强化学习进行优化。

机器学习在硬件设计当中最为经典的应用就是分支预测器(branch predictor)。利用感知器(perceptron)或者 CNN 收集历史决策进行训练，然后进行分支预测的新型分支预测器，其千条指令错误预测数(missed predictions per kilo instructions, MPKI)比传统精度最高的二级分支预测器要低 3%～5%[65]。机器学习方法在分支预测的精度上远远超过了传统方法所能达到的最好结果。软件定义芯片同样需要使用分支预测器来支持推测并行的开发。前面已经提到，推测并行是软件定义芯片重要的研究方向，而减少预测损失和预测错误率则是使预测并行能够更有效的不二途径。

机器学习同样可能在软件定义芯片的存储控制器上做出一些改进，以提升访存和整体系统的性能。强化学习可以将存储控制器各关键因素如延迟、并发等都考虑进去，然后将存储控制器的命令作为强化学习的动作，就可以针对性地优化存储控制器的能耗或者系统性能。另外，3.2.2 节提到软件定义芯片需要一个高效的存储系统，而近存计算是一个有前景的研究方向。软件定义芯片有许多不同的 PE，多个软件定义芯片可以共同组成计算系统。此时如何将工作负载根据近存计算的原则分配到不同的计算位置上去，也是可以利用机器学习进行决策和优化的。

虽然软件定义芯片当中许多方面都可以利用机器学习进行硬件动态优化，但是进行在线机器学习训练并不是没有代价的。一个高性能的机器学习模型必然会需要大量的计算资源，这也是机器学习加速器最终解决的问题。在软件定义芯片当中实现动态优化，需要对动态优化的性能与实现动态优化所需要的额外硬件面积、功耗进行平衡。

软件透明的硬件动态优化是一个比较前沿的领域。正如前文所述，软件定义芯片的编程模型有许多问题还待解决，而利用硬件自适应的能力，可以在软件不做改变的情况下更多地获得硬件的性能。这也是软件定义芯片的一个重要发展方向。

参 考 文 献

[1] Bird S, Phansalkar A, John L K, et al. Performance characterization of spec CPU benchmarks on Intel's core microarchitecture based processor[C]//SPEC Benchmark Workshop, 2007: 1-7.

[2] Liu L, Zhu J, Li Z, et al. A survey of coarse-grained reconfigurable architecture and design: Taxonomy, challenges, and applications[J]. ACM Computing Surveys, 2019, 52(6): 1-39.

[3] Sankaralingam K, Nagarajan R, Liu H, et al. TRIPS: A polymorphous architecture for exploiting ILP, TLP, and DLP[J]. ACM Transactions on Architecture and Code Optimization, 2004, 1(1): 62-93.

[4] Park H, Park Y, Mahlke S. Polymorphic pipeline array: A flexible multicore accelerator with virtualized execution for mobile multimedia applications[C]//Proceedings of the 42nd Annual IEEE/ACM International Symposium on Microarchitecture, 2009: 370-380.

[5] Prabhakar R, Zhang Y, Koeplinger D, et al. Plasticine: A reconfigurable architecture for parallel patterns[C]//The 44th Annual International Symposium on Computer Architecture, 2017: 389-402.

[6] Packirisamy V, Zhai A, Hsu W, et al. Exploring speculative parallelism in SPEC[C]//IEEE International Symposium on Performance Analysis of Systems and Software, 2009: 77-88.

[7] Robatmili B, Li D, Esmaeilzadeh H, et al. How to implement effective prediction and forwarding for fusable dynamic multicore architectures[C]//The 19th International Symposium on High Performance Computer Architecture, 2013: 460-471.

[8] Chattopadhyay A. Ingredients of adaptability: A survey of reconfigurable processors[J]. VLSI Design, 2013.

[9] Karuri K, Chattopadhyay A, Chen X, et al. A design flow for architecture exploration and implementation of partially reconfigurable processors[J]. IEEE Transactions on Very Large Scale Integration (VLSI) Systems, 2008, 16(10): 1281-1294.

[10] Stripf T, Koenig R, Becker J. A novel ADL-based compiler-centric software framework for reconfigurable mixed-ISA processors[C]//International Conference on Embedded Computer Systems: Architectures, Modeling and Simulation, 2011: 157-164.

[11] Bouwens F, Berekovic M, Kanstein A, et al. Architectural exploration of the ADRES coarse-grained reconfigurable array[C]//International Workshop on Applied Reconfigurable Computing, 2007: 1-13.

[12] Chin S A, Sakamoto N, Rui A, et al. CGRA-ME: A unified framework for CGRA modelling and exploration[C]//The 28th International Conference on Application-Specific Systems, Architectures and Processors (ASAP), 2017: 184-189.

[13] Suh D, Kwon K, Kim S, et al. Design space exploration and implementation of a high performance and low area coarse grained reconfigurable processor[C]//International Conference on Field-Programmable Technology, 2012: 67-70.

[14] Kim Y, Mahapatra R N, Choi K. Design space exploration for efficient resource utilization in coarse-grained reconfigurable architecture[J]. IEEE Transactions on Very Large Scale Integration (VLSI) Systems, 2009, 18(10): 1471-1482.

[15] George N, Lee H, Novo D, et al. Hardware system synthesis from domain-specific languages[C]//The 24th International Conference on Field Programmable Logic and Applications (FPL), 2014: 1-8.

[16] Prabhakar R, Koeplinger D, Brown K J, et al. Generating configurable hardware from parallel patterns[J]. ACM Sigplan Notices, 2016, 51(4): 651-665.

[17] Koeplinger D, Prabhakar R, Zhang Y, et al. Automatic generation of efficient accelerators for reconfigurable hardware[C]//The 43rd Annual International Symposium on Computer Architecture, 2016: 115-127.

[18] Li Z, Liu L, Deng Y, et al. Aggressive pipelining of irregular applications on reconfigurable hardware[C]//The 44th Annual International Symposium on Computer Architecture, 2017: 575-586.

[19] Nowatzki T, Gangadhar V, Ardalani N, et al. Stream-dataflow acceleration[C]//The 44th Annual International Symposium on Computer Architecture, 2017: 416-429.

[20] Rau B R, Glaeser C D. Some scheduling techniques and an easily schedulable horizontal architecture for high performance scientific computing[J]. ACM SIGMICRO Newsletter, 1981,

12(4): 183-198.

[21] Mei B, Vernalde S, Verkest D, et al. Exploiting loop-level parallelism on coarse-grained reconfigurable architectures using modulo scheduling[C]//Design, Automation and Test in Europe Conference and Exhibition, 2003: 296-301.

[22] Hamzeh M, Shrivastava A, Vrudhula S. EPIMap: Using epimorphism to map applications on CGRAs[C]//Proceedings of the 49th Annual Design Automation Conference, 2012: 1284-1291.

[23] Hamzeh M, Shrivastava A, Vrudhula S. REGIMap: Register-aware application mapping on coarse-grained reconfigurable architectures (CGRAs)[C]//Proceedings of the 50th Annual Design Automation Conference, 2013: 1-10.

[24] Swanson S, Schwerin A, Mercaldi M, et al. The wavescalar architecture[J]. ACM Transactions on Computer Systems, 2007, 25(2): 1-54.

[25] Voitsechov D, Etsion Y. Single-graph multiple flows: Energy efficient design alternative for GPGPUs[J]. ACM SIGARCH Computer Architecture News, 2014, 42(3): 205-216.

[26] Singh H, Lee M, Lu G, et al. MorphoSys: An integrated reconfigurable system for data-parallel and computation-intensive applications[J]. IEEE Transactions on Computers, 2000, 49(5): 465-481.

[27] Mei B, Vernalde S, Verkest D, et al. ADRES: An architecture with tightly coupled VLIW processor and coarse-grained reconfigurable matrix[C]//International Conference on Field Programmable Logic and Applications, 2003: 61-70.

[28] Govindaraju V, Ho C, Nowatzki T, et al. Dyser: Unifying functionality and parallelism specialization for energy-efficient computing[J]. IEEE Micro, 2012, 32(5): 38-51.

[29] Goldstein S C, Schmit H, Budiu M, et al. PipeRench: A reconfigurable architecture and compiler[J]. Computer, 2000, 33(4): 70-77.

[30] Pager J, Jeyapaul R, Shrivastava A. A software scheme for multithreading on CGRAs[J]. ACM Transactions on Embedded Computing Systems, 2015, 14(1): 1-26.

[31] Chang K, Choi K. Mapping control intensive kernels onto coarse-grained reconfigurable array architecture[C]//International SoC Design Conference, 2008: 362.

[32] Lee G, Chang K, Choi K. Automatic mapping of control-intensive kernels onto coarse-grained reconfigurable array architecture with speculative execution[C]//IEEE International Symposium on Parallel & Distributed Processing, Workshops and PHD Forum, 2010: 1-4.

[33] Parashar A, Pellauer M, Adler M, et al. Efficient spatial processing element control via triggered instructions[J]. IEEE Micro, 2014, 34(3): 120-137.

[34] Mahlke S A, Hank R E, McCormick J E, et al. A comparison of full and partial predicated execution support for ILP processors[C]//Proceedings of the 22nd Annual International Symposium on Computer Architecture, 1995: 138-150.

[35] Kim C, Sethumadhavan S, Govindan M S, et al. Composable lightweight processors[C]//The 40th Annual IEEE/ACM International Symposium on Microarchitecture, 2007: 381-394.

[36] Mahlke S A, Lin D C, Chen W Y, et al. Effective compiler support for predicated execution using the hyperblock[J]. ACM SIGMICRO Newsletter, 1992, 23(1-2): 45-54.

[37] Kagi A, Goodman J R, Burger D. Memory bandwidth limitations of future microprocessors[C]// The 23rd Annual International Symposium on Computer Architecture, 1996: 78.

[38] Jafri S M, Hemani A, Paul K, et al. Compression based efficient and agile configuration mechanism for coarse grained reconfigurable architectures[C]//IEEE International Symposium on Parallel and Distributed Processing, Workshops and PHD Forum, 2011: 290-293.

[39] Kim Y, Mahapatra R N. Dynamic context compression for low-power coarse-grained reconfigurable architecture[J]. IEEE Transactions on Very Large Scale Integration (VLSI) Systems, 2009, 18(1): 15-28.

[40] Suzuki M, Hasegawa Y, Tuan V M, et al. A cost-effective context memory structure for dynamically reconfigurable processors[C]//The 20th IEEE International Parallel & Distributed Processing Symposium, 2006: 8.

[41] Saporito A. The IBM z15 processor chip set[C]//IEEE Hot Chips 32 Symposium, 2020: 1-17.

[42] Tu F, Wu W, Yin S, et al. RANA: Towards efficient neural acceleration with refresh-optimized embedded DRAM[C]//The 45th Annual International Symposium on Computer Architecture, 2018: 340-352.

[43] Norrie T, Patil N, Yoon D H, et al. Google's training chips revealed: TPUv2 and TPUv3[C]//IEEE Hot Chips 32 Symposium (HCS), IEEE Computer Society, 2020: 1-70.

[44] Gao M, Kozyrakis C. HRL: Efficient and flexible reconfigurable logic for near-data processing[C]//IEEE International Symposium on High Performance Computer Architecture, 2016: 126-137.

[45] Farmahini-Farahani A, Ahn J H, Morrow K, et al. NDA: Near-DRAM acceleration architecture leveraging commodity DRAM devices and standard memory modules[C]//The 21st International Symposium on High Performance Computer Architecture, 2015: 283-295.

[46] Patterson D, Anderson T, Cardwell N, et al. A case for intelligent RAM[J]. IEEE Micro, 1997, 17(2): 34-44.

[47] Seshadri V, Lee D, Mullins T, et al. Ambit: In-memory accelerator for bulk bitwise operations using commodity DRAM technology[C]//The 50th Annual IEEE/ACM International Symposium on Microarchitecture, 2017: 273-287.

[48] Li S, Niu D, Malladi K T, et al. Drisa: A dram-based reconfigurable in-situ accelerator[C]//The 50th Annual IEEE/ACM International Symposium on Microarchitecture, 2017: 288-301.

[49] Zhang J, Wang Z, Verma N. A machine-learning classifier implemented in a standard 6T SRAM array[C]//IEEE Symposium on VLSI Circuits（VLSI-Circuits）, 2016: 1-2.

[50] Chen D, Li Z, Xiong T, et al. CATCAM: Constant-time alteration ternary CAM with scalable in-memory architecture[C]//The 53rd Annual IEEE/ACM International Symposium on Microarchitecture, 2020: 342-355.

[51] Eckert C, Wang X, Wang J, et al. Neural cache: Bit-serial in-cache acceleration of deep neural networks[C]//The 45th Annual International Symposium on Computer Architecture, 2018: 383-396.

[52] Guo Q, Guo X, Patel R, et al. AC-DIMM: Associative computing with STT-MRAM[C]// Proceedings of the 40th Annual International Symposium on Computer Architecture, 2013: 189-200.

[53] Chi P, Li S, Xu C, et al. Prime: A novel processing-in-memory architecture for neural network computation in reram-based main memory[J]. ACM SIGARCH Computer Architecture News, 2016, 44（3）: 27-39.

[54] Sebastian A, Tuma T, Papandreou N, et al. Temporal correlation detection using computational phase-change memory[J]. Nature Communications, 2017, 8（1）: 1-10.

[55] Cong J, Huang H, Ma C, et al. A fully pipelined and dynamically composable architecture of CGRA[C]//The 22nd Annual International Symposium on Field-Programmable Custom Computing Machines, 2014: 9-16.

[56] Chen Y, Krishna T, Emer J S, et al. Eyeriss: An energy-efficient reconfigurable accelerator for deep convolutional neural networks[J]. IEEE Journal of Solid-State Circuits, 2016, 52（1）: 127-138.

[57] Ciricescu S, Essick R, Lucas B, et al. The reconfigurable streaming vector processor（RSVP/spl trade/）[C]//The 36th Annual IEEE/ACM International Symposium on Microarchitecture, 2003: 141-150.

[58] Ho C, Kim S J, Sankaralingam K. Efficient execution of memory access phases using dataflow specialization[C]//Proceedings of the 42nd Annual International Symposium on Computer Architecture, 2015: 118-130.

[59] Jain A K, Maskell D L, Fahmy S A. Are coarse-grained overlays ready for general purpose application acceleration on fpgas?[C]//The 14th International Conference on Dependable, Autonomic and Secure Computing, The 14th International Conference on Pervasive Intelligence and Computing, The 2nd International Conference on Big Data Intelligence and Computing and Cyber Science and Technology Congress, 2016: 586-593.

[60] Liu C, Ng H, So H K. QuickDough: A rapid FPGA loop accelerator design framework using soft CGRA overlay[C]//International Conference on Field Programmable Technology, 2015: 56-63.

[61] Khawam S, Nousias I, Milward M, et al. The reconfigurable instruction cell array[J]. IEEE Transactions on Very Large Scale Integration (VLSI) Systems, 2007, 16(1): 75-85.

[62] Venkatesh G, Sampson J, Goulding N, et al. Conservation cores: Reducing the energy of mature computations[J]. ACM Sigplan Notices, 2010, 45(3): 205-218.

[63] Waingold E, Taylor M, Srikrishna D, et al. Baring it all to software: Raw machines[J]. Computer, 1997, 30(9): 86-93.

[64] Swanson S, Michelson K, Schwerin A, et al. WaveScalar[C]//Proceedings of the 36th Annual IEEE/ACM International Symposium on Microarchitecture, 2003: 291-302.

[65] Bondalapati K, Prasanna V K. Reconfigurable computing systems[J]. Proceedings of the IEEE, 2002, 90(7): 1201-1217.

第4章 当前应用领域

To improve is to change; to be perfect is to change often.
想提高就要改变,而要达到完美就要不断改变。

—— Winston S Churchill, 1925

近年来,随着社会和科学技术快速发展,大量新兴应用不断涌现,对计算能力的需求远超从前。同时,计算芯片对性能、能效和灵活性的需求不断增长。例如,对于密码计算,密码算法种类繁多,算法标准也在不断更新。旧标准到期,新标准将随之建立。安全协议中的密码算法数量在不断增加,形式在不断变化。现有算法存在被攻破和失效的可能,更加安全的新算法随后就会被提出。这些应用需求都对密码计算芯片的功能灵活性提出了巨大挑战。软件定义芯片通过软件对芯片进行动态、实时定义,电路可跟随算法需求变化而进行纳秒量级的功能重构,以此敏捷、高效地实现多领域应用。为发挥芯片硬件计算的效率优势,软件定义芯片需要牺牲部分软件的灵活性,即不会以所有类型软件为加速目标,如支持加速部分 NumPy库函数而不完全支持 Python 所有库,因此软件定义芯片目前主要定位为领域特定加速器,而非通用原型验证或演示平台。以 CGRA 这种目前比较典型的软件定义芯片为例,它提供灵活的粗粒度计算资源和网络互连,并且还在增强对灵活访存和数据重用的支持,因此非常适合数据密集型计算领域,这与许多新兴应用需求一致。同时,软件定义芯片运行时可配置资源非常充足,这些冗余资源可被利用来增强安全性,例如,基于冗余资源的安全检查模块,可防御物理攻击和硬件木马攻击。因此,软件定义芯片也非常适合对信息安全要求较高的领域。

本章首先具体分析软件定义芯片的优势应用领域,然后分别从人工智能、5G 通信基带、密码计算、硬件安全、图计算和网络协议六个不同的领域,选取典型应用以软件定义芯片技术实现,评估其性能、效率和安全性等,并与传统计算架构(CPU、FPGA、ASIC)进行比较。

4.1　应用领域分析

软件定义芯片并非面向通用计算,也并非像 ASIC 那样仅针对单一的应用进行加速。总体而言,软件定义芯片在众多加速架构中的定位介于 FPGA 与 ASIC 之间,主要适应于多种具有相似特征的应用加速,因此往往被用作领域定制加速器。如本书第 2 章讨论，总体来说，软件定义芯片的能效主要得益于专用化，即根据领域中应用的特性进行定制化架构设计；软件定义芯片的性能得益于利用多个层面的并行化，包括空域的并行计算和时域的流水线计算，也包括指令级并行、数据级并行、任务级并行等。但即便如此，软件定义芯片也并非能够适应于所有应用领域。以下从几个角度简单讨论软件定义芯片适用的应用领域。

1. 应用多样性

首先，目标领域中应具有多样化的应用种类，不同应用的核心算法具有相似的计算特征和加速需求，或是应用的某些特性随着时间在不断发生变化。如果领域中应用单一，只有固定不变的核心算法需要加速，那么为应用定制特定的 ASIC 加速器是最佳选择。反之，如果应用多样，且核心算法在不断改变，那么软件定义芯片的可重构特性更为灵活，能够使用相同的硬件结构加速多种应用。例如，图计算领域中有多种计算模式不同的算法，如 BFS、DFS、PageRank 等都对硬件有不同需求；在人工智能领域，深度神经网络的规模、网络结构等都在不断变化。这些领域中 ASIC 只能对少数应用进行加速，而软件定义芯片更能适应算法多样且不断变化的需求。

2. 混合数据粒度

我们曾在第 3 章中讨论数据粒度对算法精度以及硬件开销的影响。软件定义芯片尤其适合于混合粒度以及可变粒度的计算场景，如神经网络加速、通信、密码计算等领域中不同的算法往往需要有不同的数据粒度。ASIC 通常不具备可变粒度的特性，而 FPGA 对所有算法都由单比特逻辑开始构建粗粒度单元，消耗大量硬件开销与编译时间。相较而言，软件定义芯片可以根据场景需求，提供 4bit 或者 8bit 等基本单元，且可通过简单配置组成复杂运算单元，因此能够高效满足这些领域中不同算法的需求。

3. 计算密度

软件定义芯片有别于其他架构，实现高能效、高性能计算的关键在于充分利用其计算阵列带来的空间数据流计算模式，这要求应用中算术运算指令占比高、并行度高，否则阵列中大量的计算资源将很难被有效利用，从而严重降低加速效率。通常而言，应用中计算密度越高、计算时间在总运行周期中占比越高，软件定义芯片能够获得的能效提升也越大。例如，在 CNN、科学计算等数据并行度较高的计算密集型任务中，软件定义芯片相较于多核处理器或 GPU 等通用加速器，能够实现上百倍的能效提升。此外，对于应用中核心算术运算指令，绝大多数领域只需要使用乘加运算，这可以保证运算单元内部结构简单，降低硬件开销。个别应用中部分算法需要特殊的运算指令，例如，加解密算法常用位运算指令，神经网络输出层需要 Softmax 函数等，针对这些领域设计的软件定义芯片往往使用定制化的硬件单元实现这些复杂但常用的操作，以较小的代价换取进一步的性能与能效提升。

4. 应用规则性

应用的规则性是指应用中可以静态预测延时与时序的指令占比程度。实际上，通常只有部分指令的延时(如算术运算)是完全可以静态预知的，其余大多数指令很难静态预测执行时序，只有运行时根据具体输入数据或者计算结果才能确定指令的具体行为，从而导致不规则性，如条件与分支指令、非固定延时的访存指令等。一般而言，对于数组等静态数据结构进行算术运算的算法大多数是规则的(如 FFT、CNN 等)，若算法中含有对链表、图、树等动态数据结构的处理，则指令中将包含大量与数据结构相关的动态条件判断与动态地址计算指令，这将使得应用的不规则性大大增加。控制的不规则性将会使得计算并行度严重降低，增大流水线启动间隔，降低硬件流水线执行效率，使得应用的加速空间受限。与其他绝大多数加速器类似，软件定义芯片面向的目标加速应用不应含有控制流，或仅含有少量且模式固定的控制流，以保证较高的能效收益。尽管使用动态调度机制能够一定程度上缓解非规则性问题，但这会使得架构复杂度增加，且硬件开销大大增加，获得的收益有限，某些情况下加速器取得的能效甚至会低于通用处理器。在本章后续将介绍的图计算等典型不规则应用场景中，通常会将图算法转化为等效的更为规则的矩阵运算，以存储空间代价换取更高的规则性。

5. 访存模式与数据重用

除了更高的计算并行度，软件定义芯片实现高能效的另一主要因素在于其采用高带宽的片上缓存用于数据重用，且可针对领域特定的访存模式进行定制化设计优化，从而有效缓解访存瓶颈问题。若目标领域中算法具有较好的局部性，软件定义芯片能够将运行时所需的所有数据都静态搬运到片上缓存中，运行过程中无须访问低速且功耗较大的片外存储系统，则能有效提高访存效率。若算法运行过程中访问的数据范围可以静态预测，则软件定义芯片采用暂存器缓存(scratchpad memory)作为片上缓存则能进一步提高数据访问效率，因为显式指定数据访问与重写指令可以避免 Cache 系统中的数据替换等复杂硬件逻辑。此外，对于存算解耦设计的软件定义芯片，若应用的访存模式规则，且访存地址序列可以静态预测，则可以通过静态配置地址生成单元进行粗粒度合并访存，充分利用存储系统的带宽，并将更多资源用于算术计算，从而进一步提高性能。反之，若应用中的访存地址随机化，且具有嵌套式访存等不规则的访存模式，则访存请求将会被串行化发送到缓存系统，不仅浪费大量带宽，还可能造成数据冲突等问题。

综上所述，适应于软件定义芯片进行加速的目标领域最好具有多样化的应用，算法核心可以包含混合式的数据粒度，以充分发挥其硬件灵活性。为了获取较高的性能与能效收益，应用中应含有较高的数据并行度，这要求其计算密度较高，而控制不规则性越低越好。此外，为了充分发挥软件定义芯片片上存储系统的优势，应用中的访存模式应当尽可能规则、固定，且数据重用性较好。事实上，许多加速领域都具备以上几种特点，如人工智能、5G 通信、密码安全、图计算与网络协议等，后续章节将对这些典型领域中的核心算法进行介绍，并简述其典型的加速架构设计实例。

4.2　人　工　智　能

4.2.1　算法分析

美国计算机科学家，被称为人工智能之父的约翰·麦卡锡（John McCarthy），在 20 世纪 50 年代给出了自己对人工智能的定义，他认为，人工智能作为一种科学工程，其能创造智能机器，目的是能像人类一样实现现实生活中各种任务，这个概念被沿用至今。现今，人工智能的发展与进步给人类社会带来了极大的便利，丰富了人们的日常生活，提高了工业生产效率，从而有力地促进了社会的进步与发展。当前的人工智能技术主要流程为：首先提取出输入特征，然后根据具体应用场景设计相应模型，类似于人类大脑，来根据这些特征做进一步的输出、分类、检测、分割等。模型通常都是基于一些给定的数据训练得到的。早期人工智能技术的提取方式主要是使用传统描述子。这种传统描述子大多基于人们对图像的先验知识所提出的，使用数学表达式来反映此先验知识，最终落实到对图像像素的计算。这种提取出来的特征，称为手工设计特征。当前主流的人工智能技术都是采用了深度学习技术。和传统的特征描述子不同，深度学习可以从大量数据中自发地学习数据的分布规律，从而可以提取出非常高层次的语义特征进而用来执行任务。目前基于深度学习技术的人工智能技术在许多领域已经领先人类了[1]。

目前为止，人的大脑是最智能的"机器"，所以以此为模型去寻找对应的人工智能模型就很自然。人脑以神经突触为基础来进行信息传递和处理，为了模仿这一过程，人工神经网络模型被提出。神经元通常都是以树突和轴突互相连接的，如图 4-1 所示。神经元通过树突和轴突接受来自其他神经元的信号，然后在内部进行处理，再产生新的信号输出。这些输入输出信号定义为激活值。轴突和树突的连接处称为突触。输入的激活值首先会和神经元里面的权值相乘，再将结果进行相加。但神经元往往不直接输出值，因为如果直接输出加和结果，那么连续的神经元输出将等效为一个神经元的线性输出。故通常每个神经元后面会跟随着一个激活函数 $f(\cdot)$，这

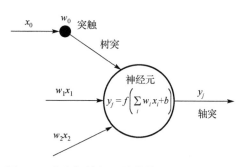

图 4-1　脑内部神经元连接情况（x_i、w_i、$f(\cdot)$、b 分别是激活值、权重、激活函数和偏置）

个函数的作用为引入非线性特性，以提高特征的表达能力。

图 4-2(a)展示了一个典型的人工神经网络模型。输入层的神经元将会接收输入值进行处理，然后将结果传到中间层，通常称为隐藏层。这些值被隐藏层处理之后，会统一传给输出层，即整个网络的输出。图 4-2 展示了每一层网络的具体计算情况：$y_j = f(\sum_{t=1}^{2} w_{ij}\, x_i + b)$，其中 w_{ij}、x_i、y_i 分别是权重、输入激活值和输出激活值，$f(\cdot)$ 是非线性激活函数，b 是偏置参数。当前主流的神经网络所使用的隐藏层数目已经达到上千层，该网络称为深度神经网络。一般而言，网络层越深，就能获得输入信息越高层次的语义特征。在这种网络中，原始图像像素作为其输入，每一级网络都在提取特征，特征从前面的通用型特征逐渐提高到和任务相关的高层次特征。在最后一层，往往会有特殊的层次被结合起来输出最终的结果。

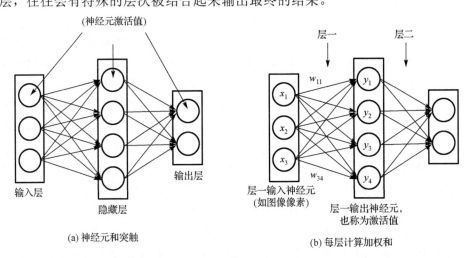

图 4-2　脑内部神经元连接情况(x_i、w_i、$f(\cdot)$、b 分别是激活值、权重、激活函数和偏置)

从 2010 年左右开始，随着训练数据的增多、硬件计算能力的增强，深度神经网络得到了井喷式的发展。尤其是用于图像识别分类的数据集 ImageNet 的推出，给许多神经网络发展和形成提供了统一的比较指标。现如今大部分主流神经网络架构都是在此数据集上进行的训练、验证与推广。各大主流网络在 ImageNet 上的精度、复杂度以及模型情况如图 4-3 所示。2012 年，来自多伦多的团队使用 GPU 来训练他们提出的网络结构，称为 AlexNet[2]，该网络将之前最优的模型误差降低了大约 10%。在 AlexNet 的基础上，越来越多优秀的网络模型被提出，这些网络模型能在 ImageNet 上创造新的精度记录。ImageNet 上的精度衡量指标主要分为两类：Top-1 和 Top-5。Top-1 精度是指在测试过程中，对一幅图像样本，只判断模型对其进行分类预测中概率最大的结果是否是正确结果，若结果为是，则认为模型对此样本分类正确；而Top-5 精度则对一幅图像样本，判断模型分类预测的概率排名前五中是否包含正确答案结果，若结果为包含，则认为模型对此图像样本分类正确。从图 4-3 中可以看出，无论是 Top-1 还是 Top-5，模型识别精度与日俱增。值得注意的是，人类在 ImageNet 上的 Top-5 误差大约为 5%，而 ResNet 已经可以实现低于 5%的误差。

但随着精度的提高，模型的大小，尤其是计算复杂度，也急剧增大。这非常不利于现如今物联网中的边缘计算。首先，许多视觉任务，如自动驾驶等，需要边缘端的实时数据处理，不能依赖于高延迟的云端处理。同时这些视觉任务大多都是针对视频的处理，其涉及大量的复杂数据处理，包括待处理数据本身，还要考虑网络本身的模型数据，这样对本来面积就受限的边缘端硬件资源带来了很大的挑战。同时，很多边缘端硬件，如手机等嵌入式平台，硬件资源及电源供应极其有限，故如何在此类平台上高效地执行深度学习网络已经变得尤其重要。与此同时，人工智能算法复杂多样，即使针对一个特定任务使用一款专用硬件，带来的面积开销和成本也是不可接受的。只有解决上述存在的问题，才能将基于深度神经网络的人工智能算法在物联网时代推广开来，而软件定义芯片不失为一种极佳的解决方案。首先，本身该方案就是针对芯片提出的，即能支持人工智能算法计算规模大的问题；同时通过软件定义芯片，可以充分挖掘芯片的效率，从而提高芯片能效，节省功耗，同时可以根据任务需求，动态配置芯片资源，提高芯片灵活性，从而可以支持多种任务。

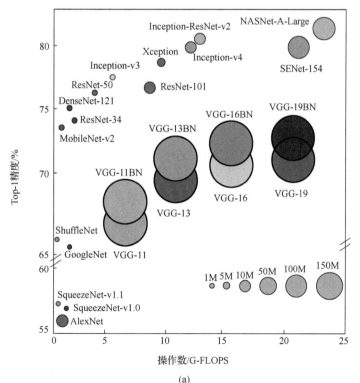

(a)

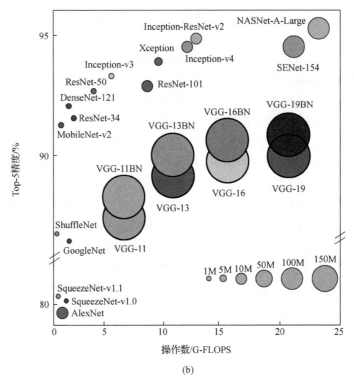

(b)

图 4-3　主流网络的复杂度以及在 ImageNet 上 Top-1 和 Top-5 的精度(复杂度使用
处理一幅图像所需要的浮点数操作数(FLOPS)来表示，图中圆形的大小
代表该网络模型的尺寸大小，即参数数目)(见彩图)

4.2.2　人工智能芯片研究现状

在当前的人工智能算法中，CNN 的研究最为广泛，其主要由全连接(fully-connected，FC)层和卷积层(convolutional layer，CONV)构成。这两种网络运算模式主要以乘加操作为主，这样极易被展开，进行并行运算。早期对 CNN 的处理都是使用 CPU 或者 GPU。在这些平台中，CNN 的全连接层和卷积层都会被映射为矩阵乘的形式进行计算。同时为了提高并行度，单指令多数据流或者单指令多线程流常常被 CPU 和GPU 采用，以空间换取时间，来提高数据运算的并行度。但在这两种平台中进行卷积运算时，需要重复地复制输入激活值以满足矩阵运算要求，这导致复杂的存储访存操作，严重损害了存储系统的高效性。虽然已有软件包被开发出来以优化卷积中的矩阵乘，但这一般会造成额外的加法操作和更加不规律的访存操作。

为了更高效地执行 CNN，当前主流的执行硬件包括 ASIC 和 FPGA，相对于 GPU和 CPU，这些硬件平台更具有专用性，尤其在 CNN 推理过程中，ASIC 和 FPGA 更能充分利用自身优势从而实现几十倍，甚至上百倍的能效提升。而在这些硬件平台中，瓶颈集中在如何减少访存以及如何避免不规律的访存操作。一次乘加操作可能需要一次权重、输入激活值和局部和的读入操作，计算完成之后还可能涉及一次局部和的写入操作。最坏的情况是，所有的数据都存在片外，也就是所有的访存都是和片外存储进行交互，这样会严重损害整体模型运算的吞吐率和能效，因为一次操作消耗的能量比一次乘加操作高出好几个数量级[3]。为了解决上述问题，人工智能芯片被设计出来。人工智能芯片主要通过设计几级局部片上存储来缓解数据处理过程中的数据移动带来的能量开销，其中每一级存储能量开销会有所不同，越靠近处理单元的存储元件读写数据所需能量越小。所以优越的数据流应当减少从能量消耗大的存储元件中读取数据的次数，也就是尽可能从靠近处理单元的存储元件中读取数据。然而，考虑到面积开销和成本问题，往往低能量消耗的存储单元所能储存的数据十分有限，所以当前的数据流设计的一个主要挑战是根据 CNN 的卷积模式，如何提高数据在低能量消耗的存储元件中的重复利用率。

1. CNN 数据流

在 CNN 数据流中，有三种形式的输入数据复用，如图 4-4 所示。对于卷积操作，同样的输入数据和权重可以在一个给定通道中复用，这些数据复用可以生成不同的局部和；在输入激活值复用方面，不同输出通道的权重可以作用在同一个权重上面，所以这个输入激活值可以被多个不同的输出通道复用；另外，如果输入是按批(batch)进行处理的，那么同一个权重可以在一批数据中进行复用，产生不同输入数据的输出结果。

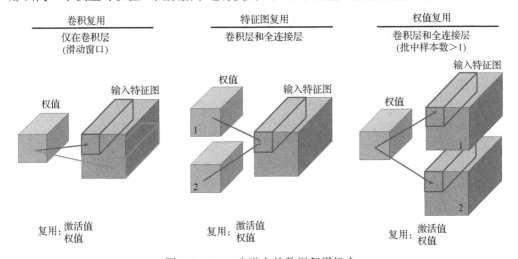

图 4-4　CNN 中潜在的数据复用机会

当前主流人工智能芯片的数据流都是基于此三种方式设计出来的。当数据流在 CNN 处理过程中给定之后，编译器会将 CNN 的形状和大小分拆映射到硬件中进行运行。基于不同的数据处理特点，CNN 数据流大致可以分为如下四类。

1)权值静止数据流

权值静止数据流的目标是减少读取权值的能量消耗,也就是说,在该数据流中,需要尽可能多地从处理单元中读取权值,而不是从片上或者片外存储读取,也就是说,需要最大化权值的复用率。每个权值从片外存储读取进入处理单元之后,就会在一段时间之内保持不动,用以处理与之相关的计算。因为权值保持不动,所以与之相关的输入激活值和产生的局部和必须在处理单元阵列以及存储单元中移动。通常情况下,输入的激活值会被广播给所有的处理单元,然后局部和会在整个处理单元阵列中产生。

一个经典的例子是 neuFLOW[4],该架构使用了 8 个卷积单元处理一个 10×10 的卷积核。总共有 100 个乘加单元,每个乘加单元都保留一个权值支持权值静止数据流。如图 4-5(a)所示,输入激活值被广播给所有的乘加单元,局部和在乘加单元之间进行加和。为了能够正确地将局部和进行加和,需要在乘加单元中分配额外的延迟存储单元用以存储局部和。其他架构同样也使用了此种数据流[5-11]。

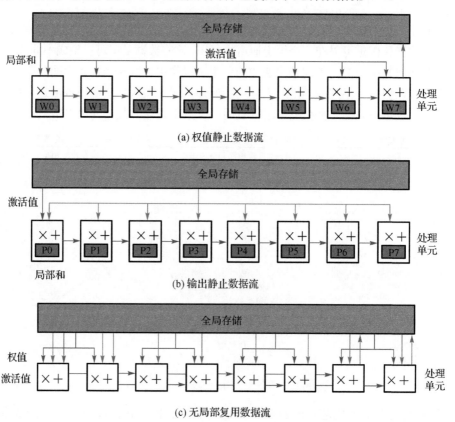

(a) 权值静止数据流

(b) 输出静止数据流

(c) 无局部复用数据流

图 4-5　CNN 处理中使用到的数据流(见彩图)

2）输出静止数据流

输出静止数据流的主要目标是最小化读写局部和的能耗。此种数据流将同一个输出结果的数据流保存在同一个寄存器单元中。为了达到实现此种数据流的目的，一种通常的做法是将输入激活值按照流的形式在处理单元中进行传播，然后将权值在整个处理单元阵列中进行广播，如图 4-5(b) 所示。

一个经典的例子是 ShiDianNao[12]，该架构中每个处理单元通过从相邻处理单元中获取输入激活值来生成对应的输出。处理单元阵列执行特定的网络结构时会将数据进行垂直和水平传播。每个处理单元都有寄存器在一定周期来保存所需数据。在系统级别，片上存储将输入激活值按流进行传输，而权重则以广播的形式在处理单元阵列中传输。局部和会在每个处理单元中进行累加，一旦生成完整的结果将会被送回片上存储中。文献[13]和[14]的架构都采用了此种数据流。由于输出值可以来自不同的维度，输出静止数据流具有多种形式，如图 4-6 所示。例如，OS_A 主要作用在卷积层，所以主要处理在同一时刻，卷积层同一输出通道上的结果，这样就能够最大化数据的复用率。OS_C 作用于全连接层，由于每个输出通道上只有一个值，所以该数据流主要处理不同通道上的输出值。OS_B 介于两者之间。上面三种数据流的代表结构见文献[12]～[14]。

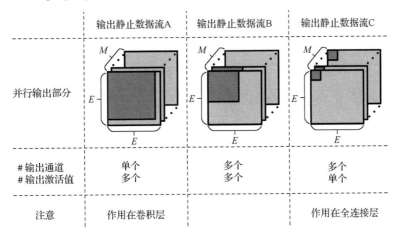

图 4-6　输出静止数据流的几种情况

3）无局部复用数据流

寄存器在指标 pJ/bit 方面效率高，但是在 μm^2/bit 效率却不高。为了能最大化片上存储效率极小化片外存储带宽，处理单元中不再分配局部的存储单元，而是将所有的存储都集中给片上存储，如图 4-5(c) 所示。所以说，无局部复用数据流和前两个不同的地方在于没有数据会在处理单元阵列中保持不动。带来的问题是在和片上存储进行交互过程中容易产生数据堵塞。不一样的是，在这个数据流中输入激活值需要被多路广播，权重值需要单路广播，再在处理单元阵列中进行加和操作。

　　UCLA 提出的一种架构采用了此种方案[15]。权重和输入激活值首先从片上存储读入，然后在乘加单元中处理，再使用常规的加法树进一步将乘积加和，一个周期之内完成上述步骤。结果会被送回片上存储中。另一个例子是 DianNao[16]，与 UCLA 不同的是，DianNao 使用专用的寄存器保存处理单元阵列里面的局部和，这样可以进一步减少对局部和读写带来的能量开销。

　　4)行静止数据流

　　Eyeriss 架构提出一种新型的行静止数据流[17]，能够最大化在寄存器级中的数据复用率，这样可以大幅提升整体的能量效率。与之前的数据流不同，其不仅只优化权重或者输入激活值的复用率。如图 4-7 所示，在进行一维卷积时，该数据流将卷积核的整行权值保存在处理单元中，然后将输入激活值按流的形式输入。处理单元每次会处理一个滑动窗口，只需要一个存储模块存储局部和。因为在滑动过程中，输入激活值在不同的窗口中是有重叠的激活值，这部分重叠的值也可以存储在处理单元中以备复用。从图中的步骤 1～3 可以看出，该数据流在进行一维卷积时可以最大化复用输入和权值，以及局部和的结果。

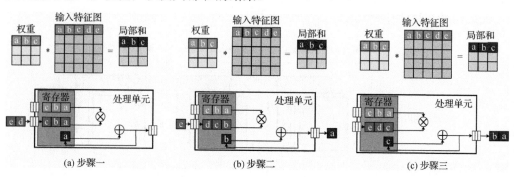

图 4-7　一维行静止数据流

　　每个处理单元可以处理一个一维卷积操作，那么二维卷积操作可以由多个处理单元组合实现，如图 4-8 所示。例如，为了形成第一行的输出结果，三行权值和三行输入激活值需要提供。所以，可以一列设置三个处理单元，每个处理一行卷积操作。然后它们的局部和可以在垂直方向相加再输出第一行结果。为了输出第二行结果，可以安排另一列处理单元，三行输入激活值可以向下移动，其中第一行输入激活值舍弃，然后加入第四行输入激活值，权值保持不变，从而输出第二行结果。同理，如果想输出第三行输出，就需要再额外设置一列处理单元。

　　这种二维处理单元阵列可以产生其他减少片上存储的形式。例如，每行权值在处于同一行的处理单元中是被复用的。每行输入激活值是在斜对角的处理单元中复用的。同时，每行局部和都是在垂直方向上进行加和的。所以，在这种数据流中，二维卷积中的数据复用可以被最大化。

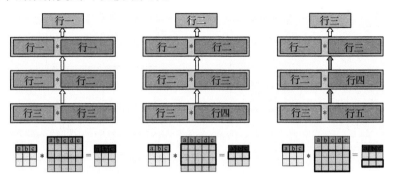

图 4-8　二维行静止数据流

为了解决卷积层中的多维卷积方式，多行输入数据、权值会被映射到同一个处理单元中，如图 4-9 所示。为了能在一个处理单元中复用权值，不同行的输入激活值会被拼接起来然后在一个处理单元中进行一维卷积运算。为了能在一个处理单元中复用输入激活值，不同行的权重就会被合并在一个处理单元中处理一维卷积运算。最终，为了提高处理单元中的局部和累加操作次数，来自不同通道的输入激活值和权重被重排，然后在一个处理单元中运行，因为不同输入通道的局部和很自然就能被加和然后产生最终的结果。

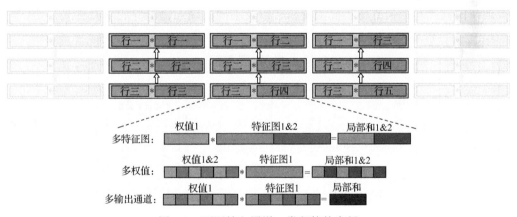

图 4-9　不同输入通道，卷积核的多行

在同一时刻可以处理的卷积核数目以及输入输出通道数是可编程的，对于任意模型，存在一个最优的配置方式，主要取决于网络模型网络层参数以及提供的硬件资源，如处理单元的个数、不同层级存储的大小。因为已经知道网络模型的参数实现，所以最合适的办法是设计一个编译器来进行线下调配以达到最优的效果，如图 4-10 所示。

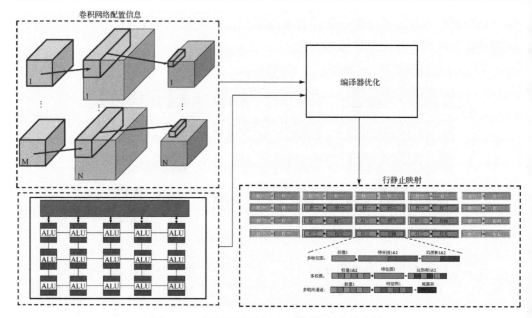

图 4-10 根据硬件资源和网络模型进行映射

还是以 Eyeriss 为例，如图 4-11 所示，该架构包含了 14×12 个处理单元、一个 108KB 的片上存储、ReLU 激活函数以及输入激活值压缩单元。片外数据通过一个 64bit 的双工传输总线被读入片上存储，再读入处理单元阵列中进行处理。架构主要要解决的问题是如何支持不同的卷积核以及不同的输入输出特征图大小。

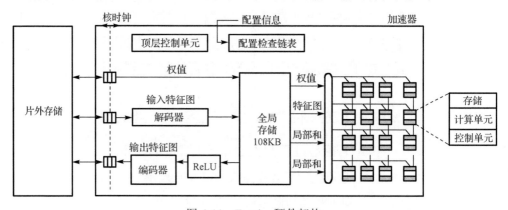

图 4-11 Eyeriss 硬件架构

两种映射方法可以用来解决不同卷积核大小问题，如图 4-12 所示。首先，复制操作可以用来映射那些不能填满整个处理单元阵列的形状。例如，对于 AlexNet 的 3～5 层卷积层，在进行二维卷积操作时只能使用 13×3 的处理单元阵列。这个结构可以被复制四次，可以支持不同的卷积核，输出不同的输出通道。第二个方法是折叠。例如，在 AlexNet 的第二层卷积层，需要 27×5 的处理器阵列来执行二维卷积，这个可以被分解为 14×5 和 13×5 两部分，每部分垂直地映射到处理单元阵列中。剩下处理单元将处于闲置以避免无用的能量损耗。

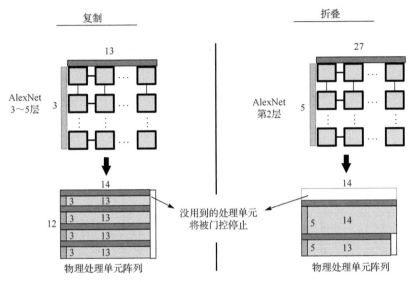

图 4-12　复制和折叠两种方式

2. 近期人工智能芯片设计

人工智能芯片的设计需要根据神经网络的特点进行相应的优化。通过分析近年来人工智能芯片设计的现状不难看出，一个优秀的芯片设计往往深入挖掘了神经网络算法模型的特点。因此，根据芯片设计中采用的模型优化方法，可以将近期的人工智能芯片研究分为以下四类。

1) 利用稀疏计算的芯片设计

稀疏性是神经网络中广泛存在的性质，它是指模型参数存在的零值所占比重较大的情况。稀疏性给硬件设计带来了巨大的便利，利用它可以将一个包含海量参数的模型压缩，减小模型的带宽、能耗以及存储开销，使得模型可以在嵌入式系统或边缘计算芯片上得到应用。在芯片设计中，利用稀疏性设计的典型代表为 Cnvlutin[18]。Cnvlutin 的架构设计来源于 DaDianNao 处理器[19]，并改进了 DaDianNao 因为内部规则的数据流形式而无法跳过零值计算的问题。它只利用了激活值的稀疏性，基本思想是首先解耦激活值向量和权重向量的移动，使得两者不必每次移动都需要遵循相同的步伐，其次是通过建立非零激活值的索引，来读取相应的权重与非零激活值完成运算。因此，Cnvlutin 可以跳过激活值为零的计算操作，它的单元结构和计算过程如图 4-13 所示。稀疏性计算必定会带来计算的不规则问题，因此而导致的硬件资源利用不平衡是芯片设计中需要解决的难点。SparTen 加速器[20]的设计针对该问题，提供了一些解决硬件资源利用率不平衡的方法。SparTen 的基本设计思路是同时利用激活值和权重的稀疏性，以在线计算的方式找出激活值和权重都不为零值的数据对，从而实现只进行非零值运算。但由于每个卷积核上的权重非零值个数不相同，因此当激活值向量在不同计算单元与不同卷积核进行计算时，将会发生硬件资源利用率的不平衡问题。SparTen 针对该问题，提出按照稀疏度对不同的卷积核进行排序，将稀疏度大小互补的卷积核两两组合在一个单元中与激活值进行计算，从而实现不同的单元之间计算时间是基本平衡的。但这样会造成卷积核的相对位置被打乱，因此计算结果需要通过一个大的排列网络进行重新排序输出。

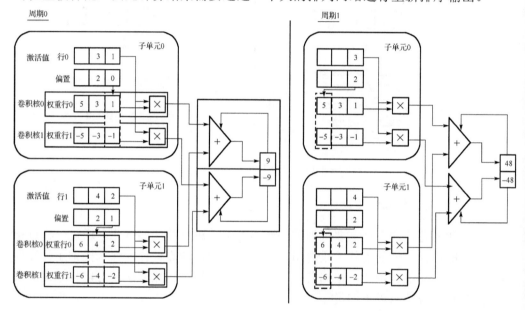

图 4-13　Cnvlutin 的计算单元结构和数据流形式

2)利用预测计算的芯片设计

　　预测计算是人工智能芯片设计中的一个新兴研究热点，它着眼于消除利用稀疏计算后仍存在的"无效"计算。因为这些计算得到的结果无法传递到下一层被使用，如 ReLu 激活函数之前得到负值的计算、MaxPool 池化层之前得到的非最大值的计算，所以这些计算被称为"无效"的。"无效"计算广泛存在于神经网络模型的计算中，而又不影响模型的准确度，若能有效消除这些计算，则将极有利于优化硬件的性能和功耗。在此背景下，Song 等[21]提出了一种利用预测计算的加速器芯片设计方法。该设计中将每个激活值分成两部分：高比特位部分和低比特位部分。两部分在不同的阶段与权重相乘，如图 4-14 所示。第一阶段为预测阶段，该阶段激活值的高比特位部分和权重进行计算，因为数据的大小主要由高比特位决定，所以这一结果可以作为预测值指示该结果是否"无效";第二阶段为执行阶段,该阶段只进行有效位置处对应的激活值的低比特位和权重的计算,再和上一阶段相应位置处的预测值加和得到完整的结果。该设计虽然计算阶段变得更多,但相对于节省的计算时间是可以忽略的。准确度的牺牲可以带来预测条件的放宽,如果应用场景可以容忍一定程度的准确度损失,那么预测计算会减少更多的计算操作。因此,SnaPEA[22]中提出了一种在准确度和计算量有效权衡的设计方法。它通过为神经网络的每一层设定预测阈值,试图在准确度损失的限定范围内,减少最多的计算量。SnaPEA 为芯片设计提供了更多的灵活度,使得不同准确度要求的应用场景均可利用预测计算所带来的好处。

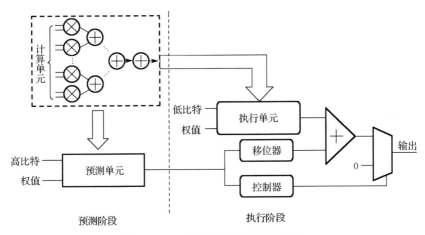

图 4-14　一种预测计算的实现形式

3) 采用量化策略的芯片设计

量化也称为低精度,是一种将神经网络的 32 位浮点运算转化为更低位宽定点表示的方法。由于神经网络运算中存在许多冗余操作,因此量化虽然减少了运算操作,但模型的准确度不会受到太大的影响;同时,量化可以有效降低运算复杂度,减少网络规模和存储占用,所以采用量化策略的芯片设计越来越受到研究者的青睐。BitFusion[23]是一种支持多种位宽参数计算,具有高度灵活性的芯片设计。在量化的神经网络模型中,不同层的参数位宽需求不同,这就要求硬件上要有支持不同位宽计算的设计,否则会导致硬件资源的浪费。BitFusion 设计了基本的 2 比特计算单元,它将多位宽的参数相乘计算拆分至多个部分,使得各个部分可在 2 比特计算单元内实现;之后配合移位运算,将各部分结果再累加成完整结果输出,该过程如图 4-15所示。该设计将运算位宽粒度减小,提升了对多位宽支持的灵活度,使得芯片设计可以有效利用量化策略带来的性能提升。随着量化技术的发展,二值、三值神经网络也相继出现,虽然它们会使准确度有明显下降,但极大地提升了运算的速度,因此也拥有许多应用场景。Hyeonuk 等[24]在二值神经网络的基础上进行了硬件设计。他们利用二值参数的特点,将卷积核分解为两部分,分解后的卷积核内部参数相似性大大提高,因此计算量和能耗可以进一步降低。

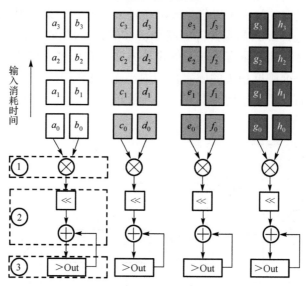

图 4-15　BitFusion 的基本运算过程示意

4)采用比特级计算的芯片设计

随着人工智能技术的不断发展,特别是量化方法带来的在比特级别的参数量降低,研究者开始关注利用比特级计算进行芯片的设计。利用比特级的计算可以简化硬件设计,因为越少的计算位宽需要的运算单元位宽也越小,单比特计算甚至可以使用与门代替乘法器进行计算。因此,近年来这一领域也不断涌现出优秀的芯片设计。Stripes[25]是一种利用单比特串行计算的加速器。在处理一个激活值时,它按照由高位至低位的次序将该激活值的每个比特位依次输入运算单元中,通过与门和权重即可完成乘法运算,该结构如图 4-16 所示。相比于原始的并行乘法器实现的运算方式,该运算方式虽然会需要更多的计算周期,但实现更为简单,而且计算周期代价也可以通过并行更多的运算单元来缓解。PRA[26]加速器的设计是对 Stripes 的进一步改进,它同样是利用激活值的比特串行计算,但在此基础上提出了一种避免计算零值比特位的方法。该方法的基本思想是将激活值中的有效位(为 1 的比特位)编码为偏移量,来指导权重进行移位操作,并累加成为一个完整的输出结果。需要指出的是,该方法因为利用了比特位中的稀疏性,所以也面临着计算时间不平衡的问题,这在 PRA 的硬件设计中也进行了相应的考虑。对比特级的利用还可以通过对数据编码的方式实现,Laconic[27]采用 Booth编码格式对激活值和权重进行编码,再只针对有效位进行计算。Booth 编码后的数据中有效位进一步减少,因此计算周期和硬件资源可以随之降低。

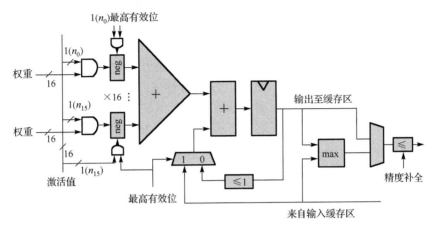

图 4-16　Stripes 的基本运算单元

以上对 CNN 支持的架构和方法都是基于 ASIC 或者 FPGA 提出的,辅助以这些硬件平台本身的定制化性质,高面积效率和能量效率得到了实现。但是,这些硬件平台的灵活性受到了极大的约束,也就是说,这些硬件大多数情况下只能在某些特定的任务中使用,一旦在较多的使用情况下,它们的可使用性将会大打折扣,因为 ASIC 中连线已经固定,后续无法再进行更改;而 FPGA 虽然可配置,但在运行过程中,也无法实时根据任务变化而进行硬件重新调配从而进行对任务的支持。为了解决这一问题,同时保证芯片执行人工智能算法的高效性,软件定义人工智能芯片将是一个极佳的可供选择的方案。

4.2.3　软件定义人工智能芯片

对于物联网终端,人们提出了智能物联网的概念,该概念从定义上来讲,实际上是工业物联网、人工智能和先进算力的结合;从含义上来讲,智能物联网是为了能让人工智能技术应用到物联网中每一个节点,即智能型节点,每个节点可以自主适应环境,分析环境,最终做出最优决策。物联网将极大地改变人们的生活方式,推动人类社会的进步发展。为了能推动物联网的落地与普及,关键在于终端芯片的设计与布局。传统的物联网认为 2G 和 3G 基带连上终端设备就算是搭建了物联网,但实际上智能物联网应当是多种通信手段结合的产物。相比之下,传统终端只具备初步的数字运算处理能力,而随着人工智能的普及,智能物联网需要大量本地计算,从终端的初步学习到大量各种人工智能的应用,这时需要的就是终端芯片的计算能力及时效性。这尤其对车联网非常重要,汽车在运行过程中需要对突发事件有着极快的响应,这样才能避免事故发生,也就是说,在底层算法实现时,其运行的速度必须是实时的。又因为每时每刻会有大量的数据需要处理,而传送至云端需要极大的带宽条件才能满足实时，所以最好能在本地进行计算，这样就需要终端要有强大的芯片来应对[28]。

对终端芯片的需求主要包括四个方面：①性能高、功耗低、价格低、易使用；②安全性高，还有相关的加密功能以对相关 IP 进行保护；③算法本身对任务的处理精度必须要满足具体场景的要求，过低的精度即使再快的性能也无济于事；④一款真正有效的智能芯片的使用，通常离不开其完善的生态，需要与上下游的供应商等共同开发和建设。对于芯片厂商，使用的制造工艺越先进，所需要投入的成本就会越多，从 65nm 到最先进的 5nm 制程，前期投入从几百万美元到上亿美元，盈亏平衡点也从几百万片到千万、上亿片[28]。由此可以看出，如果简简单单只依靠一个单一市场，很难让芯片厂商盈利。此外，随着任务的规模越来越大，芯片设计越来越复杂，产品的生命周期越来越短，差异化越来越大。所以在市场规模碎片化日趋严重，任务需求越来越复杂的物联网时代，芯片设计公司需要不断改变自己的商业模式，不断迭代自己的技术创新。从另一个方面来说，规模大的芯片厂商因为占据着大份额的市场，可以自上而下快速迭代自己的产品，但这对中小厂商来说是很难做到的。软件定义芯片这种方式，可以通过在软件层面进行修改，就能对芯片进行调整，无须重复设计流片，是一种自下而上的方式，非常有利于中小厂商进行芯片设计和创新。

在智能物联场景这种需求下实现高能效人工智能计算能力，除了对算法进行面向硬件的优化，如何设计更易于和日益多变的算法模型相融合的架构也是当前厂商主要考虑的解决方案。其中，可重构架构是一种备受瞩目的可用来提升人工智能芯片的能效比，即在保证人工智能计算效率和精度前提下降低功耗的有效方法[28]。现在虽然人工智能芯片如雨后春笋般涌现，甚至有些芯片能执行一些超越人类的智能任务，但这也仅仅是在特定任务上进行优化和加速，在实际场景中严重缺乏灵活性和自适应能力。而软件定义芯片，这种基于可重构架构的方式，能够根据任务需求，动态地调整硬件配置，以达到实时灵活地支持不同的任务需求。同时基于上层软件配置，定义后的芯片能高效调度硬件资源，实现不逊于 ASIC 的面积和能量效率。

为了满足日益多样化的人工智能应用场景，可重构架构需要支持不同种类的网络层，包括各式卷积层、全连接层以及二者的组合网络。有些计算架构会设计不同的处理单元来处理不同的网络层，但这样会让硬件资源复用率低下，当处理混合网络时，硬件的灵活性和能效都会受到限制。同时，组合网络有很高的容错性和变化度，也就是说每一层的位宽精度、卷积核大小、所使用激活函数等可能都是不同的。最后，对于卷积层和全连接层，二者的数据存储读取方式、计算密度、数据复用方式都会不同。为了提高对网络模型的运行效率，可重构架构应当支持各种高效的数据流和相应硬件模块。可重构人工智能硬件架构主要通过编译器对人工智能领域中主流模型进行编译，然后生成能涵盖主流网络算子的配置信息，并将其存储在片上，架构上的硬件单元根据配置信息进行动态调整，以达到高效支持配置信息中需求的计算的目的。

以 Thinker[29]为例，硬件架构如图 4-17 所示，该可重构架构由两个 PE 阵列构成，每个 PE 阵列由 16×16 处理单元组成。存储系统包含两个 144KB 的片上存储、一个 1KB 片上共享权值存储单元和两个在 PE 阵列中的 16KB 局部存储模块。

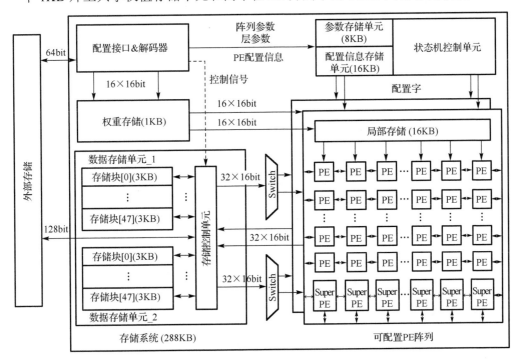

图 4-17　Thinker 硬件架构

该 PE 阵列是动态可配置的。PE 主要分为两类：常规 PE 和特殊 PE。两个 PE 都能够支持一个 16×16 的乘法或者两个 8×16 的乘法。如图 4-18 所示，常规 PE 支持各种网络层的乘加操作。该 PE 的功能主要受 5bit 的配置信息控制。特殊 PE 是在常规 PE 上额外添加了五组操作：池化、tanh 和 Sigmoid 激活函数、池化层的标量乘加操作，以及递归神经网络门操作，该 PE 受 12bit 配置信息控制。图 4-19 展示了 PE 在不同配置信息下实现的功能。图 4-19(a)展示了 CONV 操作，为了避免 0 值操作带来的无用功耗开销，这里采用了门控技术；图 4-19(b)展示了 FC 操作，和 CONV 操作比较类似；图 4-19(c)展示了几种激活函数的使用过程；图 4-19(d)展示了池化操作。由此可以看出，该 PE 可以通过配置信息，改变硬连线，调用不同模块实现不同功能。

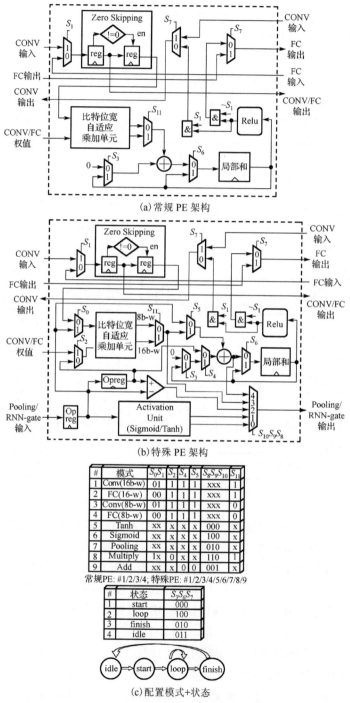

(a)常规 PE 架构

(b)特殊 PE 架构

#	模式	S_0S_1	S_2	S_4	S_5	$S_8S_9S_{10}$	S_{11}
1	Conv(16b-w)	01	1	1	1	xxx	1
2	FC(16-w)	00	1	1	1	xxx	1
3	Conv(8b-w)	01	1	1	1	xxx	0
4	FC(8b-w)	00	1	1	1	xxx	0
5	Tanh	xx	x	x	x	000	x
6	Sigmoid	xx	x	x	x	100	x
7	Pooling	xx	x	x	x	010	x
8	Multiply	1x	0	x	x	110	1
9	Add	xx	x	0	0	001	x

常规PE: #1/2/3/4; 特殊PE: #1/2/3/4/5/6/7/8/9

#	状态	$S_3S_6S_7$
1	start	000
2	loop	100
3	finish	010
4	idle	011

idle ⇒ start ⇒ loop ⇒ finish

(c)配置模式+状态

图 4-18　常规 PE 架构、特殊 PE 架构和配置模式+状态

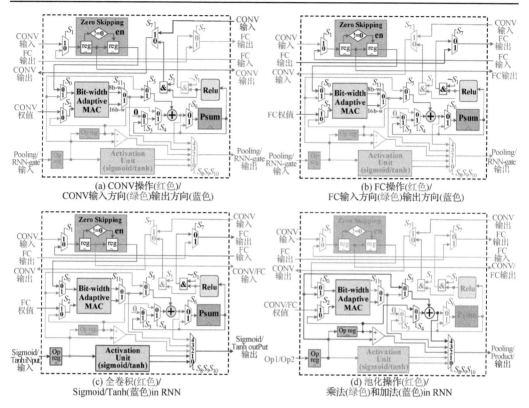

图 4-19　卷积操作、全连接操作、激活函数及递归神经网络和池化(见彩图)

实际上 PE 状态更改是由状态机来控制的。而状态机则是根据配置信息来转移的。Thinker 的配置信息主要分为三个层次，即 PE 阵列层次、网络层层次和 PE 层次，如图 4-20 所示。阵列配置信息包括数据流信息、批次数目、网络层数、网络层参数首地址等。网络层层次配置信息用来控制某一特定层的运算，包括输入激活值及权重首地址，同时还有卷积核大小、输出通道数目等信息。PE 层次信息直接控制每个 PE 的状态和功能。

神经网络运算中，实值运算主要是为了保证网络最终实现某项任务的精度。但实际上随着算法的发展，二值/三值网络逐渐兴起，精度也在不断向实值网络靠近。因为二值/三值网络的权值采用二值[1,−1]或者三值[1,0,−1]来表示，故非常有利于硬件实现，因为这样就不需要乘法器来进行实数的乘法了，极大降低面积和功耗开销。同样，因为卷积方式、核大小、权值位宽(二值/三值)不同，输入激活值不同，激活函数不同等，可重构架构能够很好对以上高灵活性需求提供高效的支持。

以文献[30]所示架构为例，该架构使用可重构技术设计了可动态支持任意二值/三值网络。该架构可以支持多种位宽的输入激活值，其架构如图 4-21(a)所示。该架构主要部件是一个计算单元，由 16 个 PE 组组成，每个 PE 组包含两个 PE。存储控制单元能让在一组里面的 PE 交换输入权重和输出激活值。所有 PE 单元受 12bit 位宽的配置字控制，如图 4-21(b)所示。$S_0 \sim S_2$ 配置加法树来支持不同位宽的输入激活值，$S_3 S_4$ 配置计算模式，$S_5 \sim S_{11}$ 选择激活函数，池化等层是否有效。S_{12} 是用来控制负载平衡的控制字。另外，该架构还包括 32KB 的积分存储、128KB 的数据存储、64KB 的权值存储，还有一个积分计算单元。

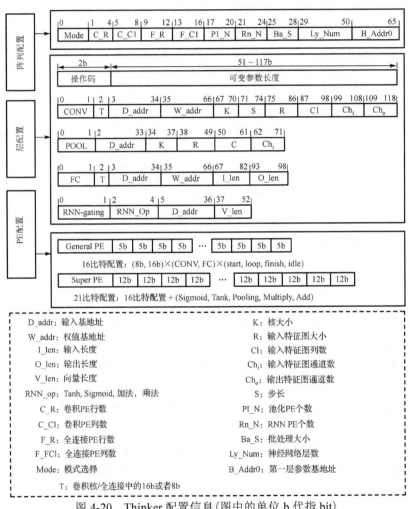

图 4-20　Thinker 配置信息(图中的单位 b 代指 bit)

在二值/三值网络中，关键路径通常都是输入激活值的加法操作。为减短这个关键路径，该结构设计了一个五级流水可配置加法树来加和 32 个 16bit 的数据，如图 4-22(c)所示。为了灵活地支持不同的激活值位宽，这里设置了一个可配置的扩展加法树和八进位的加法树。扩展加法器如图 4-22(a)所示，这是一个 16bit 的可配置且可分的加法树。每个可配置加法树由 8 个 2bit 的常规加法树和 7 个多路选择器构成，这样可以根据输入激活值的比特位宽控制进位，如图 4-22(b)所示。这个加法树可以加和两个 16bit 的数据来生成一个 16bit 的数据和 8bit 的进位。每个进位加法树用来加和这 8bit 进位中的每一个比特。扩展加法树输入一个 16bit 的数据，八个进位加法树输出八个 6bit 的数据。根据输入激活值不同，这些数据通过拼接组合成四个 64bit 的数据。再由 $S_0S_1S_2$ 来决定，四个输出值中的哪一个被输送给接下来的累加器。累加器是由一个 64bit 的加法器、一个多路选择器和一个 64bit 的寄存器构成。

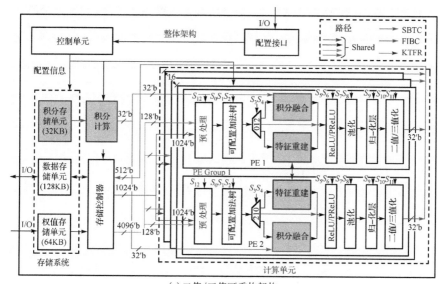

(a)二值/三值可重构架构

功能		S_0	S_1	S_2	S_3	S_4	S_5	S_6	S_7	S_8	S_9	S_{10}	S_{11}	S_{12}
加法树模式	8×2b	1	1	1	×	×	×	×	×	×	×	×	×	×
	4×4b	0	1	0	×	×	×	×	×	×	×	×	×	×
	2×8b	0	0	1	×	×	×	×	×	×	×	×	×	×
	1×16b	0	0	0	×	×	×	×	×	×	×	×	×	×
卷积计算方法	SBTC	×	×	×	0	1	×	×	×	×	×	×	×	×
	FIBC	×	×	×	1	0	×	×	×	×	×	×	×	×
	KTFR	×	×	×	0	0	×	×	×	×	×	×	×	×
ReLU模式	无ReLU	×	×	×	×	×	0	0	×	×	×	×	×	×
	ReLU	×	×	×	×	×	1	0	×	×	×	×	×	×
	PReLU	×	×	×	×	×	0	1	×	×	×	×	×	×
池化模式	不池化	×	×	×	×	×	×	×	0	0	×	×	×	×
	最大值	×	×	×	×	×	×	×	1	0	×	×	×	×
	平均	×	×	×	×	×	×	×	0	1	×	×	×	×
归一化模式	否	×	×	×	×	×	×	×	×	×	0	×	×	×
	是	×	×	×	×	×	×	×	×	×	1	×	×	×
量化模式	否	×	×	×	×	×	×	×	×	×	×	0	0	×
	二值化	×	×	×	×	×	×	×	×	×	×	1	0	×
	三值化	×	×	×	×	×	×	×	×	×	×	0	1	×
负载平衡	否	×	×	×	×	×	×	×	×	×	×	×	×	0
	是	×	×	×	×	×	×	×	×	×	×	×	×	1

(b)状态机

图 4-21　二值/三值可重构架构硬件和状态机(b 代指 bit)(见彩图)

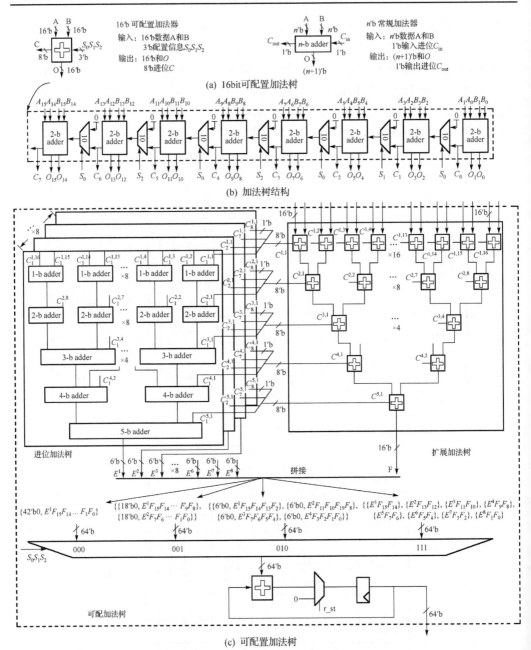

(a) 16bit 可配置加法树

(b) 加法树结构

(c) 可配置加法树

图 4-22　16bit 可配置加法树、加法树结构和可配置加法树(b 代指 bit)

4.3　5G 通信基带

通信技术的发展一直伴随着人类生产水平的进步，通信技术的进步促进了不同地区、不同种族间的交流，推动了不同技术、不同文化间的相互交融，也使得人类生产力的水平迈上了新的台阶,而生产水平的进步也反过来促进了通信技术的发展。自从无线电技术应用于通信，从第一代模拟通信系统到第五代数字通信系统，通信系统提供的通信容量越来越大，通信质量越来越高，通信时延越来越低，可传播的信息形式及内容愈加丰富。在现在火热推进的 5G 通信系统中，它将能根据不同应用的需求切分网络，为不同应用在移动带宽、高可靠低延时、大规模接入三者间取得最优的选择。

在 5G 通信技术中，存在着不同的通信标准、不同的通信算法以及不同的天线规模，而软件定义通信基带芯片具有灵活性、可扩展性、高数据吞吐率、高能量效率以及低延时的优点，因此在 5G 通信基带芯片上具有开阔的应用前景。传统的基带芯片可以分为 ASIC 和指令集结构处理器 (instruction set architecture processor，ISAP) 两种。ASIC 往往针对特定的通信标准、通信算法和天线规模设计，尽管这种方案可以取得高数据吞吐率、高能量效率以及低延时的优点，但是先进工艺带来的昂贵的成本和漫长的开发时间，使得 ASIC 解决方案不能适应于个性化、定制化的服务，不能适应通信标准和通信算法的演进，因此未来低灵活性的 ASIC 解决方案会受到越来越多的局限性。ISAP 解决方案通常包括 GPP (General Propose Processor，通用处理器)、DSP、GPGPU 等硬件实现方案，尽管这些使用指令集结构的硬件方案具有一定的灵活性，但是 ISAP 的解决方案具有较低的能量效率和较高的功耗面积开销。而对于对功耗非常关注的基站以及移动客户端，较低的能量效率和较高的能耗是无法忽略的缺点。而软件定义芯片通过软件实时地改变芯片硬件结构，在实现高能效的同时，可以获得足够的灵活性和扩展性，是 5G 通信基带芯片解决方案中颇有前景的方向。

4.3.1　算法分析

在以往通信技术的基础上，5G 通信应用了多输入多输出 (multiple-input multiple-output，MIMO)、多址接入技术、新的编码技术、新的波束赋形技术等新技术，进一步提高了 5G 的通信效率。5G 通信中，大规模的 MIMO 技术通常和 4G 通信中提出的正交频分复用 (orthogonal frequency division multiplexing，OFDM) 技术相结合，以在提高系统带宽利用率的同时，提高信号的传输速率和可靠性。大规模 MIMO 技术的使用使得基带所需处理的数据量大大提高，对多输入数据的处理成为基带芯片的算力瓶颈，因此本节介绍基带处理算法以及基带处理算法的核心 MIMO 检测算法，MIMO 检测算法分为线性检测算法和非线性检测算法[31]。

1. 基带处理算法

图 4-23 是一个典型的 5G 通信基带处理算法流程图，它同时应用了 MIMO 和
OFDM 技术，该系统将多接收多发射的基带信号处理分解成多个单通道的 OFDM
信号处理[32]。在单通道信号处理中，发送信号先经过信道编码和交织，然后进行
调制映射。再经过串并转换后进行子载波映射，利用 IFFT 将发送数据加载到多个
正交子载波上，然后经过并/串转换得到发送数据流。在经过循环前缀(cyclic
prefix, CP)扩展和低通滤波(low pass filter, LPF)后，信号被转换成模拟信号发送
出去。对于接收信号，则会经历相反的过程，利用 FFT 技术从正交载波矢量中获
得原始数据。

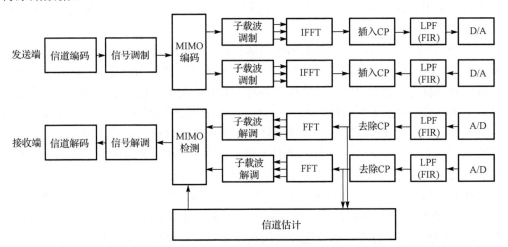

图 4-23　MIMO-OFDM 系统基带算法处理流程图

5G 通信系统的基带处理部分包括信道的编解码、信号的调制与解调、MIMO
信号检测、快速傅里叶变换(fast Fourier transform，FFT)以及有限冲激响应
(finite impulse response，FIR)滤波模块。因为 5G 通信系统中使用了大规模
MIMO 技术，系统需要接收和发送大量的数据，从而对 MIMO 检测硬件模块有
更高的要求，包括能量效率、灵活性和扩展性。图 4-24 是 MIMO 系统的简化
示意图，接收端的天线会接收发送端发出的信号，可以用 y 表示接收信号矢量，
由通信理论可知：

$$y = Hs + n \tag{4-1}$$

其中，y 为接收信号；H 为信道矩阵；s 为发送信号；n 为加性噪声。信号检测的
重中之重，便是利用接收到的信号矢量 y 和估计的信道矩阵 H，计算出发送信号
矢量 s。MIMO 检测算法着重关注检测性能，其性能通常用比特误码率(bit error rate，
BER)来衡量。

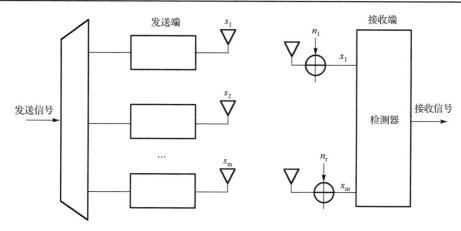

图 4-24　MIMO 系统

2. 线性大规模 MIMO 检测算法

对于大规模 MIMO 信号检测，如何高效准确地检测出大规模 MIMO 系统的发射信号显得非常关键。对于大规模检测算法，将着重关注检测算法的准确度和复杂度，因为这将影响硬件实现的检测性能、硬件复杂度以及成本。大规模 MIMO 检测算法可以分为线性大规模 MIMO 检测算法和非线性大规模 MIMO 检测算法，尽管线性大规模 MIMO 检测算法在精度上不及非线性检测算法，但其有着复杂度低的优点。因此，在对通信质量要求不高却对功耗有较高要求的场合，可以使用线性检测算法进行 MIMO 信号检测。线性检测算法中，计算的瓶颈往往在于大型矩阵的求逆，尤其是当 MIMO 系统规模很大时，算法的复杂度会非常高，硬件实现的成本也很高，实际计算中往往使用线性迭代算法来避免复杂的矩阵求逆。本小节重点介绍线性大规模 MIMO 检测算法，常见的线性大规模检测算法可分为迫零(zero-force，ZF)检测算法和最小均方误差(minimum-mean-square-error，MMSE)检测算法[33]。

迫零检测算法中，忽略了加性噪声的存在。根据式(4-1)给出的信道模型，忽略掉噪声，便有

$$y = Hs \tag{4-2}$$

在式(4-2)两端同时左乘信道矩阵的转置矩阵 H^H，并与式(4-3)联立，便有式(4-4)：

$$y^{MF} = H^H y \tag{4-3}$$

$$s = (H^H H)^{-1} y^{MF} \tag{4-4}$$

由于未考虑加性噪声，式(4-4)存在误差，基于上述推导，可以通过矩阵 W 来估计发送信号 s：

$$\hat{s} = Wy \tag{4-5}$$

$\hat{s}$ 表示估计的发送信号,对发送信号的估计此时便可转为对矩阵 W 的估计。在迫零检测算法中,当忽略加性噪声时,通过对矩阵 W 的估计即可实现对发送信号 s 的估计。如果考虑加性噪声 n 的影响,将噪声的影响放入矩阵 W 中,通过令估计信号 $\hat{s}$ 逼近真实发送信号 s 以求取矩阵 W,这便是最小均方误差检测算法。为使估计信号尽可能接近真实值,使用式(4-6)作为目标函数:

$$\hat{s} = W_{\text{NMMSE}} = \arg\min_{W} E \parallel s - Wy \parallel^2 \tag{4-6}$$

令该式对 W 求偏导及极值,便可得到对矩阵 W 的最优估计(式中 N_0 为噪声的频谱密度、N_s 为信号的频谱密度):

$$W = \left(H^H H + \frac{N_0}{N_s} I_{N_t} \right)^{-1} H^H \tag{4-7}$$

对于这两种算法,估计信道矩阵 W 的计算负担都在于大型矩阵的逆运算,而对于大规模矩阵的逆运算,很难快速并高能效地在硬件上实现。为了避免求逆运算的巨大复杂度,多种线性迭代算法被提出,这些算法通过利用向量或矩阵间的迭代以避免大型矩阵的求逆运算。常用的线性迭代算法包括纽曼级数近似算法、切比雪夫迭代算法、雅可比迭代算法以及共轭梯度算法。

3. 非线性大规模 MIMO 检测算法

前面介绍了线性 MIMO 检测算法,其虽然有低复杂度的优点,但是精确度却不足,尤其是当用户天线数和基站天线数接近或相等时[34]或者在对接收信号质量要求较高的场合,此时便需要使用非线性检测算法,非线性极大似然(maximum likelihood,ML)和 TASER 算法[35]是两种常见的非线性 MIMO 检测算法。ML 算法是准确度最高的非线性检测算法,但其复杂度随着发送端天线数呈指数级增长,而这对于大规模 MIMO 系统是不可实现的[36]。SD 检测器[37]和 K-best[38]检测器基于 ML 算法,通过控制搜索层节点数实现计算复杂度和性能间的平衡。TASER 算法则基于半定松弛,在低比特率和调制方案固定的系统以多项式级的计算复杂度实现了近似 ML 算法的检测性能[39]。下面将对这两类算法进行详细介绍。

ML 检测算法通过遍历星座点集合找出最接近的星座点作为对发送信号的估计,从而实现 MIMO 信号的检测。使用最小均方最优化方法求解 s,有

$$\hat{s} = \arg\min_{s \in \Omega} P(y \mid H, s) = \arg\min_{s \in \Omega} \parallel y - Hs \parallel^2 \tag{4-8}$$

对信道矩阵进行 QR 分解,利用上三角矩阵 R 的性质有

$$\hat{s} = \arg\min_{s \in \Omega} [f_{N_t}(s_{N_t}) + \cdots + f_1(s_{N_t}, s_{N_t-1}, \cdots, s_1)] \tag{4-9}$$

其中，$f_k\left(s_{N_t}, s_{N_t-1}, \cdots, s_k\right)$ 可以表示为

$$f_k\left(s_{N_t}, s_{N_t-1}, \cdots, s_k\right) = \left| y_k' - \sum_{j=k}^{N_t} R_{k,j} s_j \right|^2 \tag{4-10}$$

对于式(4-9)中目标最优估计函数，可以通过构造一个搜索树寻求最优解。如图 4-25 所示[40]，在该搜索树中，第一层有 S 个节点(S 为调制方式中每个点可能值的数目)，其值为 $f_{N_t}(s_{N_t})$，从根节点到最底层节点的路径上节点值之和即目标函数均方评估的一个值，从所有路径中找到最优路径，即找到了检测算法的最优解。ML 检测算法通过遍历所有节点，对发送信号进行估计，显然是最优的非线性 MIMO 检测算法。然而，从图 4-25 中的搜索树中可以看出，ML 检测算法的复杂度随着发送天线数呈指数级增长，这种 NP 类检测算法显然不适合实际的通信系统，需要对该算法做一些近似，以减少算法的时间复杂度。

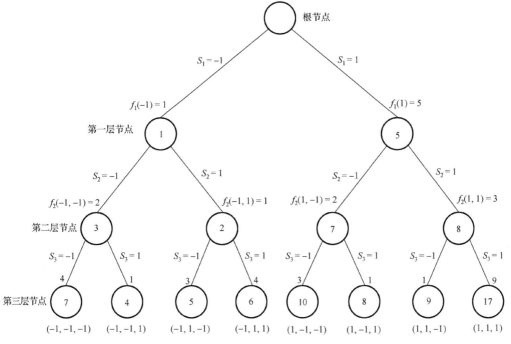

图 4-25　ML 信号检测算法搜索树

SD 检测器和 K-best 检测器是 ML 检测算法的两种近似优化方法。K-best 检测器对图 4-25 中的搜索树采取剪枝操作，在每层节点中只保留具有最小度量的前 K 个路径上的节点。K-best 检测算法虽然降低了算法的时间复杂度，但当发送天线数目很多，时间复杂度依然很大，并且 K 值较低会使误码率增大。SD 检测器通过对接收

信号矢量附近的超球面进行搜索，从而寻找最有可能的发送信号，因此在获得最优近似性能的同时，时间复杂度保持了多项式级别。依然对接收信号进行最优估计，在接收信号张成的线性空间中，定义范数为欧几里得距离 $d=\|y-Hs\|^2$。那么只需令式(4-11)和式(4-12)最小即可：

$$\hat{s} = \arg\min_{W} \|y-Hs\|^2 = \arg\min_{W} d \tag{4-11}$$

$$d_{i+1} = d_i + \left| y_i' - \sum_{j=i}^{N_t} R_{i,j} s_j \right|^2 \tag{4-12}$$

如图 4-26 所示，在搜索树中遍历节点时，从最后一层叶节点开始，当搜索路径节点到叶节点的欧几里得距离大于给定的 D 时，认为接收信号在超球外，则放弃该搜索路径。SD 检测算法从最底层叶节点开始，搜索欧几里得距离在给定半径 D 内的路径，一直到找出至根节点的最优路径。SD 检测器的复杂度和性能受参数 D 的影响，SD-pruning 检测算法通过遍历搜索树时 D 的值，优化了 SD 检测器的算法。

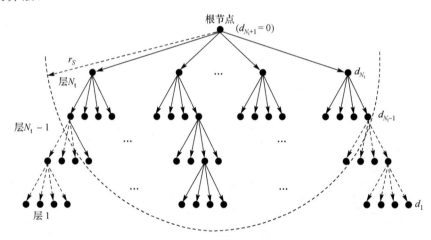

图 4-26　SD 信号检测算法搜索树

TASER 检测算法针对两大使用场景，即高阶多用户 MIMO(multi-user MIMO, MU-MIMO)无线系统的相干数据检测和大规模单输入多输出无线系统的联合信道估计及数据检测，基于半定松弛，在低比特率和调制方案固定的系统中，可以在多项式复杂度下实现近似 ML 检测算法的性能。

4.3.2　通信基带芯片研究现状

从芯片架构来讲，MIMO 检测芯片可以分为 ASIC 和 ISAP。ASIC 基于定制化

的思想,针对特定的 MIMO 检测算法,可以获得非常高的面积效率和能量效率。ISAP
基于使用指令集的处理器,包括通用处理器(GPP)、通用图形处理器(GPGPU)、DSP
以及 ASIP,由于指令集的使用,ISAP 具有了更高的灵活性。

　　1.　基于 ISAP 的 MIMO 检测芯片

　　基于 ISAP 的 MIMO 检测芯片可以大致分为两类,即使用现有处理器架构如
GPP、GPGPU 或 DSP 实现,或者使用 ASIP 实现,前者侧重于针对已有架构进行算
法的映射优化以获得更好的性能和能量效率,后者则通过针对检测算法进行指令集
架构(ISA)以及微架构上的优化来更高效地完成检测算法。

　　文献[41]提出了一种使用多核处理器与 GPU 相结合的解决方案。如图 4-27 所示,
多核 CPU 会对信道矩阵进行基于列—范数排序的预处理,然后在 GPU 中对 MIMO 信
号进行检测。使用多核 CPU 和 GPU 的异构解决方案,可以实现对 MIMO 信号高度并
行的处理,极大地提高了检测信号的吞吐量。文献[42]针对基站侧 MU-MIMO 的使用
场景,基于 GPU 处理架构,对天线阵列划分成多个簇,然后针对每个阵列簇上进行分
散的天线信号的检测,这种解决方案极大地减少了分散检测单元间通信所需的带宽。

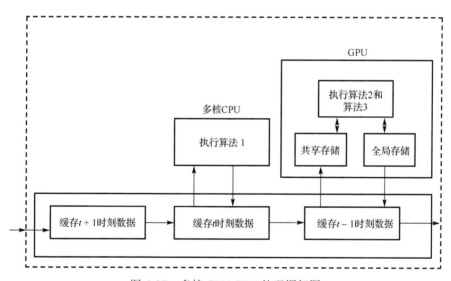

图 4-27　多核 CPU-GPU 处理框架图

　　ASIP 采用了定制的指令集,通过对硬件架构的优化获得了相较通用处理器更优
的性能和能量效率。文献[43]提出了一个高效软件定义无线电的 ASIP。这款芯片通
过定制的指令集以及优化的存储器读取技术,提高了性能和能量效率。napCore 是
一款支持 SIMD 拓展的处理器,它以线性 MIMO 检测为典型应用。数据表明[43],
napCore 在取得高灵活性的同时,获得了不亚于 ASIC 的能量效率。图 4-28 显示了

　　　　　　　　　　　软件定义芯片(下册)

napCore 的流水线结构，它拥有七级流水线结构，其中最后四级为算术运算级，EX1 和 EX2 可以实现复数的乘法，RED1 和 RED2 则实现了加法的运算，RED2 还可以通过读取矢量存储器实现乘累加运算。

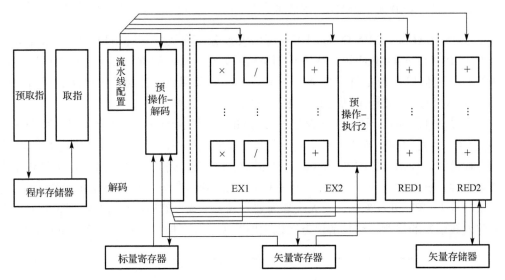

图 4-28　napCore 流水线结构示意图

为了提高 SIMD 的吞吐量，napCore 对多操作数的获取进行了如图 4-29 所示的优化，通过多个多路选择器，可以通过指令编译生成控制码，进而实现对算术通路中输入操作数的选择。除此之外，napCore 还使用了包括旁路以及矢量运算置换单元等架构方面的创新，提高了芯片的能量效率和面积效率。

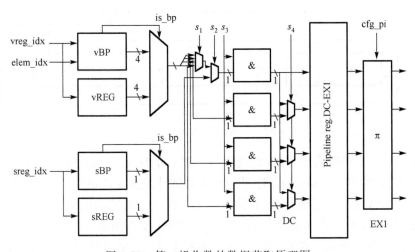

图 4-29　第一操作数的数据获取原理图

2. 基于 ASIC 的 MIMO 检测芯片

ASIC 一般采用全定制或半定制的芯片设计方法，针对特定的 MIMO 检测算法进行硬件设计，通常可以取得远远优于 ISAP 的性能以及能量面积效率。根据 MIMO 的规模区分，可以将基于 ASIC 的 MIMO 检测芯片分为中小规模 MIMO 检测的 ASIC 和大规模 MIMO 检测的 ASIC。

图 4-30 给出了一个中小规模 MIMO 的 ASIC 的检测模块[44]，该模块用于一个 4×4 的采用 MMSE 线性检测算法的检测解码。该 MMSE 检测解码器采用了四级流水线，通过重定时技术切割最长路径，提高了检测输入信号的吞吐量。从该 MMSE 检测器的硬件架构图上看，第一级流水线被用来产生信道估计矩阵，在第二级和第三级流水线上对信道估计矩阵进行 LU 分解。为了提高第二阶段 LU 分解的计算速度，以避免整个检测模块的工作频率受其制约，该检测器使用了一个并行的倒数结构减少了 33.3%的延时。文献测量得出，在 65nm 工艺实现的基于 ASIC 的 MIMO 检测芯片实现了 1.38Gbit/s 的数据吞吐率，功耗为 26.5mW，能量效率可以达到 19.2pJ/bit。

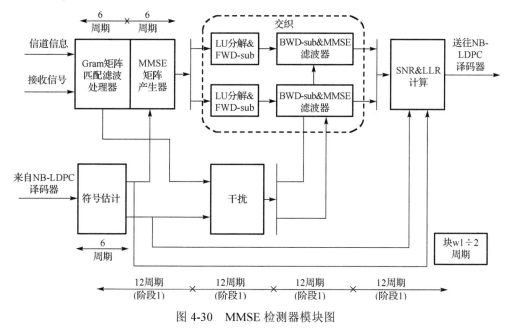

图 4-30　MMSE 检测器模块图

伴随着通信标准的演变，通信系统中使用天线阵列规模越来越大，MU-MIMO 更是成为 5G 通信标准中不可或缺的一环。针对大规模 MIMO 信号检测的 ASIC 逐渐成为研究热点，大规模 MIMO 检测因其能实现高数据吞吐率的同时降低单位面积开销，得到了越来越多的应用。文献[46]～[48]分别设计了针对大规模 MIMO 线性检测和非线性检测的 ASIC 芯片,文献[46]和[47]设计了针对 MMSE 的线性检测算法的 ASIC,文献[48]则设计了基于 K-best 的非线性检测算法的 ASIC。文献[46]利用切比雪夫迭代算法对 MMSE 检测算法中矩阵的求逆进行了优化,避免了烦琐的求逆运算,并设计出了基于并行切比雪夫迭代的全流水线硬件架构,如图 4-31 所示。图示的六级流水线结构可以分成三个模块:初始模块、迭代模块以及近似 LLR 处理模块。该 ASIC 方案同样采用 65nm TSMC 工艺,能量效率和面积效率分别达到了 2.46Gbit/(s・W)、0.53Gbit/(s・mm²)。文献[47]在输入侧采用并行处理单元阵列以提高检测信号的吞吐量,在并行处理单元阵列采用基于共轭梯度的用户深度流水线估计接收信号,最后在接收侧得到最优的检测信号。图 4-32、图 4-33 显示了该 ASIC 芯片的顶层架构图、并行处理阵列图以及用户定义流水线结构图。在 TSMC 的 65nm 工艺下,该 ASIC 芯片的能量效率和面积效率分别达到了 2.69Gbit/(s・W)、1.09Gbit/(s・mm²)。

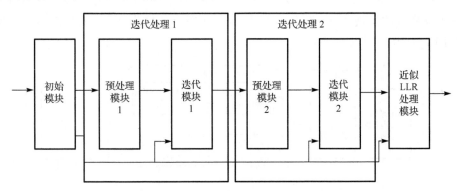

图 4-31 MMSE 线性检测算法模块图

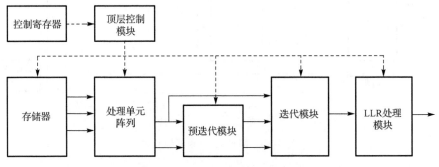

图 4-32 MMSE 检测硬件结构图

文献[48]针对大规模 MIMO 检测中的非线性检测算法设计了 ASIC 芯片,该芯片基于 K-best 的非线性检测算法,利用切比雪夫分解简化了信道矩阵的 QR 分解预处理步骤,减少了矩阵交换和乘法的数目,提高了并行度。此外,该芯片的流水线结构中使用部分迭代格基规约的方法提高了检测结果的精度,采用排序 QR 分解的格基算法在 K-best 信号检测阶段比较器数目大幅降低。图 4-34 展示了该 ASIC 的顶层结构图。

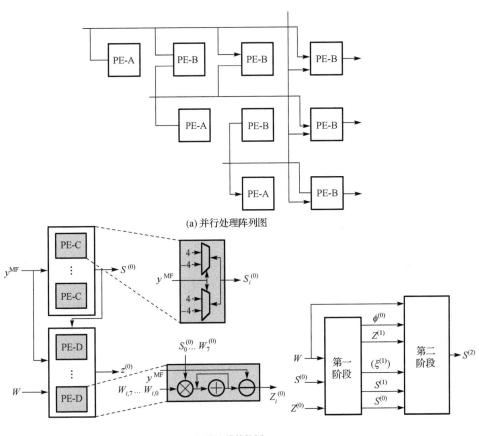

(a) 并行处理阵列图

(b) 流水线结构图

图 4-33　计算阵列结构图

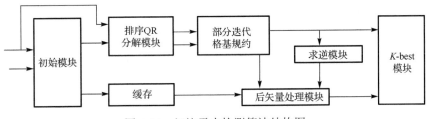

图 4-34　切比雪夫检测算法结构图

3. 传统 MIMO 检测芯片的局限性

随着天线规模的增加，现有的基于 ISAP 的 MIMO 检测芯片需要处理的数据呈指数级增长，因此系统无法实现实时数据处理，这严重制约了现有基于 ISAP 的 MIMO 检测芯片在 5G 以及未来通信系统中的应用。而基于 ASIC 设计的 MIMO 检测芯片，针对不同的 MIMO 检测算法设计专用硬件电路。在电路定制过程中，可以根据不同算法的特点对电路进行优化。因此，ASIC 具有数据吞吐率高、时延低、单位面积功耗小、能源效率高等优点。然而，随着 MIMO 检测算法的不断发展，通信算法标准和协议也在不断更新，这就要求硬件能够适应这些变化的要求。然而，基于 ASIC 的 MIMO 检测芯片在生产出来后，其功能在形式上是无法改变的，所以需要重新设计并生产，使其支持不同的算法。随着工艺设计成本和设计时间的增长，采用 ASIC 的 MIMO 检测芯片越发难以跟上通信协议和算法标准的迭代更新。因此，基于 ASIC 的 MIMO 检测器的固化硬件不能满足灵活性和可扩展性的要求。

4.3.3　软件定义通信基带芯片

大规模 MIMO 检测是基带处理中最为关键的任务之一。随着通信技术的发展，需要根据不同通信标准、不同的天线阵列规模、不同 MIMO 检测算法以及通信服务要求的不同通信质量和能效实现个性化和定制化的服务。因此，现代 MIMO 检测处理器需要具有足够的灵活性，能够适应不同场景以及不同的通信协议及标准，具有可扩展性，能够适应快速发展和演进的基带处理算法。而软件定义芯片具有的高性能、高灵活性以及高能量效率等优点，使得软件定义芯片方案成为解决大规模 MIMO 基带信号处理的一个很有前途的解决方案。

软件定义芯片以牺牲一定通用性为代价，取得了相当于 ASIC 的性能，同时这也要求我们对大规模 MIMO 信号检测算法进行分析，在软件定义芯片的计算单元、互连单元、数据存储以及配置方面进行领域专用的优化。本节将从这四个方面进行简要介绍。

1. 大规模 MIMO 检测算法分析

如何准确地恢复基站侧接收到的用户发送的信号一直是信号检测技术的一个难点，在不同的 MIMO 信号检测方案中根据性能、功耗、研发成本等进行相应的舍取更是难上加难。ASIC 芯片针对特定的检测算法，理论上能获得最高的性能和能效，但由于通信标准的多样性和通信的算法的迭代更新，使用 ASIC 作为解决方案往往需要多片 ASIC 芯片，所消耗的功耗反而不一定具备优势，而其高额的研发成本和研发时间更是成为掣肘。ISAP 芯片使用指令集实现基带信号处理，具有相当高的灵活性，但在能耗上天然具有劣势。随着 MIMO 技术的发展，天线阵列从 4×4 到 8×8

再到更高的 16×16，这使得即便是基站都需要考虑低功耗技术的使用。软件定义芯片通过软件改变计算单元配置，可以在保持灵活性的同时获得接近于 ASIC 的能效，这是此解决方案最大的优势。

软件定义芯片的另一大优势是通过配置在同一片芯片上实现不同的检测方案，可以根据通信需求在不同检测方案中切换以获得最优的实现。例如，MIMO 信号检测算法可分为线性信号检测算法和非线性信号检测算法，线性信号检测算法具有较低的计算复杂度，但在精度方面不如非线性信号检测算法，而非线性检测算法具有更高的精确度却需要消耗更高的功耗为代价。采用软件定义基带芯片，便可以更具通信环境和通信需求，选择最优的通信方案。

软件定义基带芯片最为核心的是计算空间的配置，这需要从大规模 MIMO 信号检测的行为模式分析、算法并行策略分析和核心算子提取着手。对大规模 MIMO 信号检测算法行为进行模式分析，需要识别不同算法的共同特征和特殊特征，分析该算法的主要特点包括基本结构、操作类型、操作频率、操作之间的数据依赖性以及数据调度策略。通过对各种信号检测算法进行特征分析，提取多种算法中的共性特征，确定一组具有较常见特征的代表性算法。此外，为了充分利用大规模 MIMO 信号检测软件定义芯片空域运算的优势，需要对大规模 MIMO 信号检测算法进行并行策略分析，并行策略分析的结果可以为算法映射求解中的并行性和流水线设计提供依据。并行策略分析以一组具有代表性的算法而不是单一算法作为研究对象，这有助于在一组代表性算法中实现并行特征的算法间转移。随着大规模 MIMO 技术的发展，新的信号检测算法层出不穷。如果基于一组代表性的算法，可将新算法按照特征归类于代表算法集合，可以参考集合中已映射算法的并行策略或映射图进行算法分析是指一个映射算法的并行策略集至映射图，这将大大节省精力和时间。在对行为模式和并行策略进行分析之后，需要提取大规模 MIMO 信号检测应用的核心算子，核心算子为可重构处理单元阵列（processing element array，PEA），特别是可重构 PE 的设计提供了重要依据。提取核心算子需要在运算符的通用性和复杂性之间进行适当的权衡，以避免算法在性能和安全性上受到双重限制。

2. 软件定义通信基带芯片的硬件结构

软件定义通信基带芯片的核心运算部件是可重构 PEA，主要由主控制接口、组态控制器、数据控制器、PE 阵列控制器和 PE 阵列组成，如图 4-35 所示。

软件定义通信基带芯片可以使用主控制接口、配置控制器和数据控制器与外部执行数据交换。主控制接口是一个协处理器或 AHB。作为主控制接口的主要模块，ARM 处理器可以执行和相关数据进入接口。作为 AHB 的主要模块，配置控制器对配置内存发起一个读取请求，并将配置包传输给 PEA。数据控制器作为 AHB

的另一个主要模块,对共享内存(安装在 AHB 上,由 ARM7 和 PEA 共享的片上共享内存)发起读写请求;共享内存和主存之间的数据交换是由 ARM 处理器控制内存存取控制器搬运数据实现的,并完成了计算阵列和共享内存之间的数据传输。在 PE 阵列中,最基本的计算单元是 PE,最基本的时间单位是机器周期(机器周期表示从 PE 开始执行配置包中的任务到任务执行结束的时间段)。在每个机器周期中,ALU 根据输入计算得到计算输出。当一个 PE 完成一个机器周期的计算后,PE 等待所有其他 PE 完成当前机器周期的计算,然后与所有其他 PE 一起进入下一个机器周期。完成配置包的执行后,PE 通知 PE 阵列。在接收到所有 PE 完成执行的信号后,PE 阵列终止本套配置。PE 不需要为一组配置包执行完全相等的机器循环数,因而一个 PE 可以提前终止这一套配置。

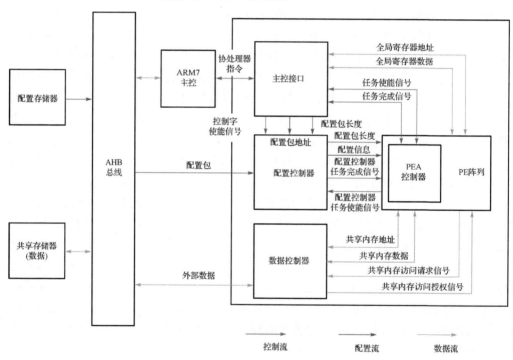

图 4-35 PEA 结构图(见彩图)

3. 软件定义通信基带芯片的计算模块

软件定义通信基带芯片的计算模块由计算单元阵列、片上存储以及互连构成,其中 PE 阵列是软件定义通信基带检测芯片的核心计算部分。PE 阵列和相应的数据存储部分构成了软件定义通信基带检测芯片的数据路径,而数据路径的架构直接决定了处理器的灵活性、性能和能源效率。就计算单元而言,在不同的大规模 MIMO 信号检测算法中,基本操作的粒度差异很大(从一位基本逻辑操作到

千位有限域操作）。本节讨论的是混合粒度的计算单元体系结构，它不仅涉及
ALU、数据、配置接口和寄存器等基本设计，还涉及不同粒度的计算单元在阵列
中所占比例及其对应位置的优化。此外，混合粒度也给互连拓扑的研究带来了新
的挑战。由于不同粒度 PE 的数据处理粒度不同，不同粒度 PE 之间的互连可能
涉及数据合并和数据拆分。在异构互连体系中，需要考虑算法的互连代价和映射
特性。数据的存储部分为可重构计算阵列提供数据支持。计算密集型和数据密集
型可重构大规模 MIMO 信号检测处理器需要进行大量的并行计算；因此，内存
的数据吞吐量很容易成为整个处理器的性能瓶颈，称为"内存墙"问题。因此，
需要在内存组织、内存容量、内存访问仲裁机制、内存接口等方面进行协同设计，
以保证 PE 阵列的性能不受协同设计的影响并尽可能减少由内存引起的额外面积
和功耗。

1) PE 运算单元结构

　　作为 PE 阵列中最基本的计算单元，PE 由 ALU 和私有寄存器组构成。图
4-36 显示了 PE 的基本结构。PE 最基本的时间单位也是机器周期。一个机器周
期对应于 PE 完成一个操作的持续时间。在同一机器周期内，PE 之间采用全局
同步机制。在同一组配置包下，PE 阵列在收到所有 PE 完成组配置包的反馈信
号后，终止本组配置信息。但是，不同的 PE 不需要为一组配置包执行完全相
同数量的机器循环。

　　PE 可重构阵列中并行处理数据的单位位宽由其计算粒度决定。一方面，如果
计算粒度过小，那么无法匹配需要处理器支持的信号检测算法。如果强制选择截
断位，那么将影响算法的精度。如果采用多重操作，将影响互连资源、控制资源
和配置资源的效率，最终降低整个实施的区域效率和能源效率。另一方面，如果
计算粒度太大，则 PE 中只有部分位宽参与操作。这会导致计算资源冗余，从而影
响总体性能，如面积和延迟。因此，计算粒度要匹配软件定义通信基带芯片支持
的检测算法集。

　　根据对信号检测算法特征的简要总结和分析，线性和非线性检测算法都有
各自的特点。对多种信号检测算法进行定点处理后，最终确定 PE 的计算粒度。
分析结果表明，32 位字长足以支持当前计算的精度要求。另外，一些算法要求
的特殊运算符的长度可以在执行定点后控制在 16 位。因此，在 ALU 设计中，
增加了数据的拼接和拆分操作符，以及分别处理高比特和低比特的操作。线性
信号检测算法所需的位宽基本在 32 位左右。一般来说，对于大容量 MIMO 信
号检测处理器，建议 PE 计算粒度等于或大于 32 位。由于 PE 连接，所选粒度
应为 2 的幂次方。因此，粒度可以选择为 32 位。需要注意的是，在实际的体系
结构设计中，如果需要特殊的算法集，那么可能需要对 PE 处理粒度进行相应
的调整，以更好地满足应用需求。

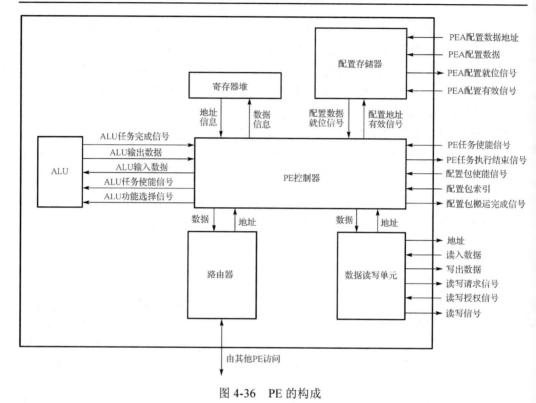

图 4-36　PE 的构成

2) 片上存储器设计

软件定义通信基带处理芯片使用共享片上存储,每个共享存储器有 16 个 bank,这是由每个 PE 阵列中 PE 的数量决定的。当 PE 之间发生内存访问冲突时,多块 bank 可以缓解内存访问延迟。在默认情况下,共享内存的地址包含 10 位,其中前两位是标签位,用于标识数据存储在哪个 bank。数据逐字对齐,每个字有两个字节。每个 bank 都有一个仲裁机构,同时每个 PE 都连接到一个仲裁器。多个 PE 访问 bank 时的优先级是由仲裁者决定的。在共享内存和 PE 阵列之间有一个专用接口。专用接口地址线的位宽为 4×8,数据线的位宽为 4×32。在每个机器周期中,每个 bank 可以处理一次数据访问;一个单周期共享内存最多可以处理 16 次数据访问(当所有 16 个 bank 发起访问请求时)。

一开始,每个 bank 都有 16 个输入,按照从 1~16 的顺序设置一个固定的优先级。即当多个输入在访问(包括读写)过程中发生冲突时,按照输入优先级 1~16 执行相应的内存访问操作。仲裁机构支持广播,如果多个 PE 发起数据读请求到一个周期的地址,仲裁可以在一个周期满足所有的请求。初始化时,共享存储器中数据被 ARM 处理器从外部存储器读取,计算结果由 ARM 处理器写入外部存储器。

共享内存的访问支持两种模式:

(1)只与一个 PE 阵列交互(PEA 的数量与共享内存的数量匹配，如 PEA0 只与共享内存 0 交互)。

(2)与相邻的 PE 阵列交互。

3)片上互连

目前，在用于大规模 MIMO 检测的软件定义芯片中，系统之间的通信存在缺陷。然而，与传统的 ASIC 架构相比，由于软件定义通信基带芯片采用了重构技术，使得 PE 阵列的尺寸大大缩小，因此 PEA 的尺寸可以限制在 4×4。

满足需求的高数据吞吐量和低延迟的下一代移动通信系统中，许多检测算法为提高检测效率，一般要求大规模 MIMO 信号检测系统硬件具有很高的并行能力，从而提高系统性能。此外，在大规模 MIMO 信号检测的可重构系统中，经常会发生频繁的数据交换，这在通信延迟和通信效率方面对传统的总线结构构成了挑战。MIMO 技术自出现以来经历了从普通 MIMO 到大规模 MIMO 的发展过程。天线阵尺寸变得越来越大，系统可容纳的移动终端数量越来越多。随着 MIMO 技术的发展，提出了新的检测算法。因此，未来的大规模 MIMO 信号检测系统必须支持高可扩展性，传统的总线结构已不能满足要求。与总线结构相比，片上网络(NoC)具有以下优点[49]：

(1)可扩展性：因为它的结构支持灵活变更，所以可以集成的资源节点的数量在理论上是没有限制的。

(2)并发性：该系统提供了良好的并行通信能力，以提高数据吞吐率和整体性能。上述优点满足了大规模 MIMO 信号检测系统的要求。

(3)多个时钟域：与总线结构的单时钟同步不同，NoC 采用全局异步和本地同步机制；每个计算资源节点都有自己的时钟域，不同的节点间通过路由协议进行异步通信。从而从根本上解决了总线结构中巨大的时钟树所带来的区域和功耗问题。

4. 软件定义通信基带芯片的配置模块

软件定义通信基带芯片配置方法的研究，主要涉及配置信息的组织方式、配置机制和配置硬件电路设计方法的研究。配置信息组织模式的研究主要涉及配置位的定义、配置信息的结构组织和配置信息的压缩[50-52]。由于大规模 MIMO 信号检测算法具有较高的计算复杂度，且涉及一些需要更多配置信息的操作(如大型查找表)，所需要的配置信息通常是大量的。因此，配置信息的组织和压缩就成为辅助信号检测算法在可配置处理器上高效运行的关键。配置机制的研究主要是解决如何对计算资源所对应的配置信息进行调度的问题，大规模 MIMO 信号检测算法通常需要在多个子图之间频繁切换。因此，需要建立相应的配置机制来最小化配置切换对性能的影响。最后，配置信息的组织方式和配置机制必须得到配置硬件电路的支持，配置硬件电路的设计主要包括配置存储器、配置接口和配置控制的设计。图 4-37 简要描述了配置信息的组织模式和配置机制。

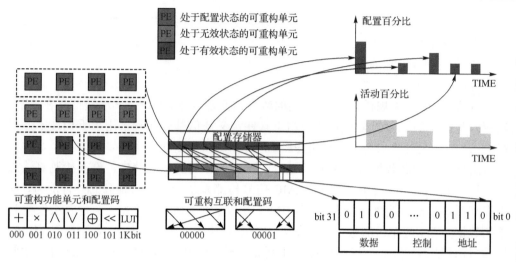

图 4-37　配置信息结构图（见彩图）

1)配置接口模块

　　配置接口模块主要包括主控接口、配置控制器以及配置包设计，如图 4-38 所示。主控接口是用来实现主处理器与软件定义基带处理器的协作处理，通过寄存器堆，可以实现以下三种功能：一是主处理器可以向软件定义基带处理器发送配置信息；二是软件定义基带处理器向主处理器发送运行状态信息；三是主处理器和协处理器可以快速交换数据。配置控制器负责对收到的配置信息进行解析、读取和分发操作。配置信息的设计可以通过配置包实现，配置包可以视为一个大型的调度表，它控制着芯片上数据的流动以及计算阵列中 PE 的状态。

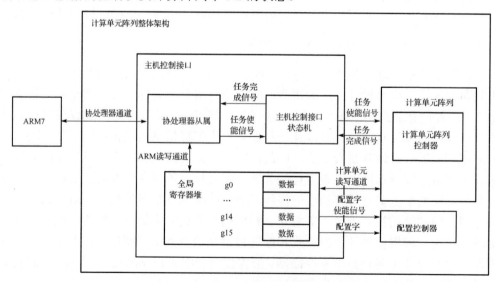

图 4-38　配置结构图

2）映射方法

为了充分发挥软件定义芯片的优势，大规模 MIMO 信号检测算法在软件定义芯片架构上的配置至关重要。软件定义芯片架构不同于传统的冯·诺依曼架构，在传统的指令流和数据流的基础上，引入了配置流，使得大量 MIMO 信号检测应用映射到硬件架构上变得更加复杂。如图 4-39 所示，映射的主要环节包括大规模 MIMO 信号检测算法的数据流图、将数据流图划分为不同的子图、将子图映射到可重构大规模 MIMO 信号检测 PE 计算阵列并生成相应的配置信息。数据流图的生成过程主要包括核心循环的展开、标量替换和中间数据的分发。在划分数据流图的过程中，主要基于可重构 PE 阵列的计算资源，将完整的数据流图划分为在时域内具有数据依赖性的多个子图。将子图映射到软件定义通信基带芯片的过程，主要是将子图映射到软件定义通信检测芯片中的 PE 计算阵列，最终生成有效的配置信息。

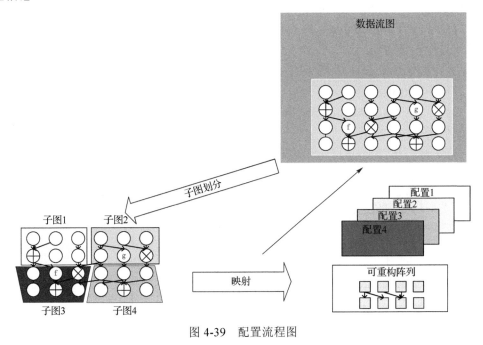

图 4-39　配置流程图

4.4　密　码　计　算

密码技术作为保障数据存储、通信及处理安全的基础核心技术，广泛应用于数据中心、网络设备、边缘设备及物联网节点设备中，已经融入国计民生的方方面面。但不同的应用场景与功能，对密码算法计算的实时性、功耗开销大小及能量效率高低存在着不同的优先选择。而作为承载密码算法实现的物理载体，密码芯片也需要满足在不同需求指标、不同算法间切换的灵活性需求。软件定义密码芯片是解决这一问题的理想解决方案。本节从密码算法计算属性分析、密码芯片研究现状及软件定义密码芯片的设计实现来讲解软件定义芯片在密码计算领域内的应用。

4.4.1 密码算法分析

1. 密码算法概述

作为实现信息安全的一项核心技术，密码学是跨数学、计算机科学、电子与通信等多个学科的技术领域。现代密码学研究的核心课题是在满足算法效率的基础上，针对不同应用环境和安全威胁，设计各种可证明安全的密码体制。如图 4-40 所示，密码算法提供了以下基本功能属性。

(1)机密性(confidentiality)：存储或传输状态下的敏感信息保护，非授权的个人、实体或进程不得访问。

(2)完整性(integrity)：维护信息的一致性，即避免信息在生成、传输、存储和使用过程中的非授权篡改。

(3)可认证性(authenticity)：即真实性，可确认一个消息/实体的真实性，以建立对其的信任。

(4)不可否认性(non-repudiation)：保证系统操作者或信息处理者不能够否认其行为或者处理结果。

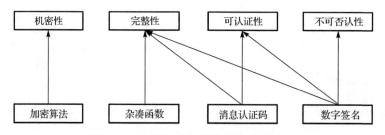

图 4-40　密码技术的信息安全功能需求

为了实现这些功能属性，密码学家也相应地开发出了不同的密码算法来支持这些功能。密码算法包括五个基本元素：明文(plaintext)、密文(ciphertext)、密钥(key)、加密(encryption)和解密(decryption)。明文就是待加密的原始信息，密文则是通过加密后得到的机密信息。密钥则是在加解密过程中用以确保加密及解密正确实现的敏感信息。根据柯克霍夫原则(Kerckhoffs' principle)，"即使密码系统的任何细节都被人所知，但只要密钥是没有泄露的，那么它就是安全的"。密钥是密码算法及实现过程中需要进行保护的核心数据。加密是指将明文信息通过加密算法加密成为密文的过程，解密则是通过解密算法恢复明文的过程。根据密码算法中密钥使用方法的不同，可以将密码算法分为对称密码算法、非对称密码算法(又称公钥密码算法)和杂凑函数(又称哈希函数或散列函数)等三大类别。对称密码是指在加密和解密过程中使用相同密钥的一种密码方案，而公钥密码算法在加密和解密过程中使用的密钥是不同的。杂凑函数则是不需要密钥参与的一类密码算法。

图 4-41 是一个通用的对称密码算法模型，利用密钥对明文进行加密操作后得到密文，经不可信信道传输到消息接收方。消息接收方利用与发送方相同的密钥对密文进行解密，得到原始明文。在加密、解密执行过程中，采用完全相同的密钥。密钥可以由第三方产生并通过安全信道分发到通信双方，也可以由信息发送方产生，并通过安全信道传给信息接收方。根据对称密码算法每次执行加密时明文大小的不同，可以进一步划分为分组密码和流密码。分组密码是指以确定大小的分组进行，而流密码是指对每比特数据进行逐位加密。

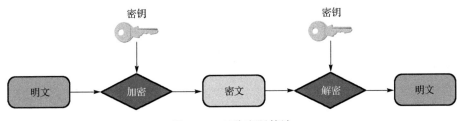

图 4-41　对称密码算法

图 4-42 是通用的公钥密码算法模型。公钥密码算法中包括两个密钥，分别为公钥(public key)和私钥(private key)。其中只有私钥是需要保密的，主要用于消息接收方进行解密。而公钥是公开的，主要用于消息发送方对明文进行加密。公钥密码的核心是单向陷门函数，即很容易沿单一方向进行函数计算，而逆向求解则十分困难。也就是说，仅仅知道密文以及公钥很难反推出正确的明文内容。公钥密码算法的主要优势在于通信双方不需要提前通过安全信道进行密钥共享，只有公钥会涉入数据通信过程，而私钥是不需要进行传输或共享的。

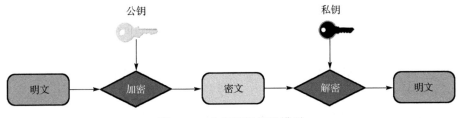

图 4-42　公钥密码算法模型

杂凑函数，是把任意长度输入信息(消息)转换成固定长度输出(散列值)的一种算法。该函数的输出长度与输入长度无关。杂凑函数具有抗碰撞性和单向性两种主要特征。抗碰撞性是指不同输入对应的散列值是不同的，同时找出对应着相同散列值的两个不同输入是十分困难的。单向性则是指无法通过散列值计算出杂凑函数的输入信息。杂凑函数常常应用于安全领域当中的文件校验、数字签名、消息认证和伪随机数生成等方面。

2. 密码算法特性分析

在当前的密码算法体系中，存在着国际标准和我国的国内标准两种密码体系。国际密码标准主要由美国国家标准与技术研究院(National Institute of Standards and Technology，NIST)牵头全球密码学领域专家共同起草，目前已经建立了比较成熟的标准技术体系和应用生态系统。考虑到密码技术对信息与国家安全的重要影响，我国建立了独立的商用密码体系，如 SM 系列算法等。表 4-1 是不同密码种类的国际及国内密码算法。接下来从算法特点、核心公用算子及算法并行性三个角度对对称密码、公钥密码和杂凑函数进行分析。

表 4-1　国际及国内主流密码算法

算法种类		算法标准	算法名称
对称密码	流密码	国际标准	RC4
		国内标准	ZUC
	分组密码	国际标准	AES、DES、3DES
		国内标准	SM1、SM4、SM7
公钥密码		国际标准	RSA、ECC、DH、ECDHE
		国内标准	SM2、SM9
杂凑函数		国际标准	MD5、SHA1、SHA2、SHA3
		国内标准	SM3

AES 是最为常见的分组密码算法，根据密钥长度的不同可以分为 AES-128、AES-192、AES-256 等三个版本。作为 2001 年发布的国际密码算法标准，基于典型的 SPN 结构，分组长度为 128bit。每次加密过程涉及十轮迭代，前九轮迭代过程中周期性地依次执行字节替换、行移位、列混合和密钥加操作，最后一轮的迭代则少了列混合操作。解密过程与加密类似，只不过操作顺序出现变化，依次执行逆行移位、逆字节替换、密钥加和逆列混合操作，且轮密钥的使用顺序相反。此外，加密与解密过程都有一步初始密钥加操作。分组密码算法大多基于相似设计理论，主要结构有基于 Feistel 网络结构的分组密码算法和基于 SP 网络结构的分组密码算法，因此不同分组密码算法存在大量的共性逻辑。它们具有多种类型的核心计算算子，

如基本逻辑运算(异或、与、或和非)、整数运算(加法、减法、模加、模减、模乘和模逆)、固定移位操作、变量移位操作、S-Box 替代操作、置换操作等。

公钥密码算法与对称密码算法采用基本代替和置换的设计思路不同,利用数学困难问题进行构建。根据数学困难问题不同,主要有以 RSA 为代表的基于大整数分解问题的公钥密码算法,以 DSA、Diiffe-Hellman 和 ElGamal 等为代表的基于离散对数问题的公钥密码算法,以及以 ECDSA 和 ECC 为代表的基于椭圆曲线离散对数问题的公钥密码算法。对于基于大整数问题的公钥密码算法和基于离散对数问题的公钥算法,密钥长度指的是模数 n 在二进制表征下所需的位数。密钥长度越长,安全等级越高,当然计算量也越大,速度越慢。对实际应用中 RSA 算法,要求模数 n 是一个高位宽整数,一般是 1024bit 和 2048bit 等,甚至可以高达 15360bit。模数 n 分解的两个素数 p 和 q 的位数接近,大约是模数 n 的位数一半的素数。对于基于椭圆曲线的离散对数问题的公钥算法,相比 RSA 算法可以采用更小的密钥,提供相当或者更高的安全等级。对于素数域 $GF(p)$ 上的 ECC 算法,密钥长度指的是 p 在二进制表征下需要的位数,通常是位宽在 160 至 571bit 的某个素数。

公钥密钥算法的核心计算逻辑包括大整数或者大多项式的模幂、模乘和模加运算。模幂运算可以通过平方-乘算法转化为一系列的模乘运算和平方运算。模乘运算是公钥密码算法最基本的、使用频率最高的运算之一,也是最为耗时的核心计算瓶颈。模乘运算的计算速度直接影响公钥密码算法的处理速度。如何实现快速的大数模乘是实现快速公钥密码算法的关键。模乘运算最直接的方式就是先相乘再求模。通过蒙哥马利模乘算法可以避免除法,并将求模运算转化成乘法和移位运算。因此,公钥密码算法最核心的共性操作就是乘法、加法和移位。

杂凑算法包括 SM3、MD5、SHA-1/2/3 等十多个主流算法。SHA-3 和 SM3 算法是其中最为典型的算法。其中 SHA-3 算法是由 NIST 在 2012 年 10 月宣布为标准的 Keccak 算法。SHA-3 算法包含消息填充、消息扩展和迭代压缩等部分。消息填充部分将任意长度的输入消息填充至消息分组长度的整数倍。消息扩展对消息分组进行零值填充,扩展到压缩函数的宽度。迭代压缩是一个压缩函数的迭代过程,压缩函数的输出称为链值。压缩函数是杂凑算法的关键部分,包括 24 轮迭代过程,每轮迭代包括由置换和代替组成的 5 个步骤。SM3 是 2012 年由我国国家密码管理局公布的杂凑算法。该算法具有安全强度高、结构简洁和软硬件实现效率高等优点。SM3 算法也是由消息填充、消息扩展和迭代压缩等基本功能组成的。

不同杂凑算法均可收敛至一个由控制通路和数据通路组成的通用实现架构。控制通路就是一个控制状态机,根据迭代轮数等参数产生数据通路内部的控制信号,实现对算法循环次数的控制和运算模块的选择。在数据通路中,输入数据先后经过消息填充和消息扩展,接下来通过压缩函数得到链值,再经过输出变换后存储到压缩函数寄存器。然后，通过控制单元判断是否已经完成迭代轮数，如果已经完成迭代，那么就输出杂凑值；如果没完成迭代，那么就返回压缩函数进行下一轮压缩。事实上，通过调整位宽、迭代中的压缩函数、迭代次数和常量存储器中的参数等，就可以实现对各种杂凑算法的支持。

3. 密码芯片设计空间

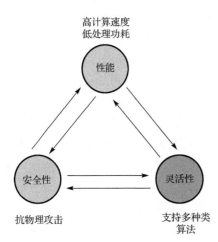

图 4-43　密码芯片的设计空间

与传统的数字集成电路设计追求的性能、功耗及面积等指标不同，密码芯片在设计实现过程中还需要考虑安全性因素。因此，对于密码芯片，需要在功能灵活性、计算性能与安全性等三个相互制约的维度上进行面向应用需求的合理设计和权衡折中。图 4-43 是由这三个技术指标约束形成的密码芯片设计空间。

1) 灵活性

密码算法种类繁多，算法标准也在不断更新。旧标准会到期，新标准将随之建立。安全协议中的密码算法数量在不断增加，形式在不断变化。现有算法也有被攻破和失效的可能，更加安全的新算法随后会被提出。应用于特殊部门的密码算法在种类、数量、修改和升级频率、使用方法(如功能动态切换的频次)上的差别都很大。所有这些应用需求都对密码处理器的功能灵活性提出巨大的挑战。

2) 性能

对于密码芯片，存在着高处理性能和低计算功耗两个相互矛盾的性能指标。前者主要面向数据中心、服务器等场景下的应用，要求计算速度快、吞吐率高。后者主要面向边缘计算、物联网及可穿戴设备应用，追求较高的能量效率和较低的功耗开销。

3) 安全性

作为密码算法实现的物理载体，在执行密码算法的处理过程中，产生的时间、电磁、功耗甚至声音都会有可能造成算法敏感信息的泄露。同时，随着当前物理攻击手段的日益成熟和便捷部署，开放环境下的密码芯片安全面临更为严峻的挑战。因此，在密码芯片设计环节中就需要对可能的物理攻击手段采取必要的防护措施，如针对计时攻击的恒定时间电路实现，针对电磁/功耗攻击的掩码和隐藏方法等。当然独立于密码芯片功能本身实现的抗物理攻击防护措施不可避免地会对芯片面积、功耗甚至是性能造成额外的开销。因此，如何在额外开销最小的情况下获得最理想的物理攻击防护效果一直是硬件安全领域的热门研究话题。

4.4.2　密码芯片研究现状

根据密码芯片在设计空间内优化方向的不同，将当前的密码芯片划分为性能驱动的密码芯片、灵活性驱动的密码芯片以及安全性驱动的密码芯片三类。

1. 性能驱动的密码芯片

根据应用需求的不同，密码芯片主要有面向服务器应用的高吞吐、高性能密码芯片和面向物联网、可穿戴计算场景的低功耗、高能效密码芯片两种追求极致性能的方向。实现高性能、高吞吐处理的关键技术包括流水线设计和重定时设计等技术，典型的工作如文献[53]～[55]。文献[54]提出一种高吞吐量的 AES 架构，该架构适用于 128bit、192bit 及 256bit 密钥的 AES，支持 ECB、CBC、CTR 和 CCM 等四种模式。提出的 AES 算法的总体架构如图 4-44 所示，主要由 I/O 接口、FIFO 队列和 AES 核组成。AES 核的数据处理通路采用二级流水线设计是为了适应数据通路的时序，密钥生成也采用流水线。该架构可以在单个数据通路上交替处理两个数据流；在 CCM 模式下该架构可以并行处理两个不同的数据流，因为 CCM 只需要加密功能，从而有效提高吞吐量。此外，该架构还采用重定时技术，针对异或操作和多路开关进行优化，进一步改善了关键路径。该架构采用 0.13μm 标准 CMOS 工艺进行硬件实现，其频率可以达到 333MHz，吞吐量最高可达 4.27Gbit/s。

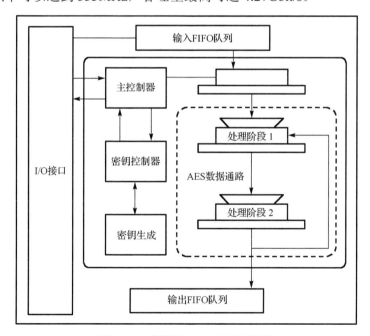

图 4-44　高性能 AES 处理器架构

　　文献[55]针对 AES 的 CBC 加密模式提出了一种新的基于轮函数的流水架构。轮函数的不同功能模块采用归一化设计，使仿射变换和线性映射可以使用相同的架构，使得整个轮函数只需要一个 128bit 4 选 1 多路选择器，而类似架构通常需要多个多路选择器，这样可以有效减少伪关键路径。该架构还采用操作重排序和寄存器重定时技术，使得加密和解密的求逆操作可以使用相同的架构而不带来额外的延时代价。针对加密操作，将行移位和字节替换中的仿射变换重新排序，然后将仿射变换、列混合和密钥加合并；针对解密操作，将字节替换中的求逆操作和逆行移位交换位置，使字节替换中的求逆变换位于轮的最开始。该架构分别采用 65nm、45nm 和 15nm 标准 CMOS 工艺进行了硬件实现，与其他架构相比，单位面积吞吐量可提高 53%～72%。

　　文献[53]设计了一种高性能、高灵活性的双域 ECC 处理器，密钥长度最长可达 576 位，通过初始化存储于 ROM 中的椭圆曲线参数及指令编码，可以实现双域上的任意 ECC 所需的基本运算，适用于不同椭圆曲线常数乘法算法，如二进制方法和蒙哥马利算法；适用于不同的 ECC 标准，如 FIPS 186-2（联邦信息处理标准，Federal Information Processing Standard）、IEEE P1363 和 ANSI X9.62（美国国家标准协会，American National Standards Institute）。该架构包括 ECC 控制器、模算术逻辑单元、ROM、寄存器堆及高级高性能总线接口。为了实现处理器的高灵活性，架构中的 MALU 集成了不同的模运算功能模块，包括模加减、模乘和模除。此外，为了减少数据通路中的延时，设计了基于进位保留加法器和行波进位加法器的基本处理单元，用于实现所提出的基-4 交错乘法算法、模二倍和模四倍等算法。通过复用 MALU 部分基本运算单元可以提高该处理器的硬件使用率。该架构采用 XMC 55nm 标准 CMOS 工艺进行了硬件实现，其等价门数为 189K。对于 163 位 ECC 执行一次需要 0.60ms；对于 571 位 ECC 执行一次需要 6.75ms。在 Xilinx Virtex-4 FPGA 上实现 192 位 ECC 算法需要 7.29ms，实现 521 位 ECC 需要 49.6ms。

　　实现低功耗、高面积效率设计的关键技术包括硬件复用及高能效电路设计[56-58]。文献[57]设计了一种高能量效率的 AES 架构，与常规架构相比，省去了轮函数中的行移位操作，并通过重定时技术用锁存器代替了存储数据和密钥的触发器，节省了 25%的面积和 69%的功耗。降低毛刺技术是通过对 S-Box 重定时，在路径中加入触发器以平衡路径延时。该架构采用 40nm CMOS 工艺实现，电路面积大小为 2228 等效门，在电压为 0.47V 时，实现 446Gbps/W 的能量效率和 46.2Mbit/s 的吞吐量。文献[58]设计了一种用于超低功耗移动片上系统的 8 位轻量级 nanoAES 加速器。nanoAES 中的行移位操作被移到轮操作的开始位置，通过串行扫描链（serial scan-chain）来实现移位。nanoAES 仅使用了一个 8 位的 S-Box，所需的基本运算如加法、平方和求逆采用 4 位逻辑电路。为了降低关键路径延时，设计中将映射操作移到轮计算的关键路径之外，采用多项式优化技术使电路面积降低 18%，关键路径延时降低 12%。该架构采用 22nm CMOS 工艺进行了硬件实现,管芯面积为 $0.19mm^2$,加密和解密加速器分别占用 $2200\mu m^2$ 和 $2736\mu m^2$,加密和解密加速器分别有 1947 个和 2090 个等效门。峰值能量效率可以达到 289Gbps/W。

文献[56]针对 BLAKE 算法(SHA-3 第二轮候选算法之一)设计了一种高面积效率的硬件架构。为了减少电路面积,将轮函数 G 通过一个 32 位的加法器迭代 10 次来实现。计算 G 函数的模块由 2 个 32 位异或操作、一个循环移位器和一个加法器构成;对选择的状态字进行排序,并用于链值 h 的计算;中间寄存器存储的值可以来源于新的链值。此外,设计了一种半定制的基于门控时钟锁存阵列的专用 4×32 位存储器用于存储链值,该架构共需 5 个寄存器,与基于触发器的存储器相比该存储器的面积减少了 34%。架构 BLAKE-32 采用 UMC 1P/6M 0.18μm 工艺进行了硬件实现,面积是 $0.127mm^2$。

2. 灵活性驱动的密码芯片

在文献[59]中针对物联网应用领域提出了基于 ARM Cortex-M0 架构的存内计算密码处理器 Recryptor,采用近存储及存内计算技术来提升处理能效。该处理器采用了 10 管 SRAM 单元来支持最高可达到 512bit 宽度的比特级计算操作。同时通过将定制设计的移位器、循环移位逻辑及 S-Box 模块置于靠近存储器的位置来实现高吞吐率的近存计算能力。该处理器具有一定的可重构特性,支持常见的公钥密码算法、对称密码算法和杂凑算法。Recryptor 的系统架构如图 4-45 所示,包括一个具有 32KB 内存的 ARM Cortex-M0 微处理器、用来访问外部数据的低速串行总线、内部仲裁器以及由 4 块 8KB SRAM 组成的存储模块。除了一块定制设计的密码计算加速 SRAM,其他三块 SRAM 均是由标准的存储器编译器生成的。Recryptor 在 40nm CMOS 工艺下进行了流片验证,芯片面积为 $0.128mm^2$。在 0.7V 工作电压和 28.8MHz 工作频率下,与相关工作对比在处理速度和能耗方面可以分别获得 6.8 倍和 12.8 倍的改善。

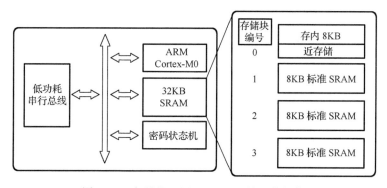

图 4-45　密码处理器 Recryptor 的计算架构

　　文献[60]提出一种面向公钥密码算法的异构多核处理器。该处理器具有低延时和高吞吐量的优点。该处理器由具有不同功能的两个时钟域组成。高时钟频率域包括 4 个PE，低时钟频率域包括一个精简指令集(reduced instruction set computing，RISC)处理器。两部分通过 FIFO 实现互连，RISC 产生用于控制 PE 执行计算功能的宏指令。该处理器中的 PE 是可编程的，可以提供高性能的算术计算，如长字模乘和模加(long-word-length modular multiplication and addition)，具有像 RISC 的 5 级流水结构，可以执行 292 位的长字模加。作者对提出的架构采用 TSMC 65nm CMOS 工艺进行硬件实现，最高频率可达到 960MHz，完成一次 1024 位 RSA 的加密需要 0.087ms。

　　3. 安全性驱动的密码芯片

　　尽管密码算法取得了在理论上数学可证明安全，但当其在物理载体——密码芯片上执行时产生的如功耗、电磁信号、时间信息等侧信道信号仍然会存在敏感信息泄漏的风险，因此针对物理可接触场景下的密码芯片(尤其是可穿戴、物联网等领域)，需要针对可能发生的侧信道攻击风险采取必要的防护措施。对于计时攻击，只要保证电路的恒定时间实现即可。因此，这里主要针对功耗攻击和电磁攻击的防护展开讨论。当前的侧信道防护技术根据防护措施实现层次的不同可以分为逻辑层技术、架构层技术和电路物理实现层等防护技术。在密码芯片的侧信道安全研究领域，通常采用最小泄漏轨迹数(minimum traces of disclosure，MTD)来衡量不同技术的侧行道防护效果。

　　逻辑层的电路防护目标是使每个时钟周期内芯片的功耗尽量相同，以此来屏蔽电路运行过程中的具体计算逻辑。典型技术包括双轨逻辑[61]、动态差分逻辑[62]及门级掩码[63]等技术。对于电路实现，这类技术通常需要专门设计的库文件，同时也会造成比较大的面积和功耗开销。架构层技术主要通过插入空操作和操作乱序执行等技术来改变侧信道信息与算法处理流程的强相关性，但这种技术实现的侧信道安全防护效果与算法和实现的具体架构强烈相关。另外一种技术则是在电路物理实现过程中的定制设计，典型技术包括基于开关电容的电流均衡技术[64]、低压线性稳压器[65]等。这类技术首先需要比较专业的定制电路设计能力，其次这些新的信号泄露源也会引入额外的安全风险。文献[66]在对 AES 密码芯片白盒模型分析的基础上，采用电流域的信号抑制技术实现对电磁攻击和功耗攻击数量级的防护效果提升。在该工作中联合采用电流域信号衰减技术与局部的底层金属布线优化技术，关键敏感信号的电流在到达供给管脚之前就会得到极大程度的抑制，同时连接外部管脚的顶层金属上的电流也得到了抑制。该项工作在 65nm 工艺下对 AES-256 分别进行了防护和未防护版本的实现，实验结果表明，与目前的防护方案对比，在付出相似功耗和面积开销的情况下对于目前的功耗及电磁攻击手段可以取得 100 倍以上的防护效果提升。

4.4.3　软件定义密码芯片

本节重点介绍由作者所在团队设计实现的支持主流对称密码算法与杂凑算法的软件定义密码芯片[67, 68]。该芯片包括一个动态局部可重构的处理单元阵列和功能增强的阵列互连结构，以提高能量效率和面积效率为设计优化目标，同时保证功能的充分灵活。此外，基于软件定义芯片在算法映射过程中的时空随机动态特性，实现了对侧信道攻击的有效防护。在该芯片的设计过程中，采用了包括分布式控制网络、计算与配置并行化设计、配置压缩和配置组织结构设计等关键技术。下面从基本架构、关键技术和芯片实现结果对该软件定义密码芯片进行详细介绍。

1．芯片计算架构

该密码芯片的系统架构如图 4-46 所示，主要由数据处理引擎和配置控制器两个主要部分组成。

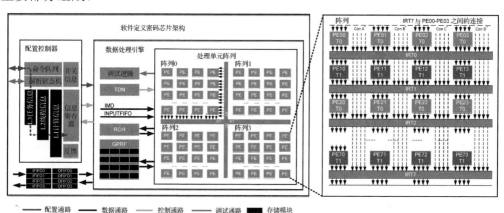

图 4-46　软件定义密码芯片的计算架构(见彩图)

1) 数据处理引擎

数据处理引擎包括四个粗粒度可重构处理单元阵列，每个阵列包括 4×8 个可重构处理单元(PE)以及 8 个用以对相邻行 PE 进行连接的内部路由单元。每个 PE 均为四输入四输出，可以支持 8bit、16bit 和 32bit 操作。考虑到面积开销，构造了 T0 和 T1 两种类型的 PE 并隔行排列。两种类型的 PE 都包括基本功能单元(basic function unit，BFU)和特定功能单元(special function unit，SFU)。BFU 提供所有 PE 中的基本功能，包括算术功能、逻辑功能和移位功能。每个 PE 中的算术功能包括一个 32bit 的加法器，每四行有一个 16bit 的乘法器。逻辑功能主要包括与、或、非及异或操作。移位功能主要用来支持最高为 64bit 的逻辑和循环移位。T0 和 T1 的不同主要体现在 SFU。T0 中的 SFU 是 4 个输入/输出位宽可配置的 8×8 S 盒，而 T1 中的 SFU

则是置换操作中从输入到输出非阻塞传输的一个 64bit Benes 网络。通过采用这两种 PE 就可以覆盖当前主流密码算法中的全部操作。在不同的配置下，每个 PE 的功能通过对每个 PE 输入的多选器进行改变来实现不同功能的切换。配置信息同时决定了 PE 之间的互连关系。

由于 PE 阵列的规模较大，调试逻辑通过收集 PE 阵列的中间结果及 PE 状态来进行调试。通过采集得到的信息，调试逻辑可以判断 PE 当前是否操作正常或者进行必要的调整。令牌驱动网络(token driven network，TDN)采用令牌寄存器链来控制 PE 的计算顺序。每个 PE 由单独的令牌寄存器来使能。一共有 16 个独立的令牌寄存器链来实现将上一行 PE 输入 FIFO 产生的令牌传输到下一行 PE 中。对于没有被令牌寄存器激活的 PE，其时钟信号将会被关断来进一步降低功耗。寄存器通道用来对 16 个线程的输出结果进行重排序。每个通道为 32bit。GPRF 用来实现不同配置之间的数据交换，由 256 个 32bit 寄存器组成，以确保 PE 中的所有中间结果可以被载入 GPRF 中。

2) 配置控制器

用来对 PE 功能及互连信息进行定义的配置信息主要由配置控制器来产生。由于不同算法、PE 行及 PE 之间存在大量相同的配置信息，因此可以通过层次化配置机制来最大限度地降低重复的配置信息。在配置控制器中，分别针对 PE、PE 行及任务三个抽象级别建立了三级配置存储。这种配置结构设计可以节省约 70%的重复配置信息，进一步降低存储开销并降低配置时间。解析寄存器从 L3 获取命令，并在三层解析后写入配置信息寄存器。当 PE 阵列处于空闲状态时，配置切换模块将计算配置信息载入 PE 中运行。采用类似于 ASIC 数据流驱动的模式，PE 阵列可以在不更改 PE 功能的情况下完成相应的加密/解密功能。当计算任务结束后，PE 的功能可以根据配置信息进行切换。

2. 核心关键技术

在这款软件定义密码芯片的设计中主要采用两项技术来提升处理器的效率，分别为配置加速系统(configuration acceleration system，CAS)和多通道存储网络(multi-channel storage network，MCN)。

1) 配置加速系统

高效的调度系统是提高计算资源利用率的核心关键。在传统的软件定义芯片中，配置和计算通常是串行执行的。也就是说，所有的处理单元在配置模式下保持在空闲状态，造成了极大的计算资源浪费。这一问题可以通过将系统配置与多个独立计算任务进行并行化来解决。如图 4-47 所示，配置加速系统主要由任务注入、多任务调度和上下文分析器三个模块组成。在初始化完成后，任务注入模块会向多任务调度模块发送命令。多任务系统提前对多个任务的上下文进行分析，并据此将任务分发到不同的通道上去。上下文分析器对多任务调度模块发送的信息进行解码并将相应的计算内容载入相应的处理单元。

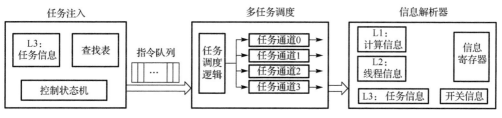

图 4-47 配置加速系统

任务注入模块中的 L3 保存的是从外部接口载入的命令集合，其深度为 256，即一次最多可载入 256 条命令。通常情况下，一个密码算法需要 1～20 条命令来实现，其中每条命令都是配置信息的高层次抽象。在需要进行配置切换时，L3 中下一个算法对应的命令地址和读取模式被载入。通常而言，L3 中一次可以加载大约 20 个不同的算法。当前支持两种命令读取模式：递增计数器和查找表。当一个算法的命令以连续方式进行存储时，采用递增计数器的方式，对于其他情况，则采取查找表的方式。

多任务调度系统通过在命令队列和可重构处理单元之间构建 N 个任务通道及相应的调度逻辑来实现多任务调度功能。在任务注入系统发送的命令控制下，对需要的计算资源进行调度。若当前任务需要的计算资源低于可用的处理单元数量，则任务被分配给排在前面的空闲任务通道。由于被指定任务通道没有正在执行的任务，因此任务映射可以立即完成。否则，该任务将会被分配到计算资源超过其需求的任务通道，但必须直到该任务通道执行的任务完成后才会得以执行。每个任务通道的评估工作是串行执行的。对于计算资源的调度，每个任务通道的优先级是相同的。根据任务需求的不同，一个任务通道可以为每个任务调度 1～4 个处理单元。整体而言，4 个处理单元可以被多个任务充分利用。多任务调度系统在提高计算效率的同时提升了处理单元的资源利用率。

上下文解析系统对从多任务调度系统发过来的内容进行解析并根据相应处理单元的状态将配置信息传送到处理单元上。一共有三级配置存储和控制。作为最底层，L1（计算信息）存储的是处理单元的操作码以及互连配置信息。L2（线程信息）主要用来对整行处理单元的配置信息进行存储，包括处理单元的配置索引信息、处理单元互连、中间结果以及如 Benes 网络之类的特定功能。L3（任务信息）主要存储从多任务调度系统接收到的任务配置信息，包括完成该任务所需要的处理单元行数和相应的 L2 存储中的索引。这样三层配置信息及相应解析器的设计实现可以在降低配置信息整体大小的同时，提升配置信息切换的效率。当处理单元阵列当前执行的计算任务结束时，预解析的配置信息可以立即完成配置信息切换以执行新的任务。对于配置信息的解析，不需要在计算完成后执行，而是并行执行，从而将两种计算任务的配置切换时间降低到仅有 3~4 个时钟周期。

2) 多通道存储网络

由于众多 PE 产生了大量用于后续计算的中间结果，因此实现对这些中间数据的高效读写至关重要。本设计中提出了多通道存储网络 MCSN 来实现 PE 与 GPRF 之间的高带宽并行数据交互。除了内部路由(inner router，IRT)外，GPRF 作为阵列中主要的数据交互通道对并行计算效率影响严重。本设计中的 MCSN 结构如图 4-48 所示。与采用单一读写接口的存储方案不同，GPRF 被划分为 16 个存储分段来实现更多的物理接口。同时，构建与每个 PE 向量的虚拟接口，并采用真实物理接口与虚拟接口间的三级互连来降低整体面积。通过这种方式，每个 PE 可以独立并行地实现存储访问。L2 通过基本模块(由 8 行 PE 组成)的存储接口来实现一行中 4 个读写接口与存储器的连接。通过对多路选择器进行配置，每次选择基本模块中由 4 个独立读写端口组成的一行。多路选择器的选择信号通过每行中的读写使能信号来动态获得。通过这种方式，可以在避免对多路选择器进行配置的情况下实现不同行的切换。L3 主要通过地址解码的真实端口实现每个基本模块与每块存储器之间的直接连接。与采用寄存器文件与多路选择器的直接存储访问设计方案相比，每个 PE 访问存储的面积开销可以降到原来的 1/20 左右。此外，还避免了对每个多路选择器的复杂配置。动态配置切换由 PE 的实时状态来决定，从而避免造成特定应用场景下的延迟下降。需要说明的是，当超过 16 个 PE 访问同一存储的不同地址或者多行 PE 访问存储的相同地址时，MCSN 的延迟会比解码器方案差一些。为了避免这一非理想情况，需要通过调度工具来尽量避免这种情况的出现。在本设计中，采用配置以及仿真工具对延迟进行检查。同时，采用回归或遗传算法来进行最优化选择搜索，使得平均延迟开销可控制在 15%以内。

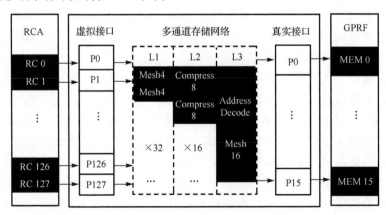

图 4-48　多通道存储网络

3. 原型芯片实现与性能测试

为了进一步验证上述技术在密码芯片上的技术先进性，采用 TSMC 65nm 工艺对提出软件定义密码芯片进行原型芯片流片。图 4-49 为该芯片的管芯照片。该处理器的面积为 9.91mm²，运行频率为 500MHz。该处理器可以支持所有常见的对称密码和杂凑函数。表 4-2 是该密码芯片支持的密码算法的性能统计情况，可以看到其中的三个分组密码在非反馈模式下的吞吐率可以达到 64Gbit/s，整体分组密码的平均吞吐率可以达到 28.3Gbit/s。由于流密码及杂凑函数中的反馈特征，这些算法的吞吐率会相对低一点（从 0.35Gbit/s 到 8Gbit/s）。该密码芯片具有很高的能量效率，运行任意算法时的功耗均保持在 1W 之内（从 0.422W 到 0.704W）。为了进一步评估该密码芯片在性能与灵活性方面的综合优势，与一款可重构密码处理器进行对比，在共同支持的 7 个算法中，除了 3 个算法的性能相同，其他 4 个算法平均获得了 1.5 倍到 4 倍的提升。

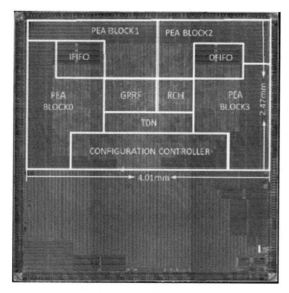

图 4-49 软件定义密码芯片管芯照片

表 4-2 不同密码算法的性能实现对比

类型	算法	吞吐率/(Gbit/s)	功耗/W
分组密码	AES	64	0.625
	SM4	64	0.578
	Serpent	1.81	0.574
	DES	32	0.588
	Camillia	64	0.614

类型	算法	吞吐率/(Gbit/s)	功耗/W
	Twofish	32	0.588
	MISTY1	12	0.495
	SEED	20	0.493
	IDEA	14.25	0.473
	SHACAL-2	3.8	0.422
	AES-GCM	20.4	0.704
	MORUS-640	3.63	0.484
流密码	ZUC	5.32	0.588
	SNOW	5.82	0.612
	RC4	2	0.612
杂凑函数	SHA256	0.8	0.577
	SHA3	0.35	0.538
	SM3	0.66	0.57
	MD5	8	0.623

更加深入的性能分析对比如表 4-3 所示,下面以最为常用的 AES-128 算法为例,对能耗及面积效率与相关工作进行对比。当前的大多工作均是通过流水线加速实现最大的吞吐率,即每个周期 128bit。通过每次操作的能量开销大小作为衡量能量效率的指标,与粗粒度可重构密码处理器对比,本设计在保持相似面积效率的前提下提升了 6.2 倍的能量效率提升;与基于 FPGA 的实现方案对比,能量效率提升 44.5 倍;与采用 1000 个核的通用处理器方案对比,可以实现两个数量级以上的能量效率和面积效率提升;与采用了低功耗存内计算方案的 Cortex-M0 处理器对比,可以获得 9.1 倍的能量效率和 6390 倍的面积效率提升。

表 4-3　面积效率与能量效率对比

	通用处理器 1[69]	通用处理器 2[59]	FPGA[70]	可重构处理器[71]	软件定义芯片
工艺/nm	32	40	40	45	65
频率/MHz	178	28.8	319	1000	500
吞吐率/(Gbit/s)	21.4	0.005	40.8	128	64
面积/mm^2	59.98	1.275	—	6.32	9.91
功耗/W	15.4	2.8×10^{-4}	11	6.2	0.625
能量效率/(Gbit/(s·W))	0.68	11.2	2.3	14.3	102.4
面积效率/(Gbit/(s·mm^2))	0.043	9.32×10^{-4}	—	6.72	6.46

4.5　处理器硬件安全

个人计算机普及给集成电路产业带来了长期增长动力，移动互联网更是让每个人都将某种形式的电子芯片携带身边。随着物联网技术的推广，芯片会遍布在世界的每一个角落。处理器芯片以多种形式出现在日常生活的各种应用之中，从云计算和金融服务的运算中心到遍布城市的移动通信基站，从银行卡芯片到医疗电子设备。处理器硬件安全关系着国计民生的各个领域。

4.5.1　概念及研究现状

随着集成电路供应链的全球化，其生产制造的各个阶段，如商业第三方 IP 核、EDA 软件、晶圆制造等，均有被插入恶意代码、后门等的可能性。另外，设计中的潜在安全漏洞，如熔断(meltdown)[72]和幽灵(spectre)[73]等，也让 CPU 变得不安全。如何在一个不完全可控的供应链环境下，保证 CPU 等关键硬件设备的安全是一个亟待解决的问题。

集成电路硬件的安全从设计制造供应链的角度，可以分成两大类：不完全可信的生产供应链和完全可信的生产供应链。全球产业链分工细化大幅度降低了半导体行业的进入壁垒，但是也给集成电路的安全带来了潜在的风险。

如图 4-50 所示，集成电路的供应链分为设计、验证、生产、封装、测试和最终应用，每一步都有潜在的安全威胁。设计阶段可能会有 IP 泄露、第三方 IP 信任、设计漏洞和恶意电路植入等问题；验证阶段可能有无效验证和规格漏洞等风险；生产、封装和测试过程中可能会有掩模版篡改、恶意植入和恶意熔丝编程等威胁；最终的应用端也有恶意用户的侵入式和非侵入式的多样攻击的风险。从最初的设计到生产制造测试再到最终的部署和应用，硬件安全的威胁无处不在。

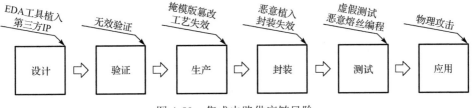

图 4-50　集成电路供应链风险

4.5.2　CPU 硬件安全威胁分析

考虑到一段时期内，我国的服务器和家用 CPU 还是主要依赖于进口。CPU 的设计和实现对于我们来说基本上还是黑盒,所有的技术细节还无法掌握。CPU 硬件安全也关系着国内生产生活的正常开展。

硬件漏洞、硬件前门和恶意硬件是三种流行的 CPU 硬件安全威胁。其中硬件漏洞大部分是由 CPU 技术原理所引发的硬件设计漏洞,软件层面并没有足够的信息来判断和防范此类攻击,硬件层面彻底解决该类问题,则需要 CPU 架构的颠覆性革新。硬件前门通常是指处理器生产厂商所预留的,不公开的,用来提供更新和长期维护的通道,但是同时留下了非法攻击的可能通道。恶意硬件包括各种硬件木马和硬件后门,现代芯片可以包含数十亿到百亿颗晶体管,仅仅通过修改其中的数十个即可以植入木马和后门,用传统的方法在众多的晶体管中定位和分析硬件木马和后门无异于大海捞针。考虑硬件前门和木马后门在现实中因为涉及商业秘密,公开资料较少,本节主要以硬件漏洞作为展开。

自从 2018 年幽灵和熔断攻击公开之后,基于暂态执行(transient execution)的攻击方法如雨后春笋般出现。这一类内存泄漏攻击是通过非正常使用现代处理器中的分支预测功能来实施的。从 2019 年开始,一类基于 CPU 内部缓存信息泄露的新攻击方法发表,典型的有 RIDL[74] (rogue in-flight data load)、辐射[75] (fallout)和僵尸装载[76] (zombie-load)等。攻击者利用微架构数据采样(micro-architectural data sampling),来提前执行会引起错误的装载(load)指令,并通过旁路信息泄露关键敏感数据。

这些新型的漏洞利用了处理器微架构层面的行为模式,如乱序执行(out-of-order execution)、推测执行(speculative execution)和其他暂态执行模式。其中幽灵由 Google Project Zero 的 Jann Horn 独立发现,Paul Kocher 和 Daniel Genkin、Mike Hamburg、Moritz Lipp、Yuval Yarom 的合作研究也发现了此问题。幽灵不是容易被修复的单一漏洞,现在代指一类漏洞的综合。这些漏洞都利用了现代 CPU 为了加快执行速度的推测执行的副产品。幽灵攻击利用了基于时间的旁路攻击,恶意进程可以获取其他程序在与敏感数据相关推测执行之后的映射内存中的信息。

熔断攻击是由三个研究小组分别独立发现的,包括 Jann Horn、Cyberus Technology 的 Werner Haas,Thomas Prescher,以及来自格拉茨工业大学的 Daniel Gruss、Moritz Lipp、Stefan Mangard 和 Michael Schwarz。熔断攻击依赖于 CPU 出现异常之后的乱序执行指令。某些特定的 CPU 允许在异常指令提交之前,流水线中的暂态指令可以使用即将发生错误的指令的结果进行计算。这样使得低权限的进程不需要获取特权也能获取高权限保护的内存空间中的资料。熔断攻击漏洞存在于 Intel 大部分的 x86 指令集的 CPU 中,部分 IBM POWER 架构处理器和部分 ARM 架构处理器也受此影响。

辐射、RIDL 和僵尸装载这一类攻击方法均基于 Intel x86 处理器超线程中微架构相关的数据采样漏洞,导致原本应该由架构保证的安全边界可以被突破,造成数据泄露。不像幽灵和熔断等攻击从 CPU 的高速缓存(cache)中收集数据,RIDL 和辐射这些基于微架构的攻击方法在 CPU 的推测执行中通过旁路收集 CPU 内部缓存区的信息，这些内部缓存区包括行填充缓存区(line fill buffer)、加载端口缓存区(load port buffer)和存储缓存区(store buffer)。

4.5.3　现有应对方案

针对 CPU 硬件安全问题，传统针对设计漏洞的方法一定程度上可以用来修正相关的 CPU 硬件安全问题，本节介绍五种常见的硬件设计漏洞解决方法，并讨论它们的利弊与局限性。其中有些针对特定 CPU 已经释出的安全漏洞而提出的永久或临时解决方法，有些则是 CPU 相关厂商对外承诺的未来设计改进方向。

(1) 内核页表隔离(kernel page-table isolation，KPTI)是一种软件层面的解决办法，通过使用 Linux 内核所采用的强化隔离用户空间与内核空间的内存来缓解 x86 CPU 中的熔断硬件缺陷。支持进程上下文标识符(process-context identifier，PCID)的 x86 CPU 可以使用内核页表隔离技术来避免转译后备缓冲器(translation lookaside buffer)的刷新。文献[77]中报道，即使在有 PCID 优化的情况下，KPTI 的开销也有可能高达 30%。

(2) 屏障加载(load fence，lfence)问题。内存屏障(memory barrier)是一类同步屏障的指令，用来确保 CPU 和编译器对内存操作的串行性。x86 CPU 中的读操作屏障指令是 lfence，对应 ARM 架构上类似的指令是 csdb(consumption of speculative data barrier)。文献[78]中提到微软在其 C/C++编译器中使用 lfence 串行指令集来解决幽灵攻击，但是一方面如何在正确的位置加载 lfence 指令不容易选择，另一方面，使用 lfence 指令只能解决特定情况下某些幽灵攻击的变种，同时导致性能上最高达60%的损失。

(3) 2018 年 1 月，谷歌在其安全博客上介绍了旨在高效解决幽灵漏洞的 Retpoline 技术。通过用返回指令来替代间接跳转指令，来减少易受攻击的乱序执行的发生。谷歌的工程师认为他们提出的这个针对 x86 CPU 的解决办法也可以用在如 ARM 的其他平台上。Retpoline 能够解决基于 BTB(branch target buffer)的幽灵攻击，但是对基于 CPU 其他模块的攻击则没有效果。同时，Intel 也指出未来 CPU 技术中的控制流加强技术(control-flow enforcement technology，CET)，可能会对采用 Retpoline 技术的解决方案误报警。2019 年 2 月谷歌发表相关论文表明，只依靠软件的防护并不能完全避免幽灵漏洞，必须对 CPU 的设计进行修改。

(4) CPU 厂商可以通过更新微码来添加禁止间接分支被预测执行的特性，同时操作系统软件也需要同步做出修改，来禁止预测执行间接跳转(indirect branch restricted speculation，IBRS)，禁止物理核的另外一个线程控制间接跳转预测(single thread indirect branch predictor，STIBP)，保证后续间接分支预测不会被之前的间接跳转控制(indirect branch predictor barrier，IBPB)。然而，这些操作均会造成 CPU 性能损失较大，而且需要微码和系统软件同步修改[79]。

(5)CPU 厂商可以重新设计处理器微架构来解决现有的攻击方式，例如，Intel 宣称要采用"Virtual Fences"技术来对预测执行进行隔离。幽灵和熔断类的攻击变种众多，新的至强处理器的重新设计能够避免 VAR2-CVE-2017-5715（Spectre）和 VAR3-CVE-2017-5754（Meltdown），但是 VAR1-CVE-2017-5753（Spectre）仍没有得到解决[80]。

整体来看，熔断目前可以用 KPTI 来防止，但是由于软件缺乏足够的信息，无法防范幽灵攻击。一方面恶意软件的特征码很难提取，另一方面软件无法获取指令从发出到提交之间的 CPU 行为。软件层面无法彻底解决问题，代价会很大，CPU 厂商的更改并不能保证针对未来攻击的免疫，同时更新之后的防护能力缺少第三方的验证支持。微架构中的单元模块有很多种，现有的软件防护方式往往只保护其中的一到两种[79]。

4.5.4　基于软件定义芯片的 CPU 硬件安全技术

CPU 硬件安全威胁的本质问题是 CPU 的硬件实现与 CPU 设计规范的安全一致性无法验证[81]。一方面针对恶意硬件插入的安全性验证所需的测试空间较大；另一方面，恶意设计漏洞缺乏安全性验证的标准模型。基于软件定义芯片技术的 CPU 硬件安全动态监测管控技术的整体思路认为，硬件架构安全是一切的基础，行为安全是表征。基础的不安全会体现出行为的不安全。可以通过对 CPU 硬件行为的安全性验证来表征 CPU 的硬件安全。

CPU 硬件安全动态监测管控技术的出发点是检测运行时的行为安全性，监测的采集方案通过白名单为主、黑名单为辅的安全性判定机制，覆盖大部分信道的硬件行为。通过 CPU 硬件安全动态监测管控技术，在小于 10%的整体代价下，可以有效监测如熔断幽灵等利用缓存侧信道的攻击、CPU 中隐藏后门和非法指令，同时可以消除 CPU 中如管理引擎(management engine，ME)子系统和微码等不可控前门的硬件安全威胁。

CPU 硬件安全动态监测管控技术的有效性，构建在 CPU 行为是以图灵机模型为基础的事实之上。CPU 行为具有确定性，CPU 硬件行为安全可用等价的图灵机模型进行等价性检验。现有做法有通过使用另一独立 CPU 来进行记录回放以达到监控的目的[82]。但是考虑到当代 CPU 的复杂性和相对封闭性，通过使用另一 CPU 或者商业 FPGA 产品，不能满足在指令集架构对目标 CPU 的回放，更不用说能效和功耗方面的表现。而软件定义芯片 RCP 在多个方面来看均是硬件动态管控监测(dynamic security check，DSC)技术中对目标 CPU 的行为记录和分析的优秀平台。RCP 的动态可重构保证了在单一时间内，RCP 芯片上不需要同时配置目标 CPU 的所有指令集的模型，仅在需要的时候动态地配置加载，同时可在配置信息中保留多种 CPU 的架构模型，提供了较高的灵活性和功耗效率。RCP 上也可以根据需要，配置多种密码安全组件来满足相应系统安全的需要。

等价图灵机模型是监测 CPU 硬件安全的关键之一，图 4-51 安全扩展的图灵机模型中最核心的指令状态、输入输出数据和转移函数对应指令集模型和行为级模型，微架构状态对应了 CPU 的 RTL 模型，而物理状态则对应了晶体管级别的模型。越外层的模型仿真模拟代价越大，但是越贴近实际系统，所以有效性较高。指令集和行为级模型对应的是输出信道和存储信道的安全，RTL 级模型则对应软件侧信道安全，若有准确可信的晶体管级别的模型，则监测硬件侧信道安全变得可能。但现实中难以获得 CPU 硬件的 RTL 级别和晶体管级别的可信模型。

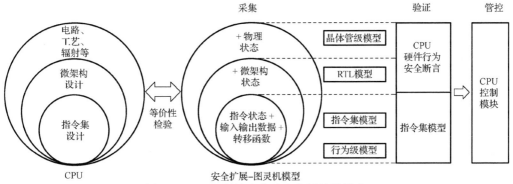

图 4-51　CPU 硬件安全动态监测管控技术

CPU 硬件安全动态检测管控(DSC)技术是一种指令集 CPU 模型加硬件行为安全断言的动态监控技术。如图 4-52 DSC 技术原理图所示，DSC 主要的流程分为三个阶段：采集、验证和管控。

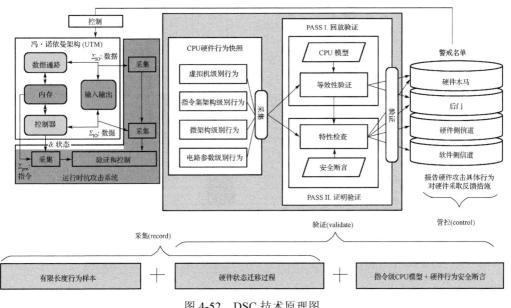

图 4-52　DSC 技术原理图

在采集阶段,有限长度的 CPU 行为样本被收集,硬件状态的迁移过程也被保留,其中的 CPU 起始状态、CPU 结束状态和 CPU 在此时段的输入输出都被保存。在验证阶段,DSC 系统会重放样本,并检查采集同重放结果的等价性,同时鉴别非预期行为。在管控阶段一旦发现非预期行为,则报告硬件攻击的具体行为并对硬件采取反馈措施。

1. 系统框架

如图 4-53 DSC 的框架与组件所示,DSC 动态监测管控整体系统主体包含两部分:监测管控芯片管芯和被监管的商用 CPU 芯片管芯。监测管控模块会在商用 CPU 芯片运行时,每隔一段时间对其行为进行采集,单次采集持续的时间称为采集窗口。监测管控模块会记录采集窗口开始和结束时刻的 CPU 初始状态和结束状态。在整个采集窗口期,监测管控模块对主存会进行更新式快照,只记录发生改变和被访问的数据及其地址,与此同时外部设备,如网卡、显卡和 ME 等的 I/O 数据、异步事件等也会被采集记录。如图 4-54 所示,在行为分析阶段,会以目标 CPU 模型的指令集架构作为蓝本,来对采样到的行为进行重放分析和非预期判定。在行为管控阶段,会针对行为分析极端的结果,结合以安全属性的定义和管理员指定的安全等级所构建的安全策略,来对非预期行为做出反应。

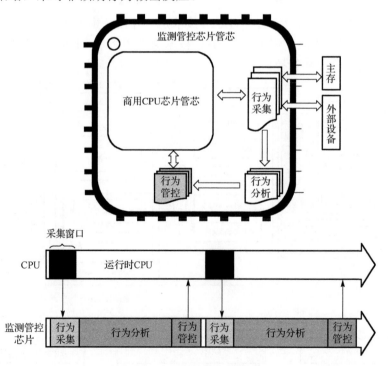

图 4-53　DSC 的框架与组件

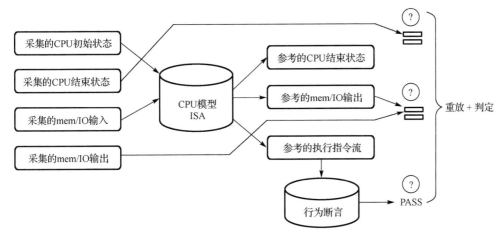

图 4-54　DSC 对 CPU 行为进行分析：重放与判定

2. DSC 的关键技术

DSC 系统包含许多关键技术。本小节按照行为采集、分析和安全管控三个步骤，介绍涉及的关键技术。

1) 行为采集阶段的关键技术

DSC 系统的行为采集阶段的关键技术聚焦在对 CPU 的状态和行为采集上，主要包含两个技术方法：CPU 硬件行为非侵入式采集技术方法和高速总线上异步事件数据记录与指令边界定序方法。

非侵入的行为采集技术的目标是在不干扰 CPU 运行的前提下采集到 CPU 的初始、终止状态，和 CPU 所有接口的数据传输行为。这个技术的难点在于，如何来设计不依赖微架构的行为采集，同时采集需要对软件透明，保证软件运行环境的兼容性。以及如何低代价地记录完整的运行时内存。通过硬件对 CPU 接口采样的同时需要保证现有硬件接口的兼容性。现有的方法分三个部分：通过使用虚拟机监控器接口（hypervisor）对 CPU 内部寄存器信息进行采集；使用定制的专用内存记录芯片（memory tracer，MTR）对访问过的内存进行采集；使用定制的专用 I/O 记录芯片（I/O tracer，ITR）来采集 CPU 的 I/O 行为。其中专用 I/O 记录芯片引入了 PCIE Switch 来解决软件兼容问题和信号点对点完整性问题。通过行为采集技术，实现了无干扰低代价的采集，CPU 起始和结束状态的采集带来的性能损失小于 2%，对采样窗口期内 CPU 访问内存的采集和 CPU 访问 I/O 的采集所带来的性能损失小于 1%。

异步事件记录与对齐技术的目标是准确记录 CPU 异步事件的发生位置，为之后的重放检查提供依据。难点在于对外部中断、DMA（direct memory access）的捕获以及定位，还有异步事件在循环和递归调用等情况下的精准定位。由于跳转指令，PC 指针并不能唯一定位事件在指令流中的位置，结合随着指令执行单调增加的寄存器，如分支计数器,即可以准确定位。外部中断会使 CPU 从虚拟机运行模式退出,但是中断信息会被记录在虚拟机控制块中,可以通过从虚拟机控制块中提取终端信息,完成捕捉。I/O 记录芯片(ITR)会拦截并暂存当前的 DMA 请求,并向 CPU 请求中断,CPU 会从虚拟机运行模式退出。此时 DSC 通过虚拟机监控器接口记录当前运行的状态,完成对 DMA 异步时间的定位。之后 ITR 释放拦截的 DMA 操作,DMA 请求将写入内存。

2)行为分析阶段的关键技术

DSC 系统行为分析的主要目的是判断 CPU 的行为是否符合预期、是否存在漏洞利用的行为。所采用的关键技术包括两种行为判断方法:基于 CPU 安全行为模型上样本回放的非预期行为判断和基于预测回放的 CPU 漏洞攻击行为判断。

基于 CPU 安全行为模型上样本回放的非预期行为判断的目标是通过准确回放 CPU 指令行为,判断非预期行为。这个判断方法的难点在于对 CPU 完整指令架构的模型构建;如何将硬件行为与指令集进行映射;有可能注入的非确定性事件。DSC 根据采集到的程序计数器 PC 来获取指令序列,回放过程中,在 CPU 的仿真模型上执行仿真指令,包括 CPU 状态的迁移和输入输出的影响,同时需要在正确的指令边界注入相应的异步事件。实验测试证明,分析方法可以发现 CPU 非预期行为和未定义指令。

基于预测回放的 CPU 漏洞攻击行为判断的目的是,检测利用 CPU 预测执行漏洞的攻击。这个判断的难点在于,漏洞在指令层面的行为是完全符合预期的,软件解决方法无法察觉微架构级别预测执行的行为,如果仅依靠指令特征匹配,那么检测的误判率和代价均较高。

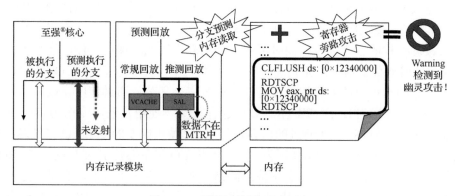

图 4-55　预测回放原理示意图

如图 4-55 所示,基于预测回放的 CPU 漏洞攻击行为判断在具体实现中分为两个重放逻辑:正常重放和预测重放。两个重放逻辑分别记录访存地址到虚拟缓存(vcache-virtual cache,正常地址列表)和预测地址列表(speculative address list,SAL)中。当预测重放逻辑遇到内存访问不在内存记录模块中时终止。但是如果正常重放的指令尝试测量访存延迟,那么 CPU 安全模型会判断访存地址的来源;如果是来自预测地址列表(SAL),而不在正常虚拟缓存,那么判断是攻击行为。

3) 安全管控阶段的关键技术

安全管控的主要目的是当 CPU 行为不符合预期时进行安全管控,同时也保证 DSC 系统组件自身的安全。采用的关键技术是可信的系统安全启动和固件校验技术,主要目标是保证行为采集分析系统的可预期启动,保障 CPU 硬件行为的受控执行。但是如何识别系统的安全身份和保证 CPU 微码更新时是受控可信的,是需要解决的难点问题。DSC 系统的启动过程包含对 RCP 配置固件的验签和基于签名和 OTP(one time programmable)的安全启动(bootloader)过程。受监管的商业 CPU 的微码的更新也需要是受控的。一般来说,CPU 的微码可以通过多种渠道来更新,包括标准输入输出系统(BIOS)和操作系统中的 CPU 驱动、系统补丁等更新。写入微码的操作可以被安全管控技术拦截,然后通过使用预制的证书来检测该微码的签名是否正确,完成身份验证防篡改验证。

3. DSC 原型系统

这里使用至强处理器作为监测管控目标来验证 DSC 系统的有效性,采用软件定义处理芯片 RCP,ITR 和 MTR 用来在线监测和管控至强处理器。DSC 原型系统架构如图 4-56 所示。其中 RCP 芯片用来追踪至强处理器的内部寄存器和重放 x86 的指令集架构模型。ITR 芯片用来追踪 I/O 通道的信息,MTR 用来追踪内存上的数据访问。至强的核心、RCP 和 ITR 使用 LGA-3647 封装到一起,MTR 则和 DDR4 集成在 DIMM 模块上。

图 4-57 给出了 DSC 中 RCP 的模块架构图。可重构的 PE 和阵列可以用来映射多样的 CPU 指令集架构模型。行为分析阶段至强处理器的行为由 RCP 在指令集架构级对 CPU 的行为进行回放,所有与回放不一致的硬件异常行为都可以被检测出。RCP 同时也记录分析不被 ISA 模型涵盖的关键和易受攻击的硬件细节,如分支预测,使其能完成针对如幽灵这一类攻击的检测。

完整的系统同时也包括软件层面的支持,主要包括一个支持虚拟机监控接口主操作系统(host OS)和 RCP 的相关配置信息。这里选择的主操作系统是支持处理器监测模块(processor check module,PCM)的 Centos 7.4;从操作系统(guest OS)选择的是 Redhat 7.3。测试结果表明,当 30 万台服务器共同工作时,99.8%的硬件木马攻击可以被检测到,单个服务器上性能损失只有 0.98%,消耗功率 33W(约占单个服务器功耗的 7%)。熔断和幽灵(spectre-V1)能以相同的成本被检测出来。公开攻击演示程序测试表明,在使用 100 μs 采集窗口,每秒采集一次的情况下,超过 90%的熔断攻击和超过 99%的幽灵攻击可以被检测到。如图 4-58 所示,DSC 系统已应用澜起科技 Jintide®服务器 CPU 且已装备联想高性能服务器。

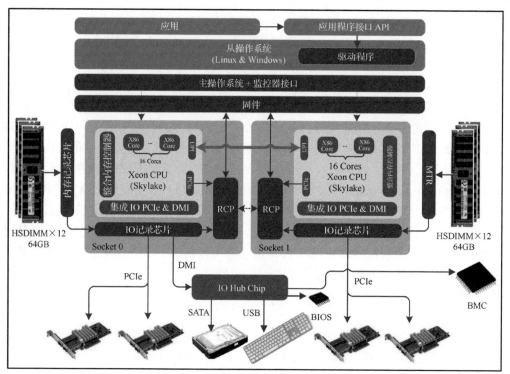

图 4-56　面向至强处理器的 CPU 硬件安全动态检测管控系统

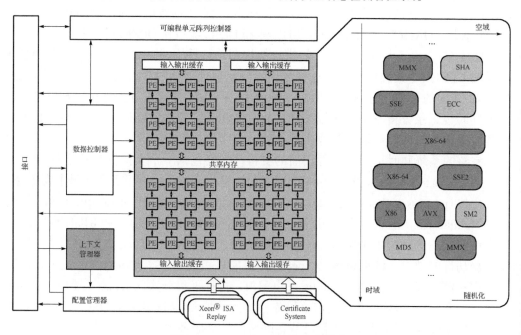

图 4-57　DSC 中 RCP 的功能模块

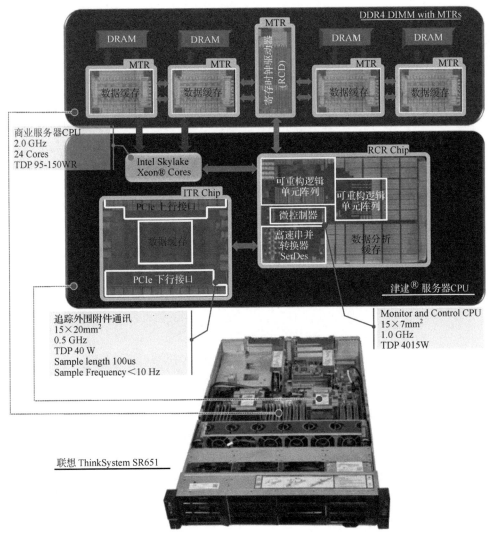

图 4-58 DSC 系统在商业平台上部署使用(见彩图)

4.6 图 计 算

图计算(graph processing)架构是当前工业界与学术界的热点领域[83-95]。它是典型的领域定制加速器(domain-specific accelerator,DSA),而其本身的发展路径也体现出了典型的"软件定义芯片"特征——图算法快速开发部署的实际需求催生了统一的图计算编程模型,编程模型的出现刺激了其底层软件实现的研究,软件实现遭遇的性能瓶颈则推动了图计算硬件架构的发展。

　　本节将沿着这一发展逻辑，从图算法的背景出发，介绍在图计算领域被广泛接受的"以节点为中心的编程模型"(vertex-centric model)[96]，分析其底层优化实现的难点[97]，最后重点讨论为应对这些难点所衍生出的硬件架构[83-95,101]。

4.6.1　图算法的背景介绍

　　自 18 世纪欧拉解决哥尼斯堡"七桥问题"(图 4-59)以来，图论的研究取得了长足的发展[97]。计算机与网络的出现，则使数据结构与数据处理的研究与应用需求激增。在此背景下，图结构得益于其对松散关联数据的强大表征能力，在产业界与学术界大放异彩。基于图数据的算法也呈现日新月异、"百花齐放"的态势，成为交通工程、社交媒体、网络安全、网络通信等诸多应用领域的基础与核心[97]。在如今的"大数据"时代，海量数据的挖掘需求更是把图算法的重要性推上了新的高度。事实上，网络用户几乎无时无刻不在使用着图算法提供的便利服务。无论是使用搜索引擎查询时下热点，还是使用视频网站和电商的推荐服务，图算法总是作为这些服务的基础组件，支撑着整个系统的通畅运转。

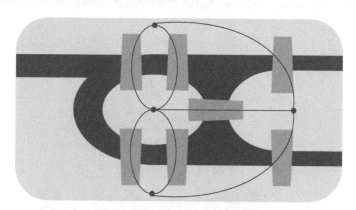

图 4-59　哥尼斯堡"七桥问题"

　　接下来，为了让读者建立对图算法的基本认识，下面将简单介绍图算法的基础知识，包括图的基本概念、图数据结构的表示，以及几个被广泛应用的图算法。

　　1. 图的基本概念

　　一个图由其节点和边组成。节点可能具有节点编号、节点值等属性。边表征了节点间的抽象邻接关系。如图 4-60 所示，方框表示节点，黑色带箭头的线表示节点间的有向边，方框内的值代表节点值。在不同图算法中，节点值代表不同的含义。例如，在 SSSP 中，目的节点的节点值代表从源节点到目的节点的距离；而在 PageRank 算法中，网页节点的节点值就是该网页的 PageRank 值。为了方便，这里把节点从左到右依次编号为 0、1、2、3。

对于图，无论如何改变图中节点的位置和边的形状，只要不改变节点和边的属性值以及边的源节点和目的节点，我们总认为这个图是不变的。在数学上，一个图 G 一般定义为一个有序二元组 (V,E)，其中 V 称为顶点(vertex)集，E 称为边(edge)集。E 中的元素都是 V 中元素的二元组，称为边。若该二元组是有序的，则该图为有向图，否则为无向图。

2. 图数据结构的表示

常用邻接矩阵表示图结构。图 4-60 所示图结构的转置邻接矩阵如图 4-61(a)所示。

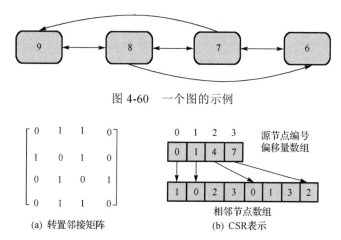

图 4-60 一个图的示例

$$\begin{bmatrix} 0 & 1 & 1 & 0 \\ 1 & 0 & 1 & 0 \\ 0 & 1 & 0 & 1 \\ 0 & 1 & 1 & 0 \end{bmatrix}$$

(a) 转置邻接矩阵

(b) CSR表示

图 4-61 图的转置邻接矩阵及其 CSR 表示

在图 4-61(a)中，若矩阵在位置 (i, j) 处的元素非零，则意味着存在一条从 j 号节点指向 i 号节点的有向边。有时候，图的边也会具有权值。例如，在最短路径算法中，往往用边的权值代表相邻节点间的距离。这时矩阵中的 1 会被替换为相应边的权值。

对于现实中的图，其邻接矩阵往往相当稀疏，即绝大多数的矩阵元素为 0。对于这种矩阵，采用简单的二维数组存储会导致存储空间与访存带宽的极大浪费，因此往往会采用 CSR 等格式表示，如图 4-61(b)所示。相邻节点数组按源节点编号的顺序存储了各边的目的节点编号。偏移数组则存储了各源节点第一条出边在相邻节点数组中出现的位置。

3. 图算法举例

本小节将简要介绍三种图算法——广度优先搜索算法、单源最短路径算法以及 PageRank 算法。当然，图算法远不止这三种，但这三个算法足以让读者建立起对图算法的算法形式的基本认识，为后面介绍统一的图计算编程模型奠定基础。

1)广度优先搜索[97, 98]

广度优先搜索(BFS)是一种简单且应用广泛的图算法，图4-62给出了广度优先搜索的伪代码与图示。

如图4-62(b)所示，BFS算法的本质就是从一个源节点起始，逐层访问相邻的节点。具体而言，如伪代码所示，在算法开始时，初始化源节点的节点值为0，其余节点的节点值为∞，并把该源节点放入激活队列中。在第1次迭代中，源节点出列，访问源节点所有出边的相邻节点，置其节点值为1，并把它们放入下一次迭代的激活队列中。一般地，在第k次迭代中，依次将当前激活队列中的节点出列，访问其所有出边的相邻节点。若相邻节点的节点值小于k，则说明该节点已经被访问过，不需要做任何操作。反之，置其节点值为k，并把它们加入下一次迭代的激活队列中。如此反复迭代，直至激活队列为空。算法结束后，图中从初始源节点可达的所有节点都会被访问一次，且其节点值为从源节点到该节点所需经过的最小边数。当然，在算法执行过程中，也可以额外执行除更新节点值以外的其他操作。这样，就可以把这一基础的 BFS 算法扩展为服务于不同应用领域的新算法。

	BFS
1	begin
2	Graph G
3	src.level = 0
4	worklist[0].add(src)
5	i = 0
6	while NOT worklist[i].empty() do
7	for v: worklist[i] do
8	for dst: G.out_neighbors(v) do
9	if dst.level == inf then
10	dst.level = v.level + 1
11	worklist[i+1].add(dst)
12	i = i + 1

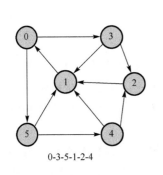

0-3-5-1-2-4

(a)BFS 执行图示　　　　　　　　　　(b)伪代码

图 4-62　BFS 的执行图示和伪代码[98]

2)单源最短路径算法(SSSP)[97, 98]

SSSP 算法的目标是求得从某一源节点到其他节点的最短路径，如图4-63所示。SSSP 包括两种典型的算法实现，即 Bellman-Ford 算法和 Dijsktra 算法。

在Bellman-Ford算法中,初始时置源节点的节点值为0,其余节点的节点值为∞,

并把该源节点放入激活队列中。之后反复迭代，每一次迭代中都依次将当前激活队列中的节点出列，访问其所有出边的相邻节点。在访问某一相邻节点时，先计算出列节点的节点值与相应边权重之和，再与该相邻节点的节点值比较，取其中较小者，作为该节点在后续迭代中的节点值。若该节点的节点值发生了更新，则把该节点加入下一轮迭代的激活队列中。当激活队列为空时，算法结束，此时每一个节点的节点值即其与源节点间的最短距离。可以看到，Bellman-Ford 算法与 BFS 算法非常相似。事实上，如果让所有边的权值为 1，则上述 Bellman-Ford 算法与 BFS 算法是等价的。

Bellman-Ford SSSP		Dijkstra SSSP	
1	begin	1	begin
2	Graph G	2	Graph G
3	src.dist = 0	3	src.dist = 0
4	worklist[0].add(src)	4	S.clear()
5	i = 0	5	T.add_all(G.V)
6	while NOT worklist[i].empty() do	6	while NOT T.empty() do
7	for v: worklist[i] do	7	v = T.find_min_dist_vertex()
8	for dst: G.out_neighbors(v) do	8	T.pop(v)
9	temp = v.dist +	8	for dst: G.out_neighbors(v) do
	edge(v, dst).weight	9	temp = v.dist +
10	if dst.dist > temp then		edge(v, dst).weight
11	dst.dist = temp	10	if dst.dist > temp then
12	worklist[i+1].add(dst)	11	dst.dist = temp
13	i = i + 1	12	S.add(v)

(a) Bellman-Ford 算法　　　　　　　　　　(b) Dijsktra 算法

图 4-63　SSSP 的 Bellman-Ford 算法伪代码和 Dijsktra 算法伪代码

在 Dijkstra 算法中，同样在初始时置源节点的节点值为 0，其余节点的节点值为 ∞。定义集合 S 为已求得与源节点间最短路径的节点的集合，集合 T 为剩余节点集合。初始时，所有节点都在 T 中。之后，在每一步中，取出 T 中节点值最小的节点放入 S 中，访问其出边的所有相邻节点，并更新其节点值。具体而言，在访问某一相邻节点时，先计算被取出节点的值与相应边权重之和，再与该相邻节点的节点值比较，取其中较小者，作为该相邻节点的新节点值。当 T 变为空时，算法结束。

3）PageRank 算法[97-99]

PageRank 算法的目标是对网页节点的重要性打分，进而作为搜索引擎对搜索结果进行排序的重要依据。PageRank 的理论基础是基于马尔可夫过程的网上随机冲浪模型，这里不予展开论述。

　　PageRank 算法的执行过程其实相当简单。如图 4-64 中的伪代码所示，首先初始化各节点的节点属性值。这里，每个节点有两个属性值，一个是它当前的临时 PageRank 值，这一属性值会在迭代过程中逐渐收敛到我们所希望得到的 PageRank 值；另一个是它的数目，显然该属性值在算法执行过程中保持不变。与之前提到的图算法类似，PageRank 的执行过程也是反复迭代，直至 PageRank 的值收敛。具体来说，在每一轮迭代中需要遍历所有的节点。对每个节点，将其所有入边相邻节点的 PageRank 值与其出边数目之商累加，再把累加值与预先指定的常数做乘加计算（如图 4-64 的第 14 行所示），即得该节点的新 PageRank 值。PageRank 算法的收敛判定有多种标准。一种常见的标准是，若所有节点 PageRank 新值与旧值之差的绝对值小于一个预先指定的常量，则认为算法已完成收敛，算法结束。

```
                          PageRank
1    begin
2      Graph G
3      for pr: pr_list[0] do
4        pr = (1 - alpha) / num_of_vertices
5      continue_flag = true
6      i = 0
7      while continue_flag == true do
8        continue_flag = false
9        for v: G.V do
10         old = pr_list[i][v.id]
11         temp = 0
12         for src: G.in_neighbors(v) do
13           temp += pr_list[i][src.id] / src.in_degree
14         new = alpha * temp + (1 - alpha) / num_of_vertices
15         pr_list[i+1][v.id] = new
16         if abs(new - old) > epsilon
17           continue_flag = true
18         i = i + 1
```

图 4-64　PageRank 算法伪代码[99]

4.6.2　图计算的编程模型

　　图算法在大数据处理中的广泛应用对图算法的实现提出了严苛的要求。一方面，图算法的性能与用户体验息息相关。只有能够在短时间内完成大规模数据处理的算法实现，才能提供令人满意的用户体验。这就意味着每一个图算法的实现都需要经过大量的优化，以充分利用数据中心中共享内存系统乃至分布式内存系统的大规模并行优势。另一方面，图算法发展日新，新的应用算法不停出现，旧的应用算法也不断更迭，将每一个新算法都花费大量的工程成本进行优化部署，是无论哪一个互联网服务提供商都不希望看到的。

为了兼顾图算法的实现效率和高性能，统一的图计算编程模型应运而生。该模型旨在为编程者提供足够简单易用的描述图算法的统一接口，同时把底层的实现细节完全隐去。而在该模型下的软硬件设计，则需要为该模型的运行提供高性能的实现，即最大限度地挖掘算法的并行性。

1. 以节点为中心的编程模型[96, 97]

目前，Google 提出的"以节点为中心"的统一图计算模型由于直观、简单与泛用，在产业界和学术界被广泛接受[96, 97]。当前的图计算架构都采用了这一模型(或这一模型的变形)作为其软件接口。

下面以图 4-60 所示的图和"最大值传播"算法在这幅图上的计算为例，对该模型的基本概念进行说明。图 4-60 中每个节点的当前值为算法执行前的初始值。

顾名思义，节点中心模型的核心思想就是以节点为中心进行操作。这种操作往往被抽象为算子(operator)，算子的定义对每一个节点都是相同的。一般而言，同一种算法的算子定义可以是不同的，其类型分为 push 和 pull 等几类[97]。push 算子读入"中心节点"的值，并可能读入"中心节点"的出边权值，然后利用这些值对出边相邻节点的值进行更新操作；pull 算子则读入"中心节点"入边相邻节点的值，并可能读入入边的权值，然后对"中心节点"的值进行更新操作[97]。图 4-65(a)展示了以图 4-60 中节点值为 8 的节点作为中心节点执行 push 型"最大值传播算子"的过程。图中，中心节点的值被传播给了其出边对应的相邻节点，然后经过比较更新了部分相邻节点的值。图 4-65(b)展示了以图 4-60 中节点值为 6 的节点作为中心节点执行 pull 型"最大值传播算子"的过程。

中心节点模型就是通过反复执行这种算子，进而完成算法整体的执行[96]。具体过程[96]如下：

(1)在算法初始时，每个节点会被赋予一个初始值和一个初始的激活状态。节点的初始激活状态因算法不同而不同。例如，在"最大值传播"算法中，每一个节点都会在初始时被激活；而在单源最短路径算法中，只有源节点被激活。

(2)在一次迭代中，系统需要对每一个在当前迭代过程中处于激活状态的节点执行算子，并对节点值被更新的节点执行激活操作。对于 push 算子，被激活的节点是发生节点值更新的节点本身；而对于 pull 算子，则是该节点出边连接的所有节点。

(3)重复迭代，直到不再有处于激活状态的节点。

图 4-66 展示了在图 4-60 所示的图上执行"最大值传播"算法的过程。图中所示的过程采用了体同步并行模式，并采用了 push 型算子。

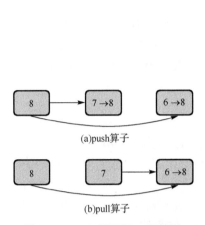

(a)push算子

(b)pull算子

图 4-65　push 算子和 pull 算子

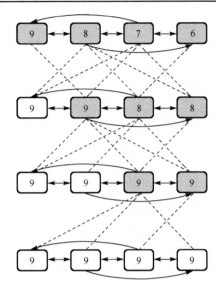

图 4-66　"最大值传播算法"的执行过程[96]

上述模型的泛用性是显而易见的。例如，如果采用 push 型算子，并定义其功能为：访问中心节点所有出边的相邻节点。在访问某一相邻节点时，先计算出中心节点的节点值与相应边权重之和，再与该相邻节点的节点值比较，取其中较小者，作为该节点在后续迭代中的节点值。如此，便实现了之前提到的 Bellman-Ford 算法。显然，在边权值总为 1 时，上述算子也等价于实现了广度优先搜索算法。又如，如果采用 pull 型算子，并定义其功能为：将中心节点所有入边相邻节点的 PageRank 值与其出边数目之商累加，再把累加值与预先指定的常数做乘加计算(如图 4-64 的第 14 行所示)，所得结果作为中心节点的新 PageRank 值。那么，就实现了 PageRank 算法[2]。

在图计算模型的实际执行过程中，更新值的处理与算法的并行执行密切相关。一般而言，图计算可分为有两大类执行模式[97]：体同步并行(bulk-synchronous parallelsim，BSP)和异步并行(asynchronous)。二者的核心区别只有一个，即被更新的节点值在当前迭代中是否立即可见：BSP 中节点值的更新在下一次迭代中才生效，异步并行则是让更新值立即生效。也可以类比数值计算中的 Jacobi 迭代和 Gauss-Seidal 迭代来理解二者的区别。

一般而言，BSP 实现更简单，较容易实现大规模并行，但收敛较慢(收敛所需迭代数量较多)[97]。异步并行收敛快，但不容易并行：为了实现更新值立即可见，需要复杂的同步操作[97]。此外，异步并行可以通过合理调度不同节点的处理顺序，来提高收敛速度[90, 97]。一个典型的例子是 SSSP 算法：Bellman-Ford 算法即 BSP，而 Dijsktra 算法和它的变形则是异步的。事实上，Dijsktra 算法使得一次迭代即可得到最终结果，但它几乎无法并行，且调度代价极大。

2. 节点中心模型的矩阵视角[97, 100]

事实上，还可以从矩阵视角看待上述算法模型。"以节点为中心"的算法模型尽管易用，但是很容易将人们的视野局限于图的局部区域或图算法的局部操作上。而从矩阵视角看待图算法模型，可以帮助人们从整体上把握图算法的执行过程，更加有利于对图分析框架的理解。

图算法模型的矩阵视角基于如下数学基础，即大部分图算法的一次迭代，总可以被视为定义在某个半环上的广义矩阵向量乘[97, 100]。这种广义矩阵向量乘与普通矩阵向量乘的唯一区别，在于原本的乘法运算和加法运算分别被用户定义的"边处理"（Edge Process）操作符和"约简"（Reduce）操作符所取代[100]。一般而言，图算法的广义矩阵向量乘中涉及的矩阵就是图的邻接矩阵的转置，而涉及的向量，则是上一次迭代得到的节点值向量。完成矩阵向量乘得到的向量会被作用（Apply）于旧的节点值向量，从而得到新的节点值向量。

图 4-67 从矩阵的视角刻画了图 4-66 中算法的执行过程。在这一算法中，"边处理"操作符的作用与乘法等价，就是简单地把相邻节点的旧值传递给"约简"操作符。而"约简"操作符的作用等价于 $\max\{\cdot, \cdot\}$，即取最大值。Apply 操作与"约简"操作一样，也是取最大值。由于图形的描述已经非常直观，这里不再做更多的文字赘述。值得指出的是，在矩阵视角中逐列从上到下（或从下往上）访问边，即等价于执行 push 型算子；逐行从左往右（或从右往左）访问边，即等价于执行 pull 算子。

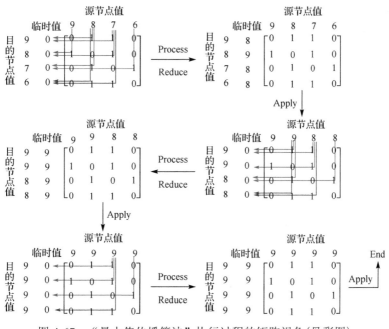

图 4-67　"最大值传播算法"执行过程的矩阵视角（见彩图）

3. 图计算的实现难点

上述图计算模型的实现有三大难点：计算访存比低、不规则以及数据集极大[97]。

(1)计算访存比很低。从前文所述的各类图算法可以看出，图算法每访问图中的一条边，往往只会进行很少的计算。例如，PageRank 每访问一条边只会进行一次乘加运算(注意到，除法可化为乘法)。因此，哪怕充分发挥了计算单元的并行性，最终总会被访存带宽限制住，片上丰富的计算资源事实上无法真正有效地参与计算。

(2)细粒度的不规则性。

① 访存的不规则。源节点访问和目的节点访问，二者必有一个涉及随机访存，而节点的存储是细粒度的(很多情况下一个节点值仅占 4 个字节)。此外，激活操作也会带来随机访存。这些细粒度的不规则访存会造成缓存系统中的缓存块被不适时地排出，进而导致缓存系统难以发掘可能的访存局域性。而由于主存系统的数据传输总是粗粒度的(一次传输 1 个缓存块，即 64 字节)，直接通过主存系统进行细粒度的随机访问必然造成带宽利用的极大浪费。此外，过于随机的访存也会经常引发DRAM 颗粒中的行缺失(row miss)，进而造成 DRAM 颗粒经常进行激活与预充电操作，进一步降低访存带宽与增大访存延时。

② 并行的不规则。无论是 BSP 还是异步并行，算子的执行总要求具有原子性(atomicity)。而图结构中又广泛存在着不规则的数据依赖性，这些都导致在并行执行图算法时，访存过程中会经常发生"写写冲突"与"读写冲突"。为了规避这些冲突，就必然导致并行的不规则性。同时需要指出的是，异步并行由于要求算子的操作结果是立即可见的，因此相比于 BSP，必然会引入更多的依赖关系，进而大大增加并行的不规则性。简言之，BSP 与异步并行的差异，便是对收敛性和并行不规则性的不同折中。收敛性的提高会减少工作量，但并行不规则性的提高则会增加完成相同工作量所需付出的代价。

(3)数据集极大。超大图的规模可能超出 DRAM 的存储空间。而这可能意味着我们需要在执行图计算时访问硬盘，而硬盘本身的低性能会带来更严重的带宽瓶颈。

可以看到，图计算的根本性能瓶颈是访存带宽。此外，图计算本身并行的不规则性也会导致图计算架构设计复杂性的提高以及带宽利用率的降低。事实上，基于当前硬件架构的软件优化是难以从根本上解决上述瓶颈的：基于 cache 的多核架构难以适应不规则的细粒度并行；而当前的主存系统限制了系统的访存带宽和存储容量。这一事实极大地刺激了硬件架构领域图计算相关研究的发展，而这正是将在下文中重点讨论的内容。

4.6.3　图计算硬件架构研究进展

我们将会看到，图计算硬件架构的研究思路在根本上总是一致的，即应对上文所述的三重挑战。传统技术路径的图计算加速器，由于其依旧依赖于传统的主存系统，因此事实上无法应对第一重挑战和第三重挑战，即主存系统的带宽与容量瓶颈。因此，其贡献主要围绕图计算的不规则性展开[83, 84, 89, 90, 92]。为了真正应对图计算的带宽瓶颈挑战，学术界把目光投向了基于 3D 堆叠的近存计算架构[87, 88, 95]。但是，由于图计算固有的"不规则性"的阻挠，要充分挖掘这类架构的潜力并不是一件容易的事情，当前基于这类架构的研究也主要围绕这一问题展开。而为了应对第三重挑战，近年来也出现了对基于 Flash SSD（固态硬盘）架构的研究[85, 101]。最后，这一领域也有很多基于现有的 CPU/GPU 架构的图计算加速研究[93, 94]。这一类研究的目的在于，通过向现有架构引入开销很小的改动（如引入一个面积和功耗很小的 DSA 模块），实现现有架构处理图算法效率的较大提升。当然，篇幅所限，本节论述的内容远非图计算架构研究的全貌。例如，为了克服访存瓶颈，近年来基于忆阻器的存内图计算架构研究也在兴起[86, 91]。基于现有 CPU/GPU 架构的图计算研究，也远不止后文提到的 SCU 一个。本节的主要目的在于对本领域诸多方面的工作做简略的介绍，以帮助读者对本领域广泛的研究建立基本的认识。

1. 传统技术路径的图计算加速器：应对图计算中的不规则性

如上文所述，传统芯片架构的图计算加速器只能应对图计算中的不规则性，但这并不意味着其设计本身是简单的。事实上，由于无法借助新兴技术的支持，其追求卓越图计算性能的道路只会更加艰险。设计者首先要面对的问题是该选择何种并行模式，BSP 还是异步并行？其次，还必须致力于有效解决该并行模式下的各种不规则性。下面将以并行模式为划分依据，讨论不同模式下加速器的典型设计。

1）体同步并行模式的加速器[83, 84]

采用传统芯片架构的体同步并行模式加速器设计包括 *The International Symposium on Microarchitecture（MICRO）'49* 的 Graphicionado[83]和 *MICRO'52* 的 GraphDynS[84]。前者奠定了该模式下加速器架构的基本形态，而后者则是对前者的改良。因此，这里将着重讨论前者。

Graphicionado 很好地解决了 BSP 模式下细粒度随机访问与细粒度不规则并行的问题。其精妙之处有两点：一是用高达 64MB 的 eDRAM（嵌入式 DRAM）片上暂存器（scratchpad）和简单的图划分（graph slicing）消除了片下的随机访问；二是使用了简单的哈希来分配计算任务，既达到了良好的负载平衡又解决了原子化操作的问题[83]。

具体来说，与片下对主存的访问相比，片上的随机访问可以提供更高的有效带宽、符合应用需求的细粒度，以及更高的能量效率。因此，消除不规则随机访存的有效方式，就是把可能访问的数据先顺序读取到片上，然后在片上根据实际需求进行随机访问[83]。对于节点值向量的大小超过片上存储空间的图，则可以从矩阵的视角，以目的节点为依据，将转置邻接矩阵横向切割，使每个子矩阵对应的目的节点向量大小能够完整地载入片上即可。但是，这一切分方案又会带来额外的开销，包括对源节点值的重复读取，以及对更多的边索引信息的读取。为了让这些开销最小，必须让子矩阵的数量尽可能少，即让子矩阵和它对应的目的节点向量尺寸尽可能地大，从而需要让片上的存储空间越大越好。Graphicionado 利用近年来日益成熟的eDRAM 技术，引入了高达 64MB 的片上暂存器，将图划分造成的额外开销降到了最低。实验显示，这一做法是极为有效的[83]。此外，采取 scratchpad 形式而非 cache形式的片上存储，也有效避免了缓存块的不适当排出[83]。

　　Graphicionado 的实现基于 push 型算子[83, 100]。如图 4-68 所示，其并行流水线前端"以源节点为中心(source-oriented)"的部分用于读入被激活的源节点及其出边。为了应对访存延迟问题，在同一条流水线内会同时并行读入多个节点的出边。对于所有源节点总是处于激活状态的算法(如 PageRank)，则简单地使用"预取"(Prefetch)技术来进行应对[83]。

　　读取出边后，就需要启动边处理(Edge Process)和约简(Reduce)计算。这时，如果依然以"源节点"为中心，则不同流水线之间必然会出现由于"原子化"要求而引发的冲突。为了规避这个问题，Graphicionado 采用了一种简单的哈希分配策略，通过 Crossbar 把不同的目的节点相关联的计算任务分配到编号等于节点号低位的计算单元和相应 eDRAM 块中(如果流水线数量为 8，则上述做法相当于把节点号除以8 余 k 的目的节点相关联的任务交给编号为 k 的运算单元处理)[83]。这样一来，不同的计算单元(即图 4-68 中不同的"以目的节点为中心"的后部流水线)所负责的目的节点集合的交集必为空。这就避免了不同计算单元同时访问同一个目的节点的问题。同时如果认为节点中边数的分布与节点编号无关，那么长期来看，不同计算单元间的任务量是相对平衡的。

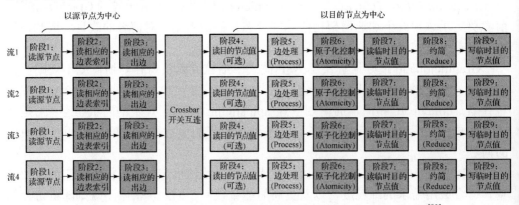

图 4-68　Graphicionado 的并行流水线架构(图中省略了 Apply 阶段)[83]

2) 异步并行模式的加速器[89,92]

基于异步并行模式的加速器设计包括 *ISCA16* 中 Ozdal 等的工作[92]，以及 *MICRO'53* 的 GraphPulse[89]。前者的设计基于一个类似于重排序缓存区(reorder buffer，ROB)的同步单元来实现数据依赖的检测和解决[89,92]。从实验结果来看，这种实现的复杂性限制了这一设计对并行性的挖掘[92]。后者则是一种基于"事件驱动 (event-driven)"调度的、数据流(dataflow)风格的异步并行实现[89]。下面着重讨论 GraphPulse 的设计。

事实上，基于"事件驱动"的不规则并行性挖掘是一种近几年被软件和架构领域所广泛采用、讨论和研究的设计方法，并被证明可以高效地挖掘具有大量不规则数据依赖的任务间并行性。但是，将这一机制引入异步并行图计算的主要困难在于，对于每一个被激活的源节点，如果为它的每一条出边都生成一个新的事件(因为被激活的源节点将通过它的每一条出边更新不同目的节点的值)，那么事件的数量将迅速超过片上存储所能容纳的极限[89]。这是因为现实中的图往往拥有上亿条甚至上百亿条边，仅仅是其中的一小部分边被激活，都远远超出普通芯片所能容纳的数量。GraphPulse 的主要贡献便在于引入了"事件驱动"机制，并使用了一种特殊的"合并(Coalesce)"方法来极大地压缩事件队列[89]。图 4-69 展示了 GraphPulse 的整体设计，是一个典型的"事件驱动"架构。图 4-70 展示了"合并"的算法思路。简言之，两个同在队列中且目的节点一致的事件，它们的事件信息可以通过"约简"(Reduce)操作符合并，进而把两个事件合并为一个事件[89]。如此一来，GraphPulse 片上队列的大小便必然不会超过当前处理子图的目的节点数量的大小。

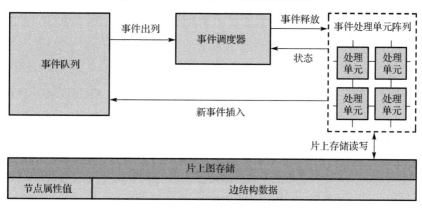

图 4-69　GraphPulse 的整体架构[89]

图 4-71 显示了"合并操作"的具体实现。为了实现快速"合并"，GraphPulse 必须能够快速找到可供合并的事件。这是通过图中所示的"直接映射"实现的，即目的节点相同的事件会被映射到同一地址，有些类似于缓存中的"直接映射"规则[89]。

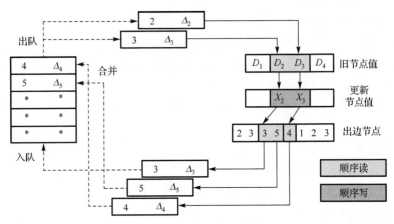

图 4-70　"合并操作"的原理[89]（见彩图）

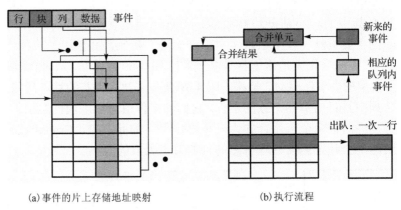

(a) 事件的片上存储地址映射　　　　　　(b) 执行流程

图 4-71　"合并操作"的实现[89]（见彩图）

此外，通过把事件信息记录在事件队列中并进行合并，GraphPulse 也消除了片下的随机访存[89]。

3）GraphABCD：在体同步与异步之间[90]

ISCA'20 的 GraphABCD 则完全跳出了现有的各类图分析框架，从机器学习领域已有充分研究的 Block Coordinate Descent（BCD）视角对图计算进行审视，提出了一种介乎于 BSP 和传统异步并行之间的新型异步（ayⅰnchronous）框架。

提出 GraphABCD 的动机分为两个方面：一是从底层硬件角度来看，为了充分利用数据中心各类不同的计算资源，需要把计算架构的视角从单一的 ASIC 向异构计算扩展。然而，异构计算单元间的同步往往会引入明显的开销。二是从高层算法角度看，我们希望了解图计算框架的设计参数会如何影响算法的收敛速度，以及如何在算法层面的收敛速度和异构计算的同步开销间进行折中。

为此,GraphABCD 引入了 BCD 的视角来审视和设计异构图计算框架。如图 4-72
所示,BCD 框架对矩阵进行了切分。与 BSP 与传统异步并行不同,BCD 每次处理
一个子矩阵,同时让子矩阵的处理结果对之后的处理立即可见。这就意味着:①在
处理一个子矩阵块时,GraphABCD 不需要面对像异步并行那般严重的数据依赖问
题;②在处理不同的子矩阵时,可以用到之前的子矩阵的计算结果,进而可以加快
收敛。如此一来,GraphABCD 便可以实现收敛速度与同步开销的优化设计。其具
体的算法流程如图 4-72(b)所示,简言之就是 GraphABCD 反复根据调度算法选择一
个矩阵块进行处理,直至不存在需要处理的矩阵块。这里的设计空间包括矩阵块的
大小和矩阵块的调度算法。一般而言,矩阵块越小,收敛性越好,但同步开销越大。
简单的调度算法,如轮询(cyclically)处理矩阵块,一般开销小,收敛慢;而复杂的
优先级调度,则是开销大,收敛快。

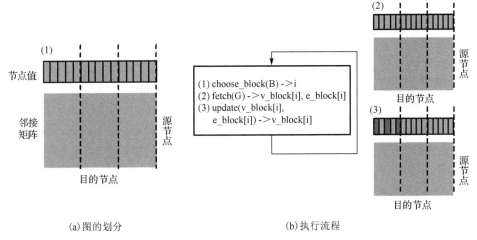

(a)图的划分   (b)执行流程

图 4-72 GraphABCD 中图的划分及在图分块上的执行流程[90]

在这一大的框架下,GraphABCD 基于 CPU-FPGA 平台提出了更为具体的设计,
如图 4-73 所示。它采用了一种把 pull 和 push 相混合的 pull-push 型算子以及相应的
Gather-Scatter 程序模型(Gather 对应 pull,Scatter 对应 push)。为发挥不同计算平台
的优势,GraphABCD 把涉及更多计算但不涉及随机访存的 Gather 任务交给了适合
计算任务的 FPGA,而把涉及大量随机访存的 Scatter 任务交给了更适任的 CPU。

2. 基于 3D 堆叠架构的近存计算图计算加速器:大幅度提高带宽[87, 88, 95]

有趣的是,在架构领域的顶会中最先出现的图计算工作并不是基于传统芯片架
构的设计,而是基于 3D 堆叠架构的近存计算图计算加速器[95]。某种程度上,这一
现象既出人意料,又在情理之中——毕竟相比于传统技术路径,3D 堆叠架构为图计
算的访存瓶颈提供了真正的破局之道。

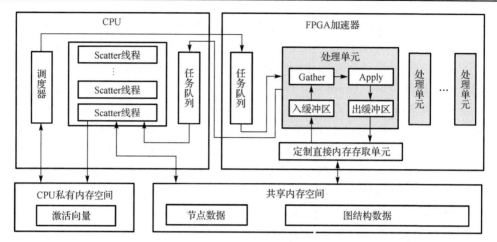

图 4-73　GraphABCD 的硬件架构[90]

这方面的工作最早可追溯到 *ISCA'15* 的 Tesseract[95]，它采用了类 HMC 的架构来为图计算提供 TB 量级的大规模访存带宽。不过，作为这个领域的先行者，Tesseract 也具有很多领域先行者的共同特质——大胆，但是粗糙。Tesseract 在实现中采用的偏简单的片上通信方案阻碍了它获得更为完美的性能，而这也成为后来者反复讨论和优化的对象[87, 88]。在 Tesseract 之后，许多基于类似架构的优化论文开始涌现。例如，*International Symposium on High-Performance Computer Architecture (HPCA)'18* 的 GraphP[87]，它提出通过合理的图划分（"基于源节点"的划分）、合理的通信链路设计与使用等方法来减少片上通信，进而优化整体性能。*MICRO'52* 的 GraphQ[88] 则受分布式计算中静态、结构化通信调度的启发，彻底消除了片上不规则的数据移动，进而大幅提高了 3D 堆叠架构下图计算的性能。从 Tesseract 到 GraphP 再到 GraphQ，这一演变轨迹可以说形成了一条相当清晰的发展脉络。不过受篇幅所限，本节只讨论 Tesseract 和 GraphQ。

1）Tesseract：近存计算加速器的先行者[95]

Tesseract 首先提出了基于 HMC 的图计算架构，如图 4-74 所示。一个完整的 Tesseract 架构由 16 个 HMC 构成，它们通过图 4-74(a) 所示的 SerDes 链接相连。每个 HMC 含有 8 层 8Gb 的 DRAM 层（DRAM layer），而在纵向上又被分割为了 32 个存储块（vault），如图 4-74(b) 所示。每个存储块又通过串行总线连接到一个 Crossbar 网络上。如此一来，同一 HMC 的存储块可以通过 Crossbar 通信，而不同 HMC 内的存储块也可以经由 HMC 内的 Crossbar 和 HMC 间的 SerDes 链接进行消息传递。如图 4-74(c) 所示，每个内存块下方又集成了一个处理核来执行计算和通信任务。

图的邻接矩阵与节点值向量被划分在了不同的内存块中，供各自的处理核进行并行处理。这样一来，通过对如此庞大数量的内存块的并行访问，我们便收获了极大的带宽。

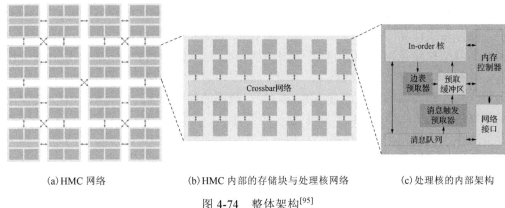

(a) HMC 网络　　　　　　　(b) HMC 内部的存储块与处理核网络　　　　　(c) 处理核的内部架构

图 4-74　整体架构[95]

对于这种非共享内存的并行处理架构，会很自然地联想到分布式并行计算。事实上，在分布式并行图计算中，同样通过多节点的并行处理，收获了数倍于单节点的访存带宽。那么，近存计算和分布式计算的根本区别到底在哪里呢？首先，近存计算通过 TSV 访问 DRAM，同时使用片上链接进行通信，因此必然拥有极低的功耗。其次，仅就性能而言，近存计算的根本优势在于，这些内存块的带宽是通过超高带宽和极低延迟的互连连接起来的。在 HMC 内，内存块与 Crossbar 网络间的带宽可以达到 40GB/s，而 HMC 间 SerDes 链接的带宽也达到了 120GB/s[95]。这种高带宽是数据中心所难以提供的。相比于分布式计算，图 4-74 架构中超大的互连带宽大大降低了多节点系统的通信开销，使系统性能的可扩展性得到了极大的提高。正是在这一基础上，近存计算才能真正把各内存块的访存带宽有效利用起来，使其为系统整体性能做出贡献。

不过，即便有了如此大的互连带宽，也并不意味着通信不会成为近存计算系统进一步提升性能的阻碍。事实上，HMC 间的互连带宽要明显小于 HMC 内部的访存总带宽[88, 95]。这意味着相比于访存，不够优化的通信设计可能导致通信成为近存计算系统的新瓶颈。Tesseract 就是如此。尽管它已经在设计中采用了非阻塞远程调用（non-blocking remote process call）以及各种预取技巧[95]，图计算本身的不规则性依然造成了大量细粒度、不规则的片上数据移动[88]。而这正是 GraphQ 所要解决的问题。

2）GraphQ：近存计算架构的通信优化[88]

在文献[88]中，作者一针见血地指出了近存计算与分布式计算的相似之处，然后利用分布式计算中的批消息（batching）、合并（coalescing）、合理的通信调度等，以及计算任务在处理核间的异构划分，实现了 HMC 内与 HMC 间通信的大幅优化。

对于目的节点在另一 HMC 内、而源节点值在本地 HMC 内的边的处理，Tesseract 会通过远程调用，把源节点值的相关位置信息传递给另一 HMC，然后远程的 HMC

再依据这些信息从本地 HMC 分别读取源节点的值,完成相应的计算。而在 GraphQ 中,受分布式计算中"批通信"(batched communication)的启发,采用了图 4-75(a) 所示的通信优化策略。如图 4-75(b)右侧所示,这些源节点值会先在本地完成"约简"计算,将所有这些值约简为一个值。同时,这一"约简"过程会对所有与同一远程 HMC 相关联的本地源节点并行进行,最终的约简结果会组合成一个"批"信息,统一发送给远程 HMC,用于进一步的计算。如此一来,消息的尺寸和数量都大为减小,大大减小了通信量,并提升了实际的带宽利用率。同时,为了进一步降低通信开销,GraphQ 采用了如图 4-76 所示的循环通信策略。如此一来,与散乱的远程调用相比,这一策略的每一步通信都是在确定的时刻和确定的对象间发生的,一方面极大地简化了通信的调度,另一方面避免了通信资源间的竞争,一举两得。此外,上述通信过程还能和计算过程(如前面提到的"约简"过程)相重叠(overlap),进一步隐藏通信的开销。

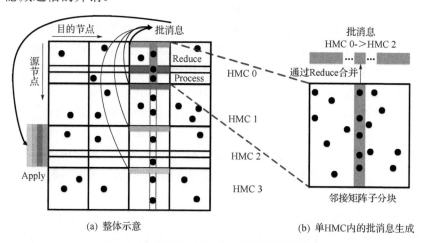

(a) 整体示意　　　　　　　　　　　(b) 单HMC内的批消息生成

图 4-75　批消息的生成与传递[88](见彩图)

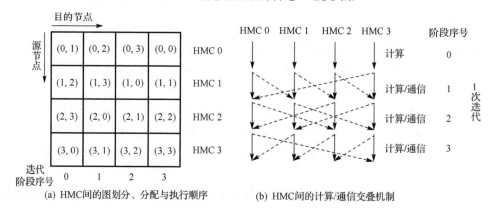

(a) HMC间的图划分、分配与执行顺序　　　(b) HMC间的计算/通信交叠机制

图 4-76　GraphQ 内 HMC 间的图划分、分配与执行顺序,以及 HMC 间的计算/通信交叠机制[88]

为了提高 HMC 内的访存效率，GraphQ 把 HMC 内的计算核划分为了 Process 单元和 Apply 单元，前者主要涉及顺序访存，后者则涉及必要的随机访存，如图 4-77(c) 所示。把二者分开，可以避免二者截然不同的访存模式相互影响，并可以单独为二者进行优化，从而明显提高了访存效率。

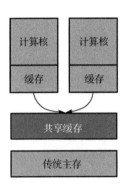
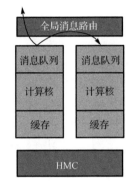
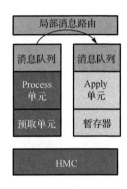

(a) 传统多核架构　　　　　(b) Tesseract 单 HMC 内的多核架构　　　(c) GraphQ 单 HMC 内的多核架构

图 4-77　GraphQ 单 HMC 内的多核架构与 Tesseract 及传统多核架构的对比[88]

除了上述两方面的设计优化，GraphQ 还讨论和优化了多个近存计算芯片节点间的通信优化。篇幅所限，这里不做更多的讨论。

3. 基于 Flash SSD 的图计算架构：超大图的高效计算[85, 101]

基于 Flash SSD 的架构工作主要包括 *ISCA'18* 的 GraFBoost[85]和 *ISCA'19* 的 GraphSSD[101]。它们的设计目标在于处理难以存储在 DRAM 主存系统中的超大图（十亿量级的节点数量和百亿量级的边数）。GraphSSD 通过对 SSD 控制器的专门设计来实现对图数据存取和更新的优化。GraFBoost 则提出了用于优化 SSD 访存的、较为普适的算法，并为这一算法设计了专门的加速器。由于篇幅所限，这里仅介绍 GraFBoost 的设计思路。

GraFBoost 的主体架构包括 Flash SSD、一个 1GB 大小的 DRAM 内存和一个加速器[85]。相比于 DRAM，SSD 的关键特征在于随机和细粒度的访存是更加不可忍受的。因此，GraFBoost 的核心，就在于提出了能够把与图计算相关联的 SSD 访问都化为顺序访问的算法 sort-reduce（排序-约简），以及这一算法的加速器[85]。排序-约简算法的核心思想，就是对图计算模型中 push 算子产生的、存储在 DRAM 中的中间结果，基于所属的目的节点编号进行合并排序（merge sort），同时利用属于同一目的节点的中间结果可以约简（reduce）的性质，在每一步合并（merge）过程中都对中间结果的数量进行压缩，最终得到一个顺序的、压缩的更新向量，如图 4-78(b) 所示[85]。通过最终得到的顺序、压缩的更新向量，得以最优化对 SSD 的访问；而通过在每一步合并中都对中间结果进行约简，则可以提升算法的执行效率。基于上述算法设计，就可以给出相应加速器的架构设计和执行流程，如图 4-79 和图 4-80 所示。其实现相当直观，与合并排序的思路完全一致：首先，把需要排序和约简的序列划分为能在加速器(FPGA)上存储的小块，在加速器上使用简单的合并网络完成对小块的排序。然后使用合并器树(merger tree)，流式地对大于片上存储的序列块进行排序-约简。最后这个过程可以简单地推广到超出 DRAM 存储空间的序列块，如是反复，即可得到最终结果[85]。

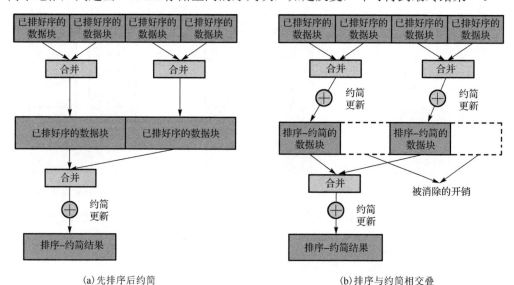

(a)先排序后约简　　　　　　　　　　　　　　(b)排序与约简相交叠

图 4-78　排序约简的执行思路(显然(b)更优)[85]

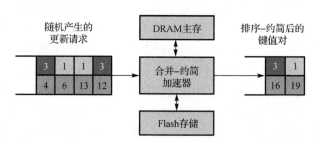

图 4-79　"排序-约简"加速器的数据流[85]

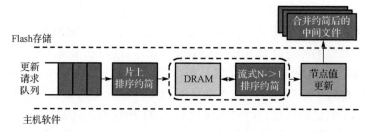

(a)基于片上存储与 DRAM 的排序约简：将较小的已排序约简数据块合并为较大的已排序约简数据块

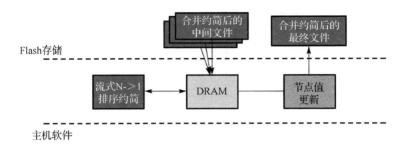

(b) 将较大块的已排序约简数据块合并为最终结果

图 4-80　分层次的排序约简过程[85]

实验证实，GraFBoost 具有良好的性能，且这一性能结果不依赖于 DRAM 系统的容量[85]。此外，随着图的进一步增大，GraFBoost 的性能劣化并不明显[85]。

4. 传统架构(CPU/GPU)的图计算增强[93, 94]

在以上几类设计之外，还有很多基于现有架构(如 CPU 和 GPU)的设计工作。这些工作往往先分析指出当前架构上图计算框架的某一低效步骤或过程，进而设计一个专门针对该步骤或过程的低开销额外电路并加入当前架构中，从而大幅度提高当前架构上图计算的实现性能[93, 94]。这一类设计的优点在于兼顾了 DSA 与当前流行架构和已有编程模型的兼容性。

一个基于 GPU 的典型图计算增强工作是 *ISCA'19* 的流压缩单元(stream compaction unit, SCU)[94]。流压缩，就是 GPU 图计算中用来提取本次迭代中被激活的节点或边的操作。为了图计算的高效进行，流压缩操作需要识别本次迭代中被激活的图元素，把它们读出，然后顺序、紧致地存放在一段连续的内存地址上。如此，下一轮迭代开始后，GPU 的计算核就可以通过访问这一段连续地址，进而高效访问被激活的元素。但是，"流压缩"操作本身并不适合 GPU 实现。一方面，GPU 的流计算单元是专为计算设计的，而流压缩操作本身仅涉及数据移动[94]。另一方面，流压缩操作涉及大量的稀疏且细粒度的随机访存，这些访存无法被有效地合并(coalesce)，所以对锁步(lock-step)执行的流计算单元很不友好[94]。因此，尽管"流压缩"操作本身看起来并不复杂，实验却显示其执行时间占比极高，有时甚至接近 60%，如图 4-81 所示[94]。因此，文献[94]提出，应为 GPU 增加一个专门的低开销流压缩单元，从而提升 GPU 的图计算性能，如图 4-82 所示。SCU 本身的设计并不复杂，其关键在于和原本 GPU 图计算实现在编程模型和性能上的良好兼容，这里不再展开叙述。

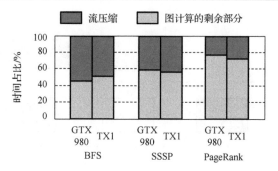

图 4-81　BFS、SSSP 和 PageRank 在 NVIDIA GTX980 和 Tegra X1 上的计算时间分解[94]

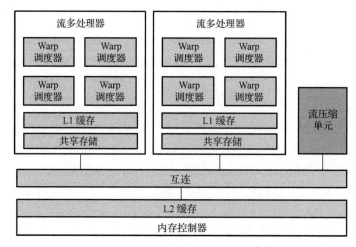

图 4-82　GPU-SCU 的基本架构[94]

4.6.4　展望

作为典型的 DSA，图计算架构本身及其发展轨迹都体现出了鲜明的"软件定义芯片"特征。

目前，尽管新的成果仍在不断出现，基于传统节点中心模型的架构讨论已趋于成熟。不过，新的机遇业已到来。近年来，以图挖掘(graph mining)[102-104]和图卷积神经网络(graph convolutional network，GCN)[105, 106]为代表的新兴图计算软件应用为图计算硬件架构研究提出了全新的挑战。

这两类应用与前文所述的传统图计算有两大鲜明的区别。

(1)数据结构有所差异，这一差异又体现在两个方面：①节点值的数据结构不同[104-106]。在传统图计算中，单节点的节点值或节点属性往往只是一个大小仅 4 字节的简单整数或浮点数，如 SSSP 和 PageRank。而在基于图嵌入(graph embedding)的图挖掘算法[102, 104]和图神经网络[105, 106]中，单节点的节点属性本身就是一个向量，而且其长度可能高达数十乃至数百字节。这大大增加了节点值的存储和带宽占用，并可能使类 Graphicionado 架构中基于片上暂存器消除随机节点值访问的策略变得非常低效。显然，这一差异对图计算架构的访存优化提出了新的要求。②图结构的特征可能有所差别。一个典型的例子是 GCN。针对不同的应用领域，GCN 面对的图结构是有明显差别的，如稀疏度的差别和图大小的差别[107]。在诸如化合物结构分析等应用中，GCN 所要处理的图的大小远小于传统图应用所针对的大图，甚至其整个邻接矩阵都可以完全存在片上[107]。在这种情况下，依然采用原本的访存和计算策略显然是不合适的，因为此时可以使用片上暂存器来完全消除片外访问。不过，鉴于图计算本身的不规则性，高效片上图处理的实现可能并不容易。

(2) 图算法的执行模式有所差异。显然，由于融入了神经网络计算，GCN 的执行与传统图计算差异明显[105, 106]。另一个典型的例子则是基于随机游走 (random walk) 的图嵌入挖掘算法，其基本原理是通过引入随机性来减少一次迭代过程中的计算量，同时保持一定程度的统计准确性[102]。显然，这也与传统的图计算不同，而且会对访存和并行的高效实现带来更严峻的挑战。

提出新的技巧和思路以应对上述新兴挑战是未来图计算架构发展的一大任务。不过，这里面更深刻的问题在于，这些新兴的图计算应用并不完全兼容于前文建立的图计算模型和架构，或者无法在这些架构下取得良好的性能。简言之，就是传统图计算架构在自身领域的泛用性遭到了新兴应用的挑战。这也是所有领域定制架构研究所共同面临的问题——一个在当前具有领域泛用性的设计，可能很快便不再泛用。而这也是领域定制架构实用化所面临的最主要挑战。"如何设计一个在当前以及未来一段时间内都具有良好领域内泛用性且兼顾性能的模型框架或接口？"这是包括图计算在内的所有领域定制架构研究都需要恒久追问和回答的问题。

4.7　网　络　协　议

良好的抽象 (如虚拟内存和分时系统) 在计算机系统中至关重要，因为它们可以使系统处理变化并简化更高层次的编程。网络由于关键的抽象取得进展：TCP 提供了端点之间连接队列的抽象，而 IP 提供了从端点到网络边界简单的数据报抽象。但是，网络内部的路由和转发仍然是路由协议 (如 BGP、ICMP、MPLS) 和转发行为 (如路由器、网桥、防火墙) 的复杂组成，控制和转发平面仍然在封闭、垂直整合的盒子中交织。

通过之间开放的接口 (如 OpenFlow[108]) 分离控制平面和转发平面的角色，软件定义网络 (SDN) 在抽象网络功能 (network function, NF) 方面迈出了关键的一步。控制平面从交换机中被取出并将其放置在外部软件中。对转发平面的编程控制允许网络所有者在复制现有协议的行为的同时向其网络添加新功能。基于称为 "Match-

Action"的方法，OpenFlow 作为控制平面和转发平面之间的接口已广为人知。粗略地说，数据包字节的子集与表进行匹配，匹配的条目指定了作用于数据包的相应操作。

可以想象在通用 CPU 上用软件实现 Match-Action，但是对于我们感兴趣的速度（当今大约为 1Tbit/s），需要专用硬件的并行性。数十年来，交换芯片的速度比 CPU 快两个数量级，比网络处理器快一个数量级，而且这种趋势不太可能改变。因此，需要考虑如何在硬件上利用流水线和并行性来实现 Match-Action，同时处于片上表存储器的限制之内。

在可编程性和速度之间存在自然的折中。如今，支持新功能经常需要更换硬件。如果 Match-Action 硬件允许在现场进行恰当的重新配置，以便在运行时支持新型的数据包处理，那么它将改变我们对网络编程的看法。真正的问题是，是否可以在不牺牲速度的情况下以合理的成本完成这项工作。

本节从软件定义网络的背景出发，介绍软件定义网络协议及其抽象转发模型，概述软件定义网络芯片研究现状和实现架构，最后提出软件定义网络芯片技术。

4.7.1 软件定义网络协议

软件定义网络(SDN)为运营商提供了对其网络的编程控制。在 SDN 中，控制平面在物理上与转发平面分离，并且一个控制平面控制多个转发设备。尽管可以通过多种方式对转发设备进行编程，但具有通用、开放、与供应商无关的接口（如OpenFlow），可使控制平面控制来自不同硬件和软件供应商的转发设备。

OpenFlow 接口从简单的规则表开始，它可以匹配许多报头字段(如 MAC 地址、IP 地址、协议、TCP/UDP 端口号等)上的数据包。在过去的五年中，规范变得越来越复杂，其中包含更多的报头字段和规则表的多个阶段，以允许交换机向控制器公开更多功能。

新报头域的增加没有停止的迹象。例如，数据中心网络运营商越来越希望应用新形式的数据包封装(如 NVGRE、VxLAN 和 STT)，他们希望重新部署易于使用新功能扩展的软件交换机。可以认为，未来的交换机应该支持灵活的机制来解析数据包和匹配报头字段，而不是重复扩展 OpenFlow 规范，从而允许控制器应用程序通过通用的开放接口(即新的"OpenFlow 2.0"API)利用这些功能。与今天的 OpenFlow 1.x 标准相比，这种通用且可扩展的方法将更简单、更优雅并且更适合未来应用。

最近的芯片设计表明，这种定制灵活性可以在定制 ASIC 中以 TB 级的速度实现。对新一代的交换芯片进行编程并非易事。每个芯片都有自己的低级接口，类似于微代码编程。文献[109]概述了用于编程独立于协议的分组处理器 (programming protocol-independent packet processors，P4)的高级语言设计。图 4-83 显示了 P4(用于配置交换机,告知其如何处理数据包)与旨在增添固定功能交换机中的转发表的现有 API(如 OpenFlow)之间的关系。P4 提高了对网络进行编程的抽象水平,可以用作控制器和交换机之间的通用接口。也就是说,我们认为,下一代 OpenFlow 应该允许控制器告诉交换机如何操作,而不是受固定交换机设计的约束。关键的挑战是要找到一个"最佳位置",以平衡表达需求与在各种硬件和软件交换机中易于实现之间的平衡。在设计 P4 时,有三个主要目标:

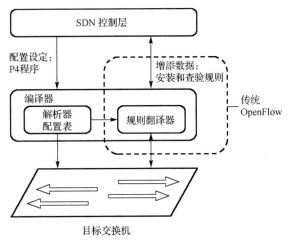

图 4-83　用来配置交换机的语言

(1)可配置性,即控制器应该能够在现场重新定义数据包的解析和处理。

(2)协议独立性,即交换机不应绑定到特定的数据包格式。相反,控制器应该能够指定数据包解析器用于提取具有特定名称和类型的报头字段,以及处理这些报头的类型化 Match-Action 表的集合。

(3)目标独立性。就像 C 程序员不需要知道底层 CPU 的细节一样,控制器程序员也不需要知道底层交换机的细节。相反,当将与目标无关的描述(用 P4 编写)转换为与目标有关的程序(用于配置交换机)时,编译器应考虑交换机的功能。

1. 抽象转发模型

在本节的抽象模型中(图 4-84),通过可编程的解析器来转发数据包,然后是多个阶段的 Match-Action,以串行、并行或两者结合的方式排列。该模型进行了三种源自 OpenFlow 的概括:①OpenFlow 假定使用固定的解析器,而该模型支持可编程的解析器以允许定义新的报头;②OpenFlow 假设 Match-Action 阶段是串行的,而在该模型中,它们可以是并行或串行的;③该模型假设动作由交换机支持的与协议无关的原语组成。

该抽象模型概括了如何在不同的转发设备(如以太网交换机、负载平衡器、路由器)和不同的技术(如固定功能交换机(ASIC)、NPU、可重配置交换机、软件交换机、

FPGA)中处理数据包。这使我们能够设计一种通用语言(P4)来表示如何根据该通用抽象模型来处理数据包。因此，程序员可以创建独立于目标的程序，编译器可以将它们映射到各种不同的转发设备，从相对较慢的软件交换机到最快的基于 ASIC 的交换机。

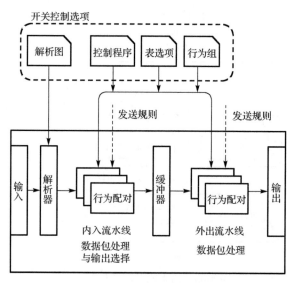

图 4-84　抽象转发模型

转发模型由两种类型的操作控制：配置和增添。配置解析器的操作程序，设置 Match-Action 阶段的顺序，并指定每个阶段处理的报头字段；配置确定支持哪些协议以及交换机如何处理数据包。填充操作向配置过程中指定的 Match-Action 表添加（和删除）条目，入口确定在任何给定时间应用于数据包的策略。

假设配置和增添是两个不同的阶段。特别是，交换机无须在配置期间处理数据包。但是，我们希望这些实现将允许在部分或全部重新配置期间进行数据包处理，从而实现无停机的升级。本节模型故意允许并鼓励不中断转发的重新配置。

显然，在固定功能的 ASIC 交换机中，配置阶段没有什么意义。对于这种类型的交换机，编译器的工作是简单地检查芯片是否可以支持 P4 程序。取而代之的是，我们的目标是抓住向快速可重新配置的包处理流水线发展的总体趋势。

到达的数据包首先由解析器处理。假定包主体是单独缓冲的，并且不可用于匹配。解析器从报头中识别并提取字段，从而定义了交换机支持的协议。该模型不对协议报头的含义做任何假设，只是以解析的表示形式定义了匹配和操作在其上进行操作的字段的集合。

然后将提取的报头字段传递到 Match-Action 表。Match-Action 表在入口和出口之间划分。尽管两者都可以修改数据报头，但是入口 Match-Action 将确定出口端口并确定将数据包放入的队列。基于入口处理，可以转发、复制数据包(用于多播、跨度或到控制平面)、丢弃或触发流控制。出口 Match-Action 对数据包报头按实例进行修改，如对于多播副本。动作表(计数器、策略器等)可以与流相关联以跟踪帧到帧的状态。

数据包可以在阶段之间携带称为元数据的附加信息，该信息与数据报头字段的处理方式相同。元数据的一些示例包括入口、传输目的地和队列、可用于数据包调度的时间戳以及从表到表传递的不涉及更改数据包的解析表示的数据，如虚拟网络标识符。

排队规则的处理方式与当前 OpenFlow 相同：操作将数据包映射到队列，队列被配置为接收特定的服务规则。选择服务准则(如最小速率、DRR)作为交换机配置的一部分。

2. Match-Action 匹配表模型

1)单个匹配表

最简单的方法是从单个匹配表(single match table，SMT)模型中抽象匹配语义。在 SMT 中，控制器告诉交换机将数据包报头字段的任何集合与单个匹配表中的条目进行匹配。SMT 假定解析器能够定位并提取正确的报头字段以与表匹配。例如，以太网数据包可能具有可选的 MPLS 标签，这意味着 IP 报头可以位于两个不同的位置。当完全指定所有字段时，该匹配为二元完全匹配；对于某些位被关闭的匹配(通配符条目)，该匹配为三态匹配。从表面上看，SMT 抽象对程序员(有什么比单个匹配更简单？)和实现者(可以使用广泛的三态内容寻址存储器(ternary content addressable memory，TCAM)来实现)都是有好处的。请注意，转发数据平面抽象具有最严格的硬件实现约束，因为通常要求转发以大约 1Tbit/s 的速度运行。

然而，仔细研究表明，由于经典问题，SMT 模型的使用成本很高。该表需要存储报头的每种组合；如果报头行为是正交的(条目将具有许多通配符位)会造成浪费。如果一个报头匹配影响另一个报头匹配，则可能更加浪费，例如，如果第一个报头上的匹配确定了第二个报头上要匹配的不相交的一组值(如在虚拟路由器中)，则要求该表保持两者的笛卡儿积。

2)多个匹配表

多个匹配表(multiple match table，MMT)是 SMT 模型的自然改进。MMT 在一个重要的方式上超越了 SMT：它允许多个较小的匹配表与数据包字段的子集进行匹配。匹配表排列成阶段的流水线；通过第 i 阶段修改数据包报头或其他信息传递给第 j 阶段，使第 j 阶段的处理依赖于第 $i<j$ 阶段的处理。MMT 易于在每个阶段使用一组较窄的表来实现；实际上，它与现有交换芯片的实现方式已经足够接近，可以

轻松映射到现有流水线。Google 报告使用商品交换芯片将其整个专用广域网转换为这种方法。

OpenFlow 规范过渡到 MMT 模型，但没有规定表的宽度、深度甚至数目，从而使实现者可以随意选择多个表。虽然许多字段已经标准化（如 IP 和以太网字段），但 OpenFlow 允许通过用户定义的字段工具引入新的匹配字段。

现有的交换芯片实现的表数量很少，在制造芯片时会设置宽度、深度和执行顺序，但这严重限制了灵活性。用于核心路由器的芯片可能需要一个非常大的 32 位 IP 最长匹配表和一个小的 128 位 ACL 匹配表；用于 L2 桥接器的芯片可能希望具有 48 位目的 MAC 地址匹配表和第二个 48 位源 MAC 地址学习表；企业路由器可能希望有一个较小的 32 位 IP 前缀表、一个更大的 ACL 表以及一些 MAC 地址匹配表。为每个用例制造单独的芯片效率很低，因此商用交换芯片倾向于设计为支持所有通用配置的超集，并以预定的流水顺序排列一组固定大小的表。这给想要调整表大小以优化其网络的网络所有者带来了问题，或者超越现有标准定义的新转发行为。实际上，MMT 通常会转换为固定的多个匹配表。

第二个更棘手的问题是，交换芯片仅提供有限的动作清单，这些动作对应于常见的处理行为，如转发、丢弃、递减 TTL、推送 VLAN 或 MPLS 报头以及 GRE 封装。到目前为止，OpenFlow 仅指定其中的一个子集。这个动作集不容易扩展，也不是很抽象。更为抽象的一组动作将允许修改任何字段，与包关联的任何状态机都将被更新，以及包将被转发到任意一组输出端口。

3）可重构匹配表

可重构匹配表（reconfigurable match table，RMT）是对 MMT 模型改进的探索。类似于 MMT，理想的 RMT 允许一组流水阶段，每个阶段具有任意深度和宽度的匹配表。RMT 超越了 MMT，它允许通过以下四种方式重新配置数据平面：①可以更改字段定义并添加新字段；②可以指定匹配表的数量、拓扑结构、宽度和深度，仅受匹配位数的整体资源限制；③可以定义新的动作，如编写新的拥塞字段；④可以将任意修改的数据包放置在指定的队列中，以在任何端口子集输出，并为每个队列指定排队规则。此配置应由 SDN 控制器根据定义的控制协议管理。

通过考虑最近几年提出的新协议，如 PBB、VxLAN、NVGRE、STT 和 OTV，可以看到 RMT 的好处。每个协议定义新的头字段。没有像 RMT 这样的体系结构，就需要新的硬件来匹配和处理这些协议。

请注意，RMT 与当前的 OpenFlow 规范完全兼容（甚至部分实现）。各个芯片可以清楚地允许接口重新配置数据平面。实际上，一些现有芯片至少部分是由于需要应对多个细分市场而引起的，它们已经具有一些可重新配置的特征，可以使用与芯片的特设接口来表达它们。

4.7.2　软件定义网络芯片研究现状

1.　RMT 架构[110]

将 RMT 想象成"存在一组流水级……每个流水级都有一个匹配深度和宽度的匹配表，这些匹配表与字段匹配"。其逻辑是 RMT 交换机由解析器组成，以启用字段匹配，然后是任意数量的匹配阶段。谨慎起见，建议这里包括某种排队以处理输出处的拥塞。

解析器必须允许修改或添加字段定义，这意味着可重新配置解析器。解析器的输出是一个报头向量，它是一组头字段，如 IP 目标地址、Ethernet 目标地址等。此外，报头向量包括"元数据"字段，如包到达的输入端口以及其他路由器状态变量（如路由器队列的当前大小）。向量流经一系列逻辑匹配阶段，每个阶段都抽象了图 4-85 中数据包处理（如以太网或 IP 处理）的逻辑单元。

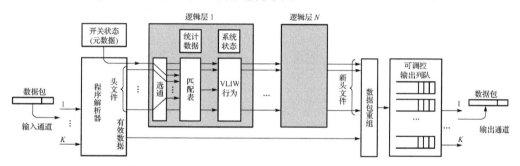

图 4-85　RMT 模型是一系列逻辑 Match-Action 阶段

每个逻辑匹配阶段都允许配置匹配表大小，例如，对于 IP 转发，可能需要一个 256K 32 位前缀的匹配表，对于以太网，可能需要 64K 48 位地址的匹配表。输入选择器选择要匹配的字段。数据包修改使用 VLIW 完成，该指令可以同时对报头向量中的所有字段进行操作。

更准确地说，报头向量中的每个字段 F 都有一个动作单元，该单元最多可以包含三个输入自变量，包括报头向量中的字段和匹配的动作数据结果，然后重写 F。允许每个逻辑阶段重写每个字段似乎有些过头，但是它在转换标题时很有用。稍后将展示与匹配表相比，操作单位成本要小。逻辑 MPLS 阶段可以弹出 MPLS 头，向前移动后续的 MPLS 头，而逻辑 IP 阶段可以简单地减少 TTL。指令还允许修改可能影响后续分组的处理的有限状态（如计数器）。

控制流由每个表匹配项的附加输出 next-table-address 实现，该输出提供要执行的下一个表的索引。例如，在阶段 1 中特定 Ethertype 的匹配可以指导后续处理阶段在 IP 上进行前缀匹配（路由），而不同的 Ethertype 可以指定在以太网 DA 上进行精确匹配(桥接)。数据包的命运是通过更新一组目标端口和队列来控制的；可以用于丢弃数据包，实现多播或应用指定的 QoS(如令牌桶)。

在流水线的末尾需要一个重组块，以将报头向量修改推回到数据包中。最后，将数据包放置在指定输出端口的指定队列中，并应用可配置的排队规则。

总之，图 4-85 中的 RMT 模型是一系列逻辑 Match-Action 阶段。理想 RMT 允许通过修改解析器来添加新字段，通过修改匹配存储器来匹配新字段，通过修改阶段指令来进行新操作，以及通过修改每个队列的队列规则来进行新排队。理想的 RMT 可以模拟现有设备，如网桥、路由器或防火墙。并且可以实现现有协议，如 MPLS 和 ECN，以及文献中提出的协议，如使用非标准拥塞字段的 RCP。最重要的是，它允许以后修改数据平面而无须修改硬件。

1)640Gbit/s 的实现架构

这里提出一种如图 4-86 所示的灵活的匹配表配置所示的体系结构实现，该体系结构由大量物理流水阶段组成，根据每个逻辑阶段的资源需求，可以将较少数量的逻辑 RMT 阶段映射到该阶段。此体系结构实现的动机是：

(1)分解状态。路由器转发通常具有多个阶段(如转发、ACL)，每个阶段使用一个单独的表；将它们组合到一张表中会产生状态的叉积。阶段根据相关性顺序处理，因此物理流水线是自然的。

(2)灵活地资源分配，最大限度地减少资源浪费。物理流水阶段具有一些资源(如 CPU、内存)。逻辑阶段所需的资源可能相差很大。例如，防火墙可能需要所有 ACL，核心路由器可能只需要前缀匹配，边缘路由器可能需要每个前缀。通过将物理阶段灵活地分配到逻辑阶段，可以重新配置流水线，使其从防火墙变成现场的核心路由器。物理阶段 N 的数量应足够大，以使用很少资源的逻辑阶段最多浪费 $1/N$ 的资源。当然，增加 N 会增加开销(布线、功耗)：在这里的芯片设计中，选择 $N=32$ 作为减少资源浪费和硬件开销之间的折中方案。

(3)布局优化。如图 4-86 所示，可以通过将逻辑阶段分配给多个连续的物理阶段，为逻辑阶段分配更多的内存。另一种设计是通过 Crossbar 交换机将每个逻辑级分配给单独的一组解耦的存储器。尽管此设计更加灵活(可以将任何存储体分配给任何阶段)，但在最坏情况下，处理阶段与存储器之间的线路延迟将至少增加 M 倍，这在需要大量存储器的路由器芯片中可能会很大。尽管可以通过流水线改善这些延迟，但这种设计的最终挑战是布线：除非减小电流匹配和动作宽度(1280 位)，否则在每个阶段和每个存储器之间运行这么多的导线可能是不可能的。

总而言之，灵活的匹配表配置的优势在于它使用具有短线的平铺架构，可以以最小的浪费来重新配置资源。但同时有两个缺点：①拥有更多的物理级似乎增加了功率需求；②此体系结构实现简化了处理和内存分配。一个逻辑阶段需要更多的处理，必须为其分配两个物理阶段，即使不需要，也会获得两倍的内存。实际上，这两个问题都不重要。这里的芯片设计表明，流水线处理器使用的功率最多为整体功率使用量的 10%。另外，在网络中，大多数用例是由内存使用而不是处理决定的。

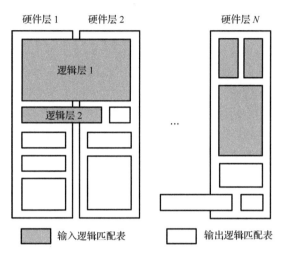

图 4-86　灵活的匹配表配置

2) 可实现性的限制

物理流水阶段体系结构需要如下限制以允许实现太比特速度：

(1) 匹配限制。设计必须包含固定数量的物理匹配阶段以及一组固定资源。我们的芯片设计在入口和出口都提供 32 个物理匹配阶段。出口处的 Match-Action 处理通过将每个端口的修改推迟到缓冲之后，可以更有效地处理多播数据包。

(2) 数据报头限制。必须限制包含用于匹配和操作的字段的数据报头向量。我们的芯片设计限制为 4Kb(512B)，可以处理相当复杂的报头。

(3) 内存限制。每个物理匹配阶段都包含大小相同的表内存。通过将每个逻辑匹配阶段映射到多个物理匹配阶段或其中的各个部分，可以对任意宽度和深度的匹配表进行近似。例如，如果每个物理匹配阶段仅允许 1000 个前缀条目，则在两个阶段中实现 2000 个 IP 逻辑匹配表。同样，较小的 Ethertype 匹配表可能会占用匹配阶段内存的一小部分。

SRAM 中基于哈希的二进制匹配比 TCAM 三元匹配开销低 6 倍。两者都很有用，因此在每个阶段都提供固定数量的 SRAM 和 TCAM。每个物理级包含 106 个 1K×112bit 的 SRAM 块，以及 16 个 2K×40bit 的 TCAM 块，这些 SRAM 块用于 80bit 宽的哈希表(开销比特在后面说明)并用于存储操作和统计信息。块可并行使用以进行更广泛的匹配，例如，使用四个块进行 160bit 的 ACL 查找。这 32 个阶段的总内存为 370Mbit SRAM 和 40Mbit TCAM。

(4)动作限制。必须限制每个阶段中指令的数量和复杂性以确保可实现性。在这里的设计中，每个阶段每个字段可以执行一条指令。指令仅限于简单的算术、逻辑和位操作。这些操作允许实现诸如 RCP 之类的协议，但不允许在包主体上进行包加密或正则表达式处理。

指令无法实现状态机功能，它们只能修改数据报头向量中的字段，更新有状态表中的计数器或将数据包定向到端口/队列。排队系统为每个端口提供四个级别的层次结构和 2K 队列，从而允许赤字循环、层次结构公平队列、令牌桶和优先级的各种组合。但是，它无法模拟 WFQ 所需的排序。

在芯片中，每个阶段包含 200 多个动作单元：一个用于报头向量中的每个字段。芯片中包含 7000 多个动作单元，但是与内存相比，这些动作单元占用的面积较小（小于内存的 10%）。动作单元处理器非常简单，经过专门设计，可以避免执行指令所需的成本，并且每位所需的门数少于 100。

这种 RMT 体系结构应该如何配置？需要两条信息：一个表示允许的报头序列的解析图，另一个表示匹配表集以及它们之间的控制流的表流程图。理想情况下，编译器执行从这些图到适当的交换机配置的映射。

3) 芯片设计

到目前为止，已经使用了便于网络用户使用的 RMT 转发平面的逻辑抽象，以及实现 RMT 的物理体系结构。下面描述实现设计细节。

为交换芯片选择了 1GHz 的工作频率，因为在 64 个端口×10Gbit/s 且总吞吐量为 960M/s 的情况下，单个流水线可以处理所有输入端口数据，为所有端口提供服务，而在较低频率下，可以使用多个这样的流水线，但要增加面积。交换芯片的框图如图 4-87 所示。请注意，这与图 4-85 中的 RMT 体系结构图非常相似。

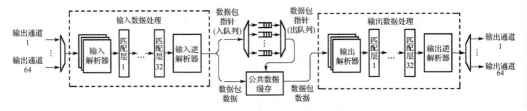

图 4-87　交换芯片架构

输入信号由 64 个 10Gbit SerDes（串行器-解串器）输入输出模块通道接收。40G 通道是通过将四个 10G 端口组合在一起而形成的。通过执行低水平信令和 MAC 功能（如 CRC 生成/检查）的模块后，解析器将处理输入数据。使用 16 个入口解析器块代替图 4-85 中所示的单个逻辑解析器，因为可编程解析器设计可以处理 40Gbit 带宽，可以是四个 10G 通道或一个 40G 通道。

解析器接收各个字段位于不同位置的数据包，并输出固定的 4Kbit 数据报头向量，其中为每个解析字段分配一个固定的位置。位置是静态的，但可以配置。字段的多个副本(如多个 MPLS 标签或内部和外部 IP 字段)在数据报头向量中分配了唯一位置。

输入的解析器结果被多路复用到单个流中，以提供由 32 个顺序匹配级组成的匹配流水线。大的共享缓冲区为适应由于输出端口超额订购而导致的排队延迟；存储根据需要分配给通道。解析器将数据报头向量中的数据重新组合回每个数据包中，再存储到公共数据缓冲区中。

排队系统与公共数据缓冲区关联。数据缓冲区存储分组数据，而指向该数据的指针则保留在每个端口 2K 队列中。每个通道依次使用可配置的排队策略从公共数据缓冲区中请求数据。接下来是一个出口解析器，一个由 32 个匹配级组成的出口匹配流水线和一个解析器，之后，数据包数据被定向到适当的输出端口，并由 64 个 SerDes 输出通道从芯片外驱动。

尽管单独的 32 阶段出口处理流水线看起来有些过头，但可以证明出口和入口流水线共享相同的匹配表，因此成本最低。此外，出口处理允许通过端口自定义多播数据包(如针对其拥塞位或 MAC 目的地)，而无须在缓冲区中存储多个不同的数据包副本。

2. dRMT：分解式可编程交换[111]

从历史上看，高速数据包交换芯片被构造为 Match-Action 阶段的流水线。对于每个传入的数据包，每个阶段提取特定的数据包报头位以生成匹配密钥，然后在匹配操作表中查找此密钥，最后使用匹配结果来执行操作。例如，一个阶段可以提取数据包的 IP 目标地址，在转发表中查找该 IP 地址，然后使用结果确定传出端口。近年来，出现了可编程交换机，从而可以使用 P4 之类的语言来编程交换机流水线的 Match-Action 阶段。

可编程交换机的主要架构是可配置 Match-Action 表(RMT)架构。RMT 使用 Match-Action 阶段的流水线，类似于常规的固定功能交换机。但是，RMT 使 Match-Action 阶段可编程。程序员可以指定要匹配的报头集、要执行的匹配类型(精确、三元等)，还可以从原始操作中组合出自己的复合操作。

RMT 的流水阶段包含三种硬件资源：①匹配单元，用于提取报头位以形成匹配键；②本地内存集群中的表内存；③以编程方式修改数据包字段的动作单元。例如，一个阶段可能具有一个匹配单元，用于从数据报头中提取多达 8 个 80 位密钥、11Mbit 的 SRAM 和 1.25Mbit 的用于表的 TCAM，以及一个动作单元，以并行修改多达 32 个数据包字段。

通过将这些资源连接到顺序的流水线中，RMT 大大简化了布线。但是，由于 RMT 具有流水线架构，因此存在两个主要缺点。首先，由于每个流水阶段只能访问本地内存,因此 RMT 必须在同一阶段为表分配内存,该表提取其匹配键并执行其操作。这会通过 Match-Action 处理使内存分配变大,这使表放置面临挑战,并可能导致资源利用不佳。例如,当一张大表不适合一个阶段时,必须将其分散到多个阶段。但是,在此过程中,除非有其他可以并行执行的表,否则这些阶段(除了其中一个阶段)的 Match-Action 单元都是浪费的。

其次,RMT 的硬连线流水线只能按固定顺序执行操作:在阶段 1 中进行匹配,然后进行操作,然后在阶段 2 中进行匹配,然后进行操作,依此类推。这种僵化可能导致匹配和操作不平衡的程序的硬件资源利用率不足。例如,具有默认操作的程序不需要前面的匹配,例如,减少数据包的 TTL,就会在运行默认操作的流水阶段浪费匹配单元和表内存。此外,由于数据包只能按顺序遍历流水线,因此不适合可用硬件阶段的程序,必须通过流水线重新循环数据包;即使程序仅需要一个额外的处理阶段,这也会将吞吐量减少一半。

这里提出分解式可重构匹配表(disaggregated reconfigurable match-action table,dRMT),这是一种可编程交换机的新架构,可以解决 RMT 面临的两个问题。dRMT 的主要见解是分解可编程交换机的硬件资源。如图 4-88 所示,dRMT 可分解为:

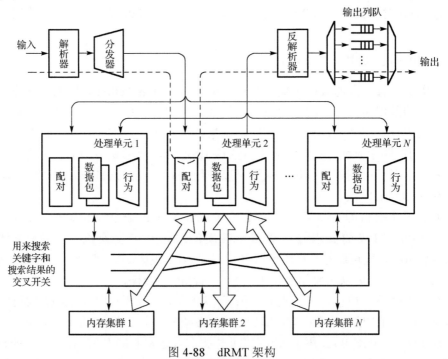

图 4-88　dRMT 架构

(1)内存。dRMT 将表的内存与处理阶段分开,并使它们可通过 Crossbar 交换机访问。Crossbar 交换机在匹配/动作单元和内存之间携带搜索键和结果。

(2)计算。dRMT 用一组 Match-Action 处理器代替了 RMT 的顺序连接流水级。匹配处理器包括匹配单元和操作单元，类似于 RMT 的流水阶段。但是，与流水阶段不同，数据包不会在 dRMT 处理器之间移动。取而代之的是，根据循环调度将每个数据包发送到一个 dRMT 处理器。数据包驻留在该处理器上，该处理器运行该程序的整个程序以使其完成。

内存和计算的分解为 dRMT 提供了极大的灵活性。首先，内存分解将表的内存分配与执行其 Match-Action 处理的硬件分离。其次，计算分解可让处理器在给定数据包和不同数据包之间以任意顺序交错 Match-Action 操作。最后，计算分解允许数据包间并发，这是处理器一次对多个数据包执行 Match-Action 操作的能力。与 RMT 相比，这种灵活性导致 dRMT 的硬件利用率更高，从而减少了在以下位置运行程序所需的硬件数量(如级数/处理器数量)线路速率。等效地，它增加了固定数量的硬件可以线速执行的程序集。

dRMT 的运行完成包处理模型先前已在某些网络处理器中使用。但是，这些网络处理器不能保证确定的数据包吞吐量和延迟。由于各种原因，不确定性在网络处理器中发生，包括高速缓存未命中和处理器-内存互连中的争用。在 dRMT 中，我们展示了如何在编译时调度整个系统(处理器和内存)，从而不会发生争用。给定一个 P4 程序，我们的调度算法会在编译时计算静态调度，从而确保确定的吞吐量和延迟。

这里使用四个基准 P4 程序评估 dRMT，其中三个是由开源 switch.p4 程序派生的，另一个是从大型交换 ASIC 制造商那里获得的专有程序。在这些程序中，发现 dRMT 需要比 RMT 少 4.5%、16%、41% 和 50% 的处理器才能实现线速吞吐量(每个周期 1 个数据包)。还发现，对于 100 个随机生成的具有类似 switch.p4 的程序，dRMT 可以将线速吞吐所需的处理器数量平均减少 10%(最多 30%)。此外，如果程序需要的阶段比硬件提供的更多，那么 dRMT 的吞吐量会随着处理器数量的减少而下降，而 RMT 的性能却会下降。

前面介绍了 dRMT 的硬件设计，并分析了其可行性和芯片面积成本。dRMT 相对于 RMT 的灵活性要付出一些额外的芯片面积成本，因为：①实现 RMT 中不存在的 Crossbar 交换机；②实现存储并执行整个 P4 程序的 Match-Action 处理器，而不像 RMT 阶段仅存储并执行 P4 程序的一部分。我们提出了一些架构优化方案，它们以适度的限制为代价而降低了成本。尽管尚未构建 dRMT 芯片，但分析表明，对于相同数量的处理器/级，可以用与 RMT 相当的芯片面积来实现 dRMT。例如，具有 32 个处理器的 dRMT 芯片比具有 32 个级的 RMT 的成本大约多 5mm^2，相对于典型交换芯片的总芯片面积(>200mm^2)适度增加。dRMT 的可扩展性受 Crossbar 交换机接线复杂性的限制。将 Crossbar 交换机的规模扩展到远远超过 32 个处理器(这已经需要仔细的手动放置和布线)可能很困难。幸运的是，交换芯片不太可能需要超过 32 个处理器(如最先进的可编程交换机具有 12 个级)。

3. FlowAdapter：在旧硬件上启用灵活的多表处理[112]

OpenFlow 是实现网络创新最有潜力的技术之一。为了使 OpenFlow 具有更大的灵活性和更高的效率，OpenFlow 中引入了多表流水线。建议使用硬件抽象层(HAL)来解决传统交换机硬件和控制器之间的流表流水线不兼容的问题。但是，控制器的负担将大大增加。文献[112]提出了一种创新的中间层，称为 FlowAdapter。它将流进入规则从控制器流表流水线转换为交换硬件流表流水线，以便可以将相同的规则装入不同类型的硬件中。通过 FlowAdapter，可以使用旧式 OpenFlow 硬件来支持多表流水线规则。FlowAdapter 位于交换机中，对控制器是透明的。通过原型实现，可以发现 FlowAdapter 有效地执行了规则转换。

这里提出了一种机制来解决控制器发布的多级规则表与硬件平面之间的不匹配问题。每个支持 OpenFlow 的交换机都包含一个灵活的软件数据平面，可以将其升级为支持新协议。交换机的硬件数据平面实现了高速数据包转发。FlowAdapter 是软件数据平面和硬件数据平面之间的中间层，以使它们有效地协同工作。

FlowAdapter 旨在将控制器发布的 M 级多重流表转换为等效地在每个交换机的硬件数据平面中实现的 N 级多重流表。现在，首先在这里高级别描述 FlowAdapter。将 FlowAdapter 分为两个主要阶段：MTO(将 M 级多个流表转换为一个阶段流表)和 OTN(将一个阶段流表转换为 N 个阶段多流表)。有人可能想知道为什么不直接将 M 级多流表转换为 N 级多流表，N 的值被认为可能为 1。此外，FlowAdapter 应该与仅存储单个流表的传统硬件兼容。此外，一级流表可以在整个转换过程中起到桥梁作用。它可以简化许多复杂的过程，如消除多余的匹配字段或操作。

根据 OpenFlow 多表流水线定义一个完整的规则，该规则由 OpenFlow 多级流表中的一个或多个流条目组成。若有多个流条目，则每个流条目应属于不同的流表。此外，这些流条目还使用 Goto 指令和 Metadat 形成流水线。通过 Goto 指令和元数据，流水过程可以找到下一个流条目。实际上，除了流水线中的最后一条指令，每个流条目都有一个 Goto 指令。当且仅当流水线处理无法通过当前流条目的 Goto 指令找到下一个流条目时，其规则才是不完整的。否则，该规则是完整的。这里只考虑 M 级多流表中的完整规则，这些表应由 FlowAdapter 转换。因此，有必要在转换之前在软件数据平面中检测完整的规则。

4. ClickNP：可重构硬件的高度灵活和高性能的网络处理[113]

现代的多租户数据中心提供了共享的基础架构，用于以低成本托管来自不同客户(即租户)的许多不同类型的服务。为了确保安全性和性能隔离，每个租户都部署在虚拟化的网络环境中。数据中心运营商需要灵活的 NF 来实现隔离，同时保证服务水平协议(SLA)。

传统的基于硬件的网络设备不灵活，并且几乎所有现有的云服务提供商，如

Microsoft、Amazon 和 VMWare，都已在服务器上部署了基于软件的 NF，以最大限度地提高灵活性。但是，软件 NF 有两个基本限制，且两者都源于软件数据包处理的性质：首先，在软件中处理数据包的能力有限。现有的软件 NF 通常需要多个内核才能达到 10Gbit/s 的速率。但是最新的网络链路已扩展到 40 ~ 100Gbit/s。尽管可以在服务器中添加更多内核，但是这样做不仅增加了资产成本，还增加了运营成本，因为它们消耗了更多的能源。其次，在软件中处理数据包会导致较大且高度可变的延迟。此等待时间的范围可能从数十微秒到毫秒。对于许多低延迟的应用程序(如股票交易)，这种过高的延迟是不可接受的。

为了在保持灵活性的同时克服软件数据包处理的局限性，最近的工作提出了使用图形处理单元(GPU)、网络处理器(NP)或可重新配置的硬件(即现场可编程的门阵列或 FPGA)来加速 NF。与 GPU 相比，FPGA 的能效更高。与专用 NP 相比，FPGA 更具通用性，因为它可以使用任何服务的任何硬件逻辑进行虚拟配置。最后，FPGA 价格低廉，并且已在数据中心大规模部署。

文献[113]探索了使用 FPGA 加速数据中心使用软件 NF 的机会。使用 FPGA 作为加速器的主要挑战是可编程性。通常，FPGA 用硬件描述语言(HDL)进行编程，如 Verilog 和 VHDL，它们仅展示低级构建模块，如门、寄存器、多路复用器和时钟。尽管程序员可以手动调整逻辑以实现最佳性能，但编程的复杂性非常高，导致生产率低下和调试困难。确实，由于 FPGA 缺乏可编程性，多年来，广大软件程序员都远离这种技术。

ClickNP 是一种 FPGA 加速平台，用于在商用服务器上进行高度灵活和高性能的 NF 处理。ClickNP 分三步解决了 FPGA 的编程挑战。首先，ClickNP 提供了一种模块化架构，类似于众所周知的 Click 模型，其中，复杂的网络功能是使用简单且定义明确的元素组成的。其次，ClickNP 元素是使用类似 C 的高级语言编写的并且是跨平台的。通过利用商业高级综合(HLS)工具，可以将 ClickNP 元素编译为 CPU 上的二进制代码或 FPGA 的低级硬件描述语言(HDL)。最后，开发了一个高性能 PCIE I/O 通道，该通道在 CPU 和 FPGA 上运行的元件之间提供高吞吐量和低延迟的通信。该 PCIE I/O 通道不仅支持 CPU-FPGA 的联合处理 —— 允许程序员自由地划分其处理，而且对调试有很大帮助，因为程序员可以轻松地在主机上运行有问题的元素并使用熟悉的软件工具诊断。

ClickNP 采用了一套优化技术来有效地利用 FPGA 中的大规模并行处理。首先，ClickNP 将每个元素组织到 FPGA 中的逻辑块中，并将它们与先进先出(FIFO)缓冲区连接。因此，所有这些元素块都可以完全并行运行。对于每个元素，精心编写处理功能以最大限度地减少操作之间的依赖性，这使 HLS 工具可以生成最大的并行逻辑。此外，开发了延迟的写和内存分散技术来解决读写依赖性和伪存储器依赖性，而现有的 HLS 工具无法解决这些依赖性。最后,仔细平衡不同阶段中的操作并匹配它们的处理速度,以使流水线的整体吞吐量最大化。通过所有这些优化,ClickNP 可实现高达每秒 2 亿个数据包的高数据包处理吞吐量,并具有超低的等待时间(在大多数应用中,对于任何数据包大小,均小于 2μs)。与 CPU 和具有 GPU 加速功能的 CPU 上的最新软件 NF 相比,这大约提高了 10 倍和 2.5 倍的吞吐量,同时分别将延迟降低了 10 倍和 100 倍。

5. CacheFlow:软件定义网络的依赖关系感知规则缓存[114]

在软件定义网络(SDN)中,以逻辑为中心的控制器通过在基础交换机中安装简单的数据包处理规则来管理流量。这些规则可以在各种报头字段上匹配,并执行简单的操作,如转发、泛洪、修改头以及将包定向到控制器。这种灵活性允许启用 SDN 的交换机充当防火墙、服务器负载平衡器、网络地址转换器、以太网交换机、路由器或它们之间的任何设备。但是,细粒度的转发策略会在基础交换机中导致大量规则需求。

在现代硬件交换机中,这些规则存储在三态内容寻址存储器(TCAM)中。TCAM 可以同时以线速将传入的数据包与所有规则中的模式进行比较。但是,商品交换机只支持相对较少的规则,只有几千或几万。毫无疑问,未来的交换机将支持更大的规则表,但是 TCAM 仍然在规则表大小与其他考虑因素(如成本和功耗)之间进行了基本的权衡。与传统的 RAM 相比,TCAM 带来的成本高出约 100 倍和功耗高出 100 倍。另外,在 TCAM 中更新规则是一个缓慢的过程 —— 当今的硬件交换机每秒仅支持 40~50 个规则表更新,这很容易通过动态策略限制大型网络。

软件交换机似乎是一种有吸引力的替代方案。运行在商用服务器上的软件交换机可以在四核计算机上以大约 40Gbit/s 的速度处理数据包,并且可以将大型规则表存储在主内存中,并(在较小程度上)存储在 L1 和 L2 高速缓存中。另外,软件交换机更新规则表的速度比硬件交换机快十倍。但是,支持在许多报头字段上匹配的通配符规则对软件交换机造成了负担,软件交换机必须诉诸用户空间中的缓慢处理(如线性扫描)来处理每个流的第一个数据包。因此,它们无法与提供数百吉比特每秒数据包处理(和高端口密度)的硬件交换机的"强大功能"匹敌。

幸运的是,流量趋于遵循 Zipf 分布,其中绝大多数流量与规则的一小部分匹配。因此,可以利用小型 TCAM 来转发绝大多数流量,并依靠软件交换机来处理其余流量。例如,一个 800Gbit/s 的硬件交换机和一个 40Gbit/s 的软件分组处理器可以轻松地以 TCAM 中 5% 的"未命中率"处理流量。此外,大多数规则表更新可以用于慢速路径组件,同时相对很少的在硬件上推广非常流行的规则。硬件和软件处理在一起将使控制器应用程序产生高速数据包转发、大型规则表和快速规则更新的错觉。

CacheFlow 架构由 TCAM 和软件交换机的集合组成。软件交换机可以在数据平面中的 CPU(如网络处理器)上运行，作为硬件交换机上软件代理的一部分，或在单独的服务器上。CacheFlow 由一个 CacheMaster 模块组成，该模块从未修改的 SDN 控制器接收 OpenFlow 命令。CacheMater 保留 OpenFlow 接口的语义，包括更新规则、查询计数器等的能力。CacheMaster 使用 OpenFlow 协议将规则分发给未修改的商品硬件和软件交换机，是纯粹的控制平面组件。

顾名思义，CacheFlow 将 TCAM 视为存储最流行规则的缓存。但是，不能简单地应用现有的缓存替换算法，因为这些规则可以在重叠的数据包集合上匹配，从而导致多个规则之间的依赖性。用于实验的交换机确实造成了这种错误，这是新系统现在解决的错误。此外，尽管先前有关 IP 路由缓存的工作考虑了规则依赖性，但 IP 前缀仅具有简单的"包含"关系，而不是部分重叠的模式。部分重叠还会导致较长的依赖链，而将多个功能组合在一起的应用(如服务器负载平衡和路由)会使问题更加严重，规则更多。

为了处理规则依赖关系，将给定优先级的规则列表构造为带注释的有向无环图(directed acyclic graph，DAG)的紧凑表示，并设计用于向该数据结构添加和删除规则的增量算法。缓存替换算法使用 DAG 来决定将哪些规则放置在 TCAM 中。为了为匹配大部分流量的规则保留规则表空间，设计了一种新颖的"拼接"技术，该技术可以打破较长的依赖链。拼接会创建一些新规则，以"覆盖"大量不受欢迎的规则，以避免污染缓存。该技术扩展到可以处理规则的更改，以及规则随时间的变化。

4.7.3 软件定义网络芯片技术

数据包分类是计算机网络中的关键算法。数据包分类的目标是将传入数据包的报头字段与一组预定义规则进行匹配，然后采取与匹配规则相关联的相应操作。它广泛用于网络基础结构中，以启用许多网络服务，包括数据包转发、防火墙、访问控制、流量监视、负载平衡和服务质量(quality of service，QoS)。新兴的 SDN 要求网络服务的敏捷部署，因此高效而灵活的数据包分类至关重要。

但是，最近对来自不同供应商的商用交换机测量表明，更新规则的性能远远不能满足 SDN 部署的需要。当今的硬件交换机每秒仅支持不到一百条规则更新，对于动态细粒度策略，这还远远不够。高达毫秒的不可预测的规则更新延迟会导致交换机落后于网络事件，甚至会定期或随机停止响应请求。更糟的是，在看似灵敏的规则更新过程中，数据包可能会丢弃或转发不正确。在这种情况下，在出现安全隐患的情况下，可能无法保证网络状态的一致性。另外，在商品服务器上运行的软件交换机是一种潜在的选择，因为它们可以更快的速度更新规则表。但是，它们无法与硬件交换机的性能相提并论,后者在数据包处理方面仍保持两个数量级的速度优势。

三态内容寻址存储器(TCAM)是向敏捷 SDN 部署过渡的硬件瓶颈。为了允许单个规则以相同的操作匹配多种类型的标题，需使用通配符(掩码)指定规则。TCAM

利用专门的内存架构将输入搜索数据与所有并行存储的通配规则进行比较，从而提供了快速且恒定的查找时间。因此，尽管 TCAM 非常耗电且昂贵，但它已成为商品交换机或路由器中查找表不可缺少的组件。

然而，TCAM 昂贵且更新操作不灵活。给定数据包的报头，当匹配多个带有通配符的规则时，将选择优先级最高的规则。常规的 TCAM 按优先级从高到低的顺序存储规则，即位于较高物理地址的条目具有较高的优先级。因此，当发生多个匹配项时，将选择地址最高的条目。但是，插入单个规则可能会导致 TCAM 中现有条目的大量移动，以保持优先级顺序。当网络规则集几乎是静态的时，这种开销并不是主要问题，但是在 SDN 中要求对其进行动态配置。尽管最先进的 TCAM 更新算法利用依赖图来最小化规则插入的条目移动，但其计算复杂且耗时，它们仍会导致 $O(n)$ 更新成本最坏的情况，其中 n 是 TCAM 中现有规则的数量。

文献[115]提出了常数时间更新的三态内容寻址存储器（constant-time alteration ternary CAM，CATCAM），它可以在常数时间内完成查找和更新数据包分类的请求。如果在优先级矩阵中实现编码规则之间的优先级关系，则可以将规则优先级与物理地址解耦。在查找过程中，与匹配矩阵中的所有规则匹配后，匹配的规则将通过优先级矩阵来确定优先级最高的规则。在更新期间，由于解耦，可以将新规则写入任何空插槽，而无须考虑规则之间的相对优先级。

由于对优先级矩阵的查找涉及大量的逻辑运算，因此 PIM 范例非常适合以低成本实现 CATCAM。通过定制 8T SRAM 阵列的解码和控制逻辑，以便就地执行优先级决策。现有的 SRAM 设计也面临挑战，因为该编码方案要求在规则插入过程中按列进行写操作，而常规 SRAM 阵列不支持这种写操作。从双电压方案中借鉴，可以直接从电路级别支持按列写入。此外，还可以将 8T SRAM 阵列重新用于实现匹配矩阵，以替代传统的 16T TCAM。

随着云平台的扩展以支持不断增长的网络服务数量，底层交换机必须支持更复杂、更大的规则集。通常，规则集分为几个子表，以便每个子表可以存储在 TCAM 块中。来自不同子表的匹配规则根据子表之间的预定义优先级进行仲裁。但是，此方法在更新性能方面扩展性很差。幸运的是，将规则优先级与物理地址分离的想法也可以应用于扩展 CATCAM 子表。通过引入对子表的优先级关系进行编码的全局优先级矩阵，CATCAM 建立了可以在查找过程中完全流水化的层次结构。它确保每次查找最多可访问两个额外的 SRAM 阵列，从而使能量开销可以忽略不计。在更新期间，可以根据需要分配空的子表。由于每个子表涵盖了规则优先级的动态范围，因此 CATCAM 可以有效地横向扩展，同时保持较低的更新成本和确定性。

1. CATCAM 芯片架构

图 4-89 显示了 CATCAM 原型的总体架构，该架构由 16 个匹配部分，即用于查找的仲裁器和用于规则插入的调度器。每个匹配部分都包括一个替换 TCAM 的 256×320 数组（称为匹配矩阵）和一个替换优先级编码器的 256×256 数组（称为优先级矩阵）。可以通过普通的 SRAM 接口加载/存储数据，并可以通过控制逻辑执行内存计算。查找查询将广播到所有匹配部分，然后由仲裁器进行仲裁。更新请求由调度程序处理。根据元数据，将存储操作发送到相应的匹配部分。

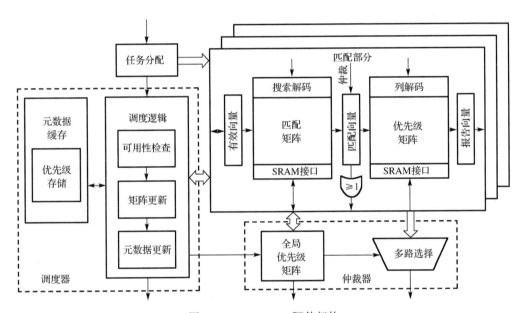

图 4-89　CATCAM 硬件架构

图 4-90 显示了优先级矩阵的编码方案和存内实现。优先级矩阵对 8T SRAM 阵列中规则之间的优先级关系进行编码。优先级矩阵中的每个行/列与匹配矩阵中的规则相关，并且每个位单元存储一个布尔元素 P_{ij}，其中 1 表示行 i 的对应规则比列 j 的对应规则具有更高的优先级。在查找期间，如果第 i 条规则具有最高优先级，则其优先级必须高于任何其他匹配的规则，即对于任何匹配的规则 j，$P_{ji}=0$。指示匹配条目的匹配向量应用于读取的位线（RBL）和优先矩阵的读取字线（RWL）。如果匹配向量中的第 i 位为 1，则第 i 个 RBL 被预充电，而其余的接地。然后，第 i 个 RWL 被激活。若连接到预充电 RBL 的任何位单元都带有 1，则 RBL 放电。仅当所有位单元都携带 0 时，RBL 才保持高电平。因此，对选定的列执行位并行 NOR，通过灵敏放大器（sensitivity amplifier，SA）检测得到独热报告向量。

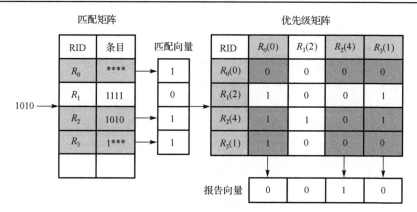

图 4-90　基于矩阵的优先级编码方案

图 4-91 显示了优先级矩阵中的规则更新操作。可以根据有效向量将新规则插入任何可用地址。然后，调度逻辑将其优先级与元数据中现有规则的优先级进行比较，以在优先级矩阵中编码优先级关系，并更新优先级矩阵中的相应行和列。为了支持按列写入，采用了双电压方案。数据中的所有 1 或 0 同时写入该列。附加的列解码器选择要写入的列。数据被应用于写入字线（WWL），而不是传统的写入位线（WBL）。启用了必须写入 1(0) 的位单元的 WWL，相应地驱动 WBL 和 WBLB 以写入 1(0)。为了保护其他列免受数据损坏，WWL 被弱驱动以偏置伪写入，并且被写入列的交叉耦合电压也被降低以允许以较低的 WWL 电压进行写入。Vdd 和 Vdd_Low 之间的切换由顶部开关启用。

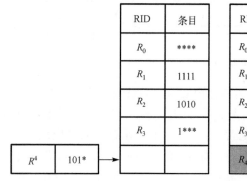

图 4-91　规则更新操作

2. CATCAM 扩展逻辑

(1)可扩展的层次结构。规则优先级的整个范围被划分为不重叠的间隔，该间隔由每个匹配矩阵中的最高优先级规则确定。它们的优先级关系被编码为 16×16 全局优先级矩阵。在查找期间，设计了一个三阶段流水线。首先，将搜索字符串广播到每个匹配矩阵以获得本地匹配向量，然后进行归一或运算以形成全局匹配向量。其次，将全局匹配向量反馈到全局优先级矩阵，以生成独热全局报告向量，该向量指示具有匹配条目的最高优先级匹配矩阵。本地匹配向量在此阶段被缓冲。最后，优先级决定过程在选择的匹配部分中进行，并且多路复用器选择相应的报告向量进行输出。

（2）插入规则的调度逻辑。将新规则的优先级与所有优先级间隔进行比较，以找到要插入的匹配矩阵。若可用，则将新规则插入第一个空条目。若不是，则读取当前匹配矩阵中的最高优先级规则，然后将其重新插入匹配矩阵，其优先级间隔紧随其后，以便为新规则腾出空间。如果下一个匹配矩阵都不可用，则通过修改全局优先级矩阵以适应逐出的规则来分配一个空的匹配矩阵。

采用 28nm CMOS 技术制造的原型芯片的测量结果显示了各种查找表任务的性能，包括搜索，删除到所有类型的插入方案。与使用 ClassBench 的最新 TCAM 更新算法相比，它可将速度提高 4～6 个数量级。这些收益主要是由于消除了固件开销和不受规则集特性影响的确定更新延迟。与匹配矩阵相比，优先级矩阵（每个搜索两次额外访问）和外围逻辑产生 16% 的能量开销和 75% 的面积开销。由于 CATCAM 的概念也与现有的 TCAM 兼容，因此可能会受益于更低面积/高能效的 TCAM 设计。

参 考 文 献

[1] Mo H, Liu L, Zhu W, et al. Face alignment with expression- and pose-based adaptive initialization[J]. IEEE Transactions on Multimedia, 2019, 21(4): 943-956.

[2] Krizhevsky A, Sutskever I, Hinton G E. ImageNet classification with deep convolutional neural networks[C]//Proceedings of the 25th International Conference on Neural Information Processing Systems, 2012, 1: 1097-1105.

[3] Horowitz M. 1.1 Computing's energy problem (and what we can do about it)[C]//IEEE International Solid-State Circuits Conference Digest of Technical Papers, 2014: 10-14.

[4] Gokhale V, Jin J, Dundar A, et al. A 240 G-ops/s mobile coprocessor for deep neural networks[C]//IEEE Conference on Computer Vision and Pattern Recognition Workshops, 2014: 696-701.

[5] Sankaradas M, Jakkula V, Cadambi S, et al. A massively parallel coprocessor for convolutional neural networks[C]//The 20th IEEE International Conference on Application-Specific Systems, Architectures and Processors, 2009: 53-60.

[6] Sriram V, Cox D, Tsoi K H, et al. Towards an embedded biologically-inspired machine vision processor[C]//International Conference on Field-Programmable Technology, 2010: 273-278.

[7] Mo H, Liu L, Zhu W, et al. A multi-task hardwired accelerator for face detection and alignment[J]. IEEE Transactions on Circuits and Systems for Video Technology, 2020, 30(11): 4284-4298.

[8] Mo H, Liu L, Zhu W, et al. A 460 GOPS/W improved-mnemonic-descent-method-based hardwired accelerator for face alignment[J]. IEEE Transactions on Multimedia, 2020, (99): 1.

[9] Chakradhar S, Sankaradas M, Jakkula V, et al. A dynamically configurable coprocessor for convolutional neural networks[J]. ACM SIGARCH Computer Architecture News, 2010, 38(3): 247-257.

[10] Park S, Bong K, Shin D, et al. 4. 6 A1. 93TOPS/W scalable deep learning/inference processor with tetra-parallel MIMD architecture for big-data applications[C]//IEEE International Solid-State Circuits Conference Digest of Technical Papers, 2015: 1-3.

[11] Cavigelli L, Benini L. Origami: A 803-GOp/s/W convolutional network accelerator[J]. IEEE Transactions on Circuits and Systems for Video Technology, 2017, 27(11): 2461-2475.

[12] Du Z, Fasthuber R, Chen T, et al. ShiDianNao: Shifting vision processing closer to the sensor[C]//The 42nd Annual International Symposium on Computer Architecture, 2015: 92-104.

[13] Gupta S, Agrawal A, Gopalakrishnan K, et al. Deep learning with limited numerical precision[C]//Proceedings of the 32nd International Conference on International Conference on Machine Learning, 2015, 37: 1737-1746.

[14] Peemen M, Setio A A A, Mesman B, et al. Memory-centric accelerator design for Convolutional Neural Networks[C]//The 31st International Conference on Computer Design, 2013: 13-19.

[15] Zhang C, Li P, Sun G, et al. Optimizing FPGA-based accelerator design for deep convolutional neural networks[C]//Proceedings of the 2015 ACM/SIGDA International Symposium on Field-Programmable Gate Arrays, Monterey, 2015: 161-170.

[16] Chen T, Du Z, Sun N, et al. DianNao: A small-footprint high-throughput accelerator for ubiquitous machine-learning[C]//International Conference on Architectural Support for Programming Languages & Operating Systems, 2014: 1-5.

[17] Chen Y, Emer J, Sze V. Eyeriss: A spatial architecture for energy-efficient dataflow for convolutional neural networks[C]//The 43rd Annual International Symposium on Computer Architecture, 2016: 367-379.

[18] Albericio J, Judd P, Hetherington T, et al. Cnvlutin: Ineffectual-neuron-free deep neural network computing[C]//The 43rd Annual International Symposium on Computer Architecture, 2016: 1-13.

[19] Chen Y, Luo T, Liu S, et al. DaDianNao: A machine-learning supercomputer[C]//The 47th Annual IEEE/ACM International Symposium on Microarchitecture, 2014: 609-622.

[20] Gondimalla A, Chesnut N, Thottethodi M, et al. SparTen: A sparse tensor accelerator for convolutional neural networks[C]//The 52nd Annual IEEE/ACM International Symposium, 2019: 1-7.

[21] Song M, Zhao J, Hu Y, et al. Prediction based execution on deep neural networks[C]//The 45th Annual International Symposium on Computer Architecture, 2018: 752-763.

[22] Akhlaghi V, Yazdanbakhsh A, Samadi K, et al. SnaPEA: Predictive early activation for reducing computation in deep convolutional neural networks[C]//The 45th Annual International Symposium on Computer Architecture, 2018: 662-673.

[23] Sharma H, Park J, Suda N, et al. Bit fusion: Bit-level dynamically composable architecture for accelerating deep neural network[C]//The 45th Annual International Symposium on Computer Architecture, 2018: 764-775.

[24] Hyeonuk K, Jaehyeong S, Yeongjae C, et al. A kernel decomposition architecture for binary-weight convolutional neural networks[C]//The 54th ACM/EDAC/IEEE Design Automation Conference, 2017: 1-6.

[25] Judd P, Albericio J, Hetherington T, et al. Stripes: Bit-serial deep neural network computing[C]//The 49th Annual IEEE/ACM International Symposium on Microarchitecture, 2016: 1-12.

[26] Albericio J, Delmás A, Judd P, et al. Bit-pragmatic deep neural network computing[C]//The 50th Annual IEEE/ACM International Symposium on Microarchitecture, 2017: 382-394.

[27] Sharify S, D Lascorz A, Mahmoud M, et al. Laconic deep learning inference acceleration[C]//The 46th Annual International Symposium on Computer Architecture, 2019: 304-317.

[28] Sze V, Chen Y, Yang T, et al. Efficient processing of deep neural networks: A tutorial and survey[J]. Proceedings of the IEEE, 2017, 105(12): 2295-2329.

[29] Yin S, Ouyang P, Tang S, et al. A high energy efficient reconfigurable hybrid neural network processor for deep learning applications[J]. IEEE Journal of Solid-State Circuits, 2018, 53(4): 968-982.

[30] Yin S, Ouyang P, Yang J, et al. An energy-efficient reconfigurable processor for binary-and ternary-weight neural networks with flexible data bit width[J]. IEEE Journal of Solid-State Circuits, 2019, 54(4): 1120-1136.

[31] Kim S, Sanchez J C, Rao Y N, et al. A comparison of optimal MIMO linear and nonlinear models for brain-machine interfaces[J]. Journal of Neural Engineering, 2006, 3(2): 145-161.

[32] 梅晨. 面向通信基带信号处理的可重构计算关键技术研究[D]. 南京: 东南大学, 2015.

[33] Trimeche A, Boukid N, Sakly A, et al. Performance analysis of ZF and MMSE equalizers for MIMO systems[C]//The 7th International Conference on Design & Technology of Integrated Systems in Nanoscale Era, 2012: 1-6.

[34] Wu M, Yin B, Wang G, et al. Large-scale MIMO detection for 3GPP LTE: Algorithms and FPGA implementations[J]. IEEE Journal of Selected Topics in Signal Processing, 2014, 8(5): 916-929.

[35] Castaneda O, Goldstein T, Studer C. Data detection in large multi-antenna wireless systems via

approximate semidefinite relaxation[J]. IEEE Transactions on Circuits and Systems I—Regular Papers, 2016, 63(12): 2334-2346.

[36] Gao X, Dai L, Hu Y, et al. Low-complexity signal detection for large-scale MIMO in optical wireless communications[J]. IEEE Journal on Selected Areas in Communications, 2015, 33(9): 1903-1912.

[37] Chu X, McAllister J. Software-defined sphere decoding for FPGA-based MIMO detection[J]. IEEE Transactions on Signal Processing, 2012, 60(11): 6017-6026.

[38] Huang Z, Tsai P. Efficient implementation of QR decomposition for gigabit MIMO-OFDM systems[J]. IEEE Transactions on Circuits and Systems I—Rregular Papers, 2011, 58(10): 2531-2542.

[39] Jalden J, Ottersten B. The diversity order of the semidefinite relaxation detector[J]. IEEE Transactions on Information Theory, 2008, 54(4): 1406-1422.

[40] Liu L, Peng G, Wei S. Massive MIMO Detection Algorithm and VLSI Architecture[M]. Singapore: Springer, 2019.

[41] Roger S, Ramiro C, Gonzalez A, et al. Fully parallel GPU implementation of a fixed-complexity soft-output MIMO detector[J]. IEEE Transactions on Vehicular Technology, 2012, 61(8): 3796-3800.

[42] Li K, Sharan R R, Chen Y, et al. Decentralized baseband processing for massive MU-MIMO systems[J]. IEEE Journal on Emerging and Selected Topics in Circuits and Systems, 2017, 7(4): 491-507.

[43] Guenther D, Leupers R, Ascheid G. Efficiency enablers of lightweight SDR for MIMO baseband processing[J]. IEEE Transactions on Very Large Scale Integration (VLSI) Systems, 2016, 24(2): 567-577.

[44] Tang W, Chen C, Zhang Z. A 2. 4-mm² 130-mW MMSE-nonbinary LDPC iterative detector decoder for 4×4 256-QAM MIMO in 65-nm CMOS[J]. IEEE Journal of Solid-State Circuits, 2019, 54(7): 2070-2080.

[45] Tang W, Chen C, Zhang Z. A 0.58mm² 2.76Gb/s 79.8pJ/b 256-QAM massive MIMO message-passing detector[C]//IEEE Symposium on VLSI Circuits (VLSI-Circuits), 2016: 1-2.

[46] Peng G, Liu L, Zhang P, et al. Low-computing-load, high-parallelism detection method based on Chebyshev iteration for massive MIMO systems with VLSI architecture[J]. IEEE Transactions on Signal Processing, 2017, 65(14): 3775-3788.

[47] Liu L, Peng G, Wang P, et al. Energy- and area-efficient recursive-conjugate-gradient-based MMSE detector for massive MIMO systems[J]. IEEE Transactions on Signal Processing, 2020, 68: 573-588.

[48] Peng G, Liu L, Zhou S, et al. Algorithm and architecture of a low-complexity and

high-parallelism preprocessing-based K-best detector for large-scale MIMO systems[J]. IEEE Transactions on Signal Processing, 2018, 66(7): 1860-1875.

[49] 周阳. 面向多种拓扑结构的可重构片上网络建模与仿真[D]. 南京: 南京航空航天大学, 2012.

[50] Atak O, Atalar A. BilRC: An execution triggered coarse grained reconfigurable architecture[J]. IEEE Transactions on Very Large Scale Integration (VLSI) Systems, 2013, 21(7): 1285-1298.

[51] Lu Y, Liu L, Deng Y, et al. Minimizing pipeline stalls in distributed-controlled coarse-grained reconfigurable arrays with Triggered Instruction issue and execution[C]//Proceedings of the 54th Annual Design Automation Conference, 2017: 1-6.

[52] Liu L, Wang J, Zhu J, et al. TLIA: Efficient reconfigurable architecture for control-intensive kernels with triggered-long-instructions[J]. IEEE Transactions on Parallel and Distributed Systems, 2016, 27(7): 2143-2154.

[53] Liu Z, Liu D, Zou X. An efficient and flexible hardware implementation of the dual-field elliptic curve cryptographic processor[J]. IEEE Transactions on Industrial Electronics, 2016, 64(3): 2353-2362.

[54] Lin S, Huang C. A high-throughput low-power AES cipher for network applications[C]//Asia and South Pacific Design Automation Conference, 2007: 595-600.

[55] Ueno R, Morioka S, Homma N, et al. A high throughput/gate AES hardware architecture by compressing encryption and decryption datapaths[C]//International Conference on Cryptographic Hardware and Embedded Systems, 2016: 538-558.

[56] Henzen L, Aumasson J, Meier W, et al. VLSI characterization of the cryptographic hash function BLAKE[J]. IEEE Transactions on Very Large Scale Integration (VLSI) Systems, 2010, 19(10): 1746-1754.

[57] Zhang Y, Yang K, Saligane M, et al. A compact 446Gbps/W AES accelerator for mobile SoC and IoT in 40nm[C]//IEEE Symposium on VLSI Circuits, 2016: 1-2.

[58] Mathew S, Satpathy S, Suresh V, et al. 340mv—1.1v, 289Gbps/w, 2090-gate nanoaes hardware accelerator with area-optimized encrypt/decrypt GF(24)2 polynomials in 22nm tri-gate cmos[J]. IEEE Journal of Solid-State Circuits, 2015, 50(4): 1048-1058.

[59] Zhang Y, Xu L, Dong Q, et al. Recryptor: A reconfigurable cryptographic cortex-M0 processor with in-memory and near-memory computing for IoT security[J]. IEEE Journal of Solid-State Circuits, 2018, 53(4): 995-1005.

[60] Han J, Dou R, Zeng L, et al. A heterogeneous multicore crypto-processor with flexible long-word-length computation[J]. IEEE Transactions on Circuits and Systems I: Regular Papers, 2015, 62(5): 1372-1381.

[61] Bucci M, Giancane L, Luzzi R, et al. Three-phase dual-rail pre-charge logic[C]//Cryptographic Hardware and Embedded Systems, 2006: 232-241.

[62] Hwang D D, Tiri K, Hodjat A, et al. AES-based security coprocessor IC in 0.18-$muhbox m$CMOS with resistance to differential power analysis side-channel attacks[J]. IEEE Journal of Solid-State Circuits, 2006, 41(4): 781-792.

[63] Popp T, Kirschbaum M, Zefferer T, et al. Evaluation of the masked logic style MDPL on a prototype chip[C]//Cryptographic Hardware and Embedded Systems, 2007: 81-94.

[64] Tokunaga C, Blaauw D. Securing encryption systems with a switched capacitor current equalizer[J]. IEEE Journal of Solid-State Circuits, 2009, 45(1): 23-31.

[65] Singh A, Kar M, Chekuri V C K, et al. Enhanced power and electromagnetic SCA resistance of encryption engines via a security-aware integrated all-digital LDO[J]. IEEE Journal of Solid-State Circuits, 2019, 55(2): 478-493.

[66] Das D, Danial J, Golder A, et al. EM and power SCA-resilient AES-256 through >350x current-domain signature attenuation and local lower metal routing[J]. IEEE Journal of Solid-State Circuits, 2020, 56(1):136-150.

[67] Liu L, Wang B, Deng C, et al. Anole: A highly efficient dynamically reconfigurable crypto-processor for symmetric-key algorithms[J]. IEEE Transactions on Computer-Aided Design of Integrated Circuits and Systems, 2018, 37(12): 3081-3094.

[68] Deng C, Wang B, Liu L, et al. A 60 Gb/s-level coarse-grained reconfigurable cryptographic processor with less than 1-W power[J]. IEEE Transactions on Circuits and Systems II: Express Briefs, 2019, 67(2): 375-379.

[69] Bohnenstiehl B, Stillmaker A, Pimentel J J, et al. KiloCore: A 32-nm 1000-processor computational array[J]. IEEE Journal of Solid-State Circuits, 2017, 52(4): 891-902.

[70] Wang Y, Ha Y. FPGA-based 40. 9-Gbits/s masked AES with area optimization for storage area network[J]. IEEE Transactions on Circuits and Systems II: Express Briefs, 2013, 60(1): 36-40.

[71] Sayilar G, Chiou D. Cryptoraptor: High throughput reconfigurable cryptographic processor[C]//IEEE/ACM International Conference on Computer-Aided Design, 2014: 155-161.

[72] Lipp M, Schwarz M, Gruss D, et al. Meltdown: Reading kernel memory from user space[C]//The 27th USENIX Security Symposium, 2018: 46-56.

[73] Kocher P, Horn J, Fogh A, et al. Spectre attacks: Exploiting speculative execution[C]//IEEE Symposium on Security and Privacy, 2019: 1-19.

[74] Van Schaik S, Milburn A, Österlund S, et al. RIDL: Rogue in-flight data load[C]//IEEE Symposium on Security and Privacy, 2019: 88-105.

[75] Canella C, Genkin D, Giner L, et al. Fallout: Leaking data on meltdown-resistant CPUs[C]//ACM Conference on Computer and Communications Security, 2019: 769-784.

[76] Schwarz M, Lipp M, Moghimi D, et al. ZombieLoad: Cross-privilege-boundary data sampling[C]//ACM Conference on Computer and Communications Security, 2019: 753-768.

[77] Corbet J. KAISER: Hiding the kernel from user space[EB/OL]. https: //lwn.net/Articles/738975[2020-12-20].

[78] Kocher P. Spectre Mitigations in Microsoft's C/C++ Compiler[EB/OL]. https: //www. paulkocher. com/doc/MicrosoftCompilerSpectreMitigation. html[2020-12-20].

[79] O'Donnell L. Intel's "Virtual Fences" Spectre Fix Won't Protect Against Variant 4[EB/OL]. https: //threatpost. com/intels-virtual-fences-spectre-fix-wont-protect-against-variant-4/132246[2020-12-20].

[80] Intel. Intel Analysis of Speculative Execution Side Channels[EB/OL]. https: //newsroom. intel. com/wp-content/uploads/sites/11/2018/01/Intel-Analysis-of-Speculative-Execution-Side-Channels. pdf[2020-12-20].

[81] Bhunia S, Hsiao M S, Banga M, et al. Hardware trojan attacks: Threat analysis and countermeasures[J]. Proceedings of the IEEE, 2014, 102(8): 1229-1247.

[82] Shalabi Y, Yan M, Honarmand N, et al. Record-replay architecture as a general security framework[C]//IEEE Symposium on High-Performance Computer Architecture, 2018: 180-193.

[83] Ham T J, Wu L, Sundaram N, et al. Graphicionado: A high-performance and energy-efficient accelerator for graph analytics[C]//The 49th Annual IEEE/ACM International Symposium on Microarchitecture, 2016: 56.

[84] Yan M, Hu X, Li S, et al. Alleviating irregularity in graph analytics acceleration: A hardware/software co-design approach[C]//Proceedings of the 52nd Annual IEEE/ACM International Symposium on Microarchitecture, 2019: 615-628.

[85] Jun S, Wright A, Zhang S, et al. GraFboost: Using accelerated flash storage for external graph analytics[C]//Proceedings of the 45th Annual International Symposium on Computer Architecture, 2018: 411-424.

[86] Challapalle N, Rampalli S, Song L, et al. GaaS-X: Graph analytics accelerator supporting sparse data representation using crossbar architectures[C]//Proceedings of the ACM/IEEE 47th Annual International Symposium on Computer Architecture, 2020: 433-445.

[87] Zhang M, Zhuo Y, Wang C, et al. GraphP: Reducing communication for PIM-based graph processing with efficient data partition[C]//IEEE International Symposium on High Performance Computer Architecture, 2018: 544-557.

[88] Zhuo Y, Wang C, Zhang M, et al. GraphQ: Scalable PIM-based graph processing[C]// Proceedings of the 52nd Annual IEEE/ACM International Symposium on Microarchitecture, 2019: 712-725.

[89] Rahman S, Abu-Ghazaleh N, Gupta R. GraphPulse: An event-driven hardware accelerator for asynchronous graph processing[C]//Proceedings of the 53rd Annual IEEE/ACM International Symposium on Microarchitecture, Association for Computing Machinery, 2020: 908-921.

[90] Yang Y, Li Z, Deng Y, et al. GraphABCD: Scaling out graph analytics with asynchronous block

coordinate descent[C]//Proceedings of the ACM/IEEE 47th Annual International Symposium on Computer Architecture, 2020: 419-432.

[91] Song L, Zhuo Y, Qian X, et al. GraphR: Accelerating graph processing using ReRAM[C]//IEEE International Symposium on High Performance Computer Architecture, 2018: 531-543.

[92] Ozdal M M, Yesil S, Kim T, et al. Energy efficient architecture for graph analytics accelerators[C]//Proceedings of the 43rd International Symposium on Computer Architecture, 2016: 166-177.

[93] Mukkara A, Beckmann N, Abeydeera M, et al. Exploiting locality in graph analytics through hardware-accelerated traversal scheduling[C]//Proceedings of the 51st Annual IEEE/ACM International Symposium on Microarchitecture, 2018: 1-14.

[94] Segura A, Arnau J, González A. SCU: A GPU stream compaction unit for graph processing[C]//Proceedings of the 46th International Symposium on Computer Architecture, 2019: 424-435.

[95] Ahn J, Hong S, Yoo S, et al. A scalable processing-in-memory accelerator for parallel graph processing[C]//Proceedings of the 42nd Annual International Symposium on Computer Architecture, 2015: 105-117.

[96] Malewicz G, Austern M H, Bik A J C, et al. Pregel: A system for large-scale graph processing[C]//Proceedings of the 2010 ACM SIGMOD International Conference on Management of Data, 2010: 135-146.

[97] Lenharth A, Nguyen D, Pingali K. Parallel graph analytics[J]. Communication ACM, 2016, 59(5): 78-87.

[98] Satish N, Sundaram N, Patwary M M A, et al. Navigating the maze of graph analytics frameworks using massive graph datasets[C]//Proceedings of the 2014 ACM SIGMOD International Conference on Management of Data, 2014: 979-990.

[99] Whang J J, Lenharth A, Dhillon I S, et al. Scalable data-driven PageRank: Algorithms, system issues, and lessons learned[C]//Euro-Par 2015: Parallel Processing, 2015: 438-450.

[100] Sundaram N, Satish N, Patwary M M A, et al. GraphMat: High performance graph analytics made productive[J]. Proceedings of VLDB Endow, 2015, 8(11): 1214-1225.

[101] Matam K K, Koo G, Zha H, et al. GraphSSD: Graph semantics aware SSD[C]//Proceedings of the 46th International Symposium on Computer Architecture, 2019: 116-128.

[102] Yang K, Zhang M, Chen K, et al. KnightKing: A fast distributed graph random walk engine[C]//Proceedings of the 27th ACM Symposium on Operating Systems Principles, 2019: 524-537.

[103] Yao P, Zheng L, Zeng Z, et al. A locality-aware energy-efficient accelerator for graph mining applications[C]//Proceedings of the 53rd Annual IEEE/ACM International Symposium on

Microarchitecture, Association for Computing Machinery, 2020: 895-907.

[104]Zhang M, Wu Y, Chen K, et al. Exploring the hidden dimension in graphprocessing[C]// Proceedings of the 12th USENIX Conference on Operating Systems Design and Implementation, 2016: 285-300.

[105]Yan M, Deng L, Hu X, et al. HyGCN: A GCN accelerator with hybrid architecture[C]//IEEE International Symposium on High Performance Computer Architecture, 2020: 15-29.

[106]Geng T, Li A, Shi R, et al. AWB-GCN: A graph convolutional network accelerator with runtime workload rebalancing[C]//Proceedings of the 53rd Annual IEEE/ACM International Symposium on Microarchitecture, Association for Computing Machinery, 2020: 922-936.

[107]Dwivedi V P, Joshi C K, Laurent T, et al. Benchmarking graph neural networks[J]. arXiv preprint arXiv: 2003. 00982, 2020.

[108]McKeown N, Anderson T, Balakrishnan H, et al. OpenFlow: Enabling innovation in campus networks[J]. ACM SIGCOMM Computer Communication Review, 2008, 38(2): 69-74.

[109]Bosshart P, Daly D, Gibb G, et al. P4: Programming protocol-independent packet processors[J]. ACM SIGCOMM Computer Communication Review, 2014, 44(3): 87-95.

[110]Bosshart P, Gibb G, Kim H, et al. Forwarding metamorphosis: Fast programmable match-action processing in hardware for SDN[J]. ACM SIGCOMM Computer Communication Review, 2013, 43(4): 99-110.

[111]Chole S, Fingerhut A, Ma S, et al. DRMT: Disaggregated programmable switching[C]// Proceedings of the Conference of the ACM Special Interest Group on Data Communication, 2017: 1-14.

[112]Pan H, Guan H, Liu J, et al. The FlowAdapter: Enable flexible multi-table processing on legacy hardware[C]//Proceedings of the 2nd ACM SIGCOMM Workshop on Hot Topics in Software Defined Networking, 2013: 85-90.

[113]Li B, Tan K, Luo L, et al. Clicknp: Highly flexible and high performance network processing with reconfigurable hardware[C]//Proceedings of the 2016 ACM SIGCOMM Conference, 2016: 1-14.

[114]Katta N, Alipourfard O, Rexford J, et al. Cacheflow: Dependency-aware rule-caching for software-defined networks[C]//Proceedings of the Symposium on SDN Research, 2016: 1-12.

[115]Chen D, Li Z, Xiong T, et al. CATCAM: Constant-time alteration ternary CAM with scalable in-memory architecture[C]//The 53rd Annual IEEE/ACM International Symposium on Microarchitecture, 2020: 342-355.

第 5 章　未来应用前景

The best way to predict the future is to invent it.
预测未来的最好方式是直接创造未来。

——Alan Kay，InfoWorld, 1982

在人工智能、云计算、自动驾驶、物联网、区块链及量子计算等新兴技术与应用的推动下，计算系统呈现出数据驱动、功能灵活自适应、需求差异化、场景个性化等特点。作为提供算力支持的物理载体，传统功能固定的 ASIC 芯片已经难以满足未来应用的功能实时重构需求。同时，具有功能重构特性的 FPGA 在实时敏捷性及能量效率方面也存在难以克服的瓶颈问题。因此，软件定义芯片作为一种高能效、高灵活的解决方案在未来应用场景下将发挥愈加突出的作用。

当前，数据已经成为像石油一种重要的生产要素和资源，数据驱动的计算与分析给当前各行各业的生产力提升带来了颠覆性变革。本章将针对未来的数据智能化计算、数据安全及隐私防护问题，重点对软件定义芯片在可演化智能计算、后量子密码及全同态加密等新兴技术中的应用进行分析和展望。首先，虽然人工智能已经在计算机视觉、自然语言处理等领域取得了深入应用，但其本身存在的不可解释性、数据依赖性等特点限定了当前的人工智能只能完成"弱智能性"需求的场景。未来"强智能"要求具有连续自主智能演化的能力。而对于智能芯片，首先需要其支持功能灵活变化、架构自适应、敏捷开发的能力。其次，面对日益临近的量子计算对当前公钥密码体系造成的安全威胁，密码学家已经开展基于更加数学困难问题、具有抗量子攻击能力的后量子密码算法设计。虽然后量子密码算法标准化工作正在稳步推进，但其相应的实现工作及应用性能评估也十分必要。而后量子密码算法数学困难问题与参数选择多样、计算模式复杂、物理安全研究不足的问题，都需要一种功能实时重构的计算架构来支持。同时，兼容经典公钥密码算法与后量子密码算法的混合模式密码芯片也同样需要软件定义芯片来实现。最后，日益严重的数据安全与隐私问题成为进一步释放数据价值的限制因素。同态计算，作为一种支持密文同态计算的计算模式可以在实现数据防护的前提下实现数据"可用不可见"，妥善解决数据拥有者与服务提供者分离模式下的隐私计算问题。但与后量子密码算法一样，同态加密算法同样在快速迭代演进的过程中，而且高度复杂的计算需求与存储开销使得其距离现实可用尚有一段距离，而基于软硬件协同设计、支持快速实时功能重构的软件定义芯片可以加速同态计算处理、优化同态计算效率，推动同态计算快速进入实用。

5.1 可演化智能计算

当前人工智能仍处于一种比较固定的运作模式,即特定数据集-训练-测试,这样带来的问题是该模型无法应对实际多变的复杂场景,一旦环境因素发生变化,模型的精度将会急剧下降,对于日益复杂的场景这是不可接受的,故而未来人工智能将会向可演化智能计算方向发展。可演化智能计算将根据场景与环境的变化自我调节模型,以保持良好的精度。与此同时,当前人工智能芯片也仅仅能支持与加速某个特定模型,即使能支持同一个模型不同的参数,但仍不能应对模型架构的变化,故而,未来智能芯片的设计也将朝向如何对可演化智能计算模型进行高效支持发展。

5.1.1 可演化智能计算的概念与应用

可演化智能计算不同于传统的对预先设定类别的数据集的学习,可演化智能计算是面向开放式环境,多变场景,需要通过知识和数据双驱动的方式来进一步提升模型的泛化性和鲁棒性,如图 5-1 所示。甚至在自我演化的过程中,模型能够发现新的知识并自我学习、加以更新。同时,可演化智能计算还需要应对来自环境中的噪声干扰和人为有意地噪声攻击,这也就需要可演化智能计算能够对环境中各类样本进行区分,确定是新样本还是噪声。

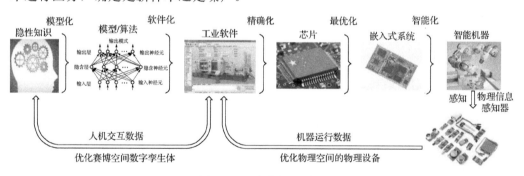

图 5-1 可演化智能系统

为了支持可演化智能计算模型的高效运行,可演化智能计算硬件需要具备新的能力:不仅需要支持可演化智能模型的高效训练(与当前主流加速器仅支持算法模型进行推理不同),同时也要保证训练的正确性以及安全性。

可演化智能计算,包括模型训练与硬件设计,在现实中具有广泛的应用前景,甚至可以说能够支撑新的人工智能时代。因为在当前许多人工智能应用场景,如车站人脸识别、智能美颜、车牌识别等,都对环境和被检测对象有较强的约束。而在日常应用中,如智能家居、自动驾驶、智慧医疗、情景感知等都是典型的开放环境动态感知任务。在这些环境中，周边情况变化频繁，噪声层出不穷，新样本也会时刻出现，可演化智能计算模型将能很好地应对这些挑战；此外，在即将到来的物联网时代，将有数以亿计的边缘物联网设备被使用，每个设备的算法模型需要在本地硬件上迭代更新；且基于可演化智能的物联网设备将会对芯片的功能和功耗提出新的需求，故可演化智能芯片也是人工智能技术成功落地应用的关键因素，将成为主流的研究趋势。

5.1.2　可演化智能计算的历史与现状

机器感知和模式识别(机器通过人工智能技术实现对环境的感知和理解)是人工智能领域的核心分支和研究方向之一，在过去的 60 年里，该领域的理论和方法均获得了巨大的发展，如图 5-2 所示。尤其是自 2006 年深度学习方法和深度神经网络提出以来，通过结合大数据和 GPU 并行计算，视觉感知(图像分类、物体检测和识别、行为识别等)和听觉感知(语音识别)的性能得到了显著提升，几乎全面超越了传统的模式识别方法。深度神经网络用于自然语言处理、围棋对弈(如 Alpha Go)等领域中，也产生了显著的效果。传统的模式识别方法在人工特征提取基础上估计预定义类别的条件概率密度 $P(x|c_i)$ 或后验概率 $P(c_i|x)$，前者称为生成模型，后者称为判别模型。深度神经网络根据数据的分布和最终人工提出的需求，自动学习到该任务的判别性特征，因此具有更强的感知识别能力。深度学习模型在特定静态任务上识别率获得连续突破，公开标准数据库上的识别记录被不断刷新，甚至取得了超越人类识别水平的性能。但是深度学习模型一旦用于实际开放环境，会出现各种"水土不服"，与实验室环境中取得的高性能表现背道而驰。这是因为实验室环境下的模式识别系统大都依赖大量标记样本，而且主要是离线学习，缺乏逻辑推理以及连续自主学习的能力，不适合用于开放环境感知。

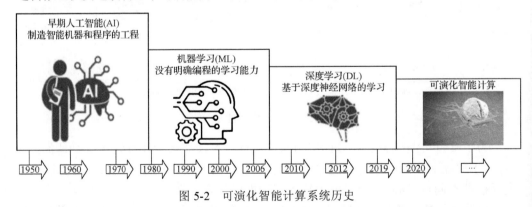

图 5-2　可演化智能计算系统历史

在硬件层面，为了能加速人工智能的落地，尤其是在边缘端这种功耗和延迟要求高的平台，大量人工智能推理加速器被设计出来，在保证算法精度的同时，能量效率与面积效率与日俱增。人工智能加速器从刚开始支持简单的矩阵乘操作，包括支持向量机、随机森林以及特征描述子的硬件化实现，到后续人工神经网络的加速器设计，再到对卷积神经网络、递归神经网络优化，包括量化、预测、剪枝等以及对应的硬件架构设计，包括权值静止数据流、输出静止数据流、无局部复用数据流，目标都是让数据的复用率更高，从而减少到存储中的访问操作，避免冗余计算，用以提高最终的能量效率和面积效率。然而，此种加速器只能支持训练好的并且量化之后的模型，一旦模型发生改变，将无法在硬件层面进行更新，需要重新训练模型，甚至需要重新设计硬件来支持新的模型，各项成本开销巨大。

为了摆脱对任意静态任务都需要人为重新设计模型的局面，当前自主机器学习（automatic machine learning，AutoML）被广泛研究。传统的深度学习模型搭建往往包括数据准备、模型构建、参数选择、训练途径等，这些步骤通常都是分开进行且都是人工操作的。尤其是模型和超参数的选择，即使加入了先验知识，仍然存在很多潜在的最优解。人为操作不仅效率低，而且很容易使得选择结果只是局部最优解。另外，在某个静态任务中一旦建立好模型，这个模型很难直接迁移到另一个不同的任务，造成资源浪费。AutoML 通过自主搜索、强化学习、进化算法以及梯度下降算法，从所有可能的模型中搜索出最佳的超参以及模型结构。一旦 AutoML 算法建立完成，只需要提供数据集，AutoML 算法就能自动搜索当前任务中最优的超参和模型架构，来满足对该任务的延迟和精度需求。然而，尽管 AutoML 方法能适用于多个不同的任务，但每次仍然需要根据某一特定的任务进行重新训练，人工干预也不能完全避免。同时，AutoML 需要大量的硬件资源来支持，如多 GPU 联合分布式训练，同时耗时十分严重，目前几乎不能直接部署在边缘端，只能在云端进行搜索，再将模型布置到边缘端。故在此种条件下，深度学习芯片仍然和传统人工智能芯片一样，只能够支持网络模型的推理过程，没办法进行片上在线更新，不适用于可演化的智能计算。

为了解决硬件只支持推理过程的问题，近两年许多学者开始研究如何在边缘端实现高效片上训练。如图 5-3 所示，片上训练应用广泛，尤其是针对个人消费者使用习惯对人工智能模型做出定制化调整，将会更加具有实用性，提高产品的个性化。

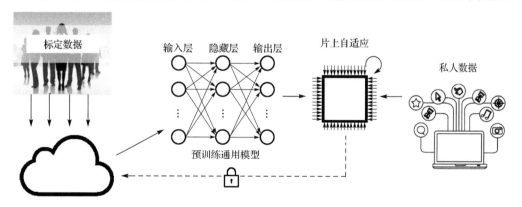

图 5-3　片上训练的潜在使用场景

　　片上训练主要包括两个方面：①针对训练模型的编译器设计；②硬件资源的改进，包括硬连线调整、梯度计算模块设计、多批量计算支持等。支持训练的编译器主要是从高层神经网络模型根据使用者需求映射到硬件上，如图5-4所示。根据每一层网络的操作和当前硬件的资源情况，优化的硬件语言模块从事先设置好的模块库中被选取出来，然后调整硬件的硬连线和硬件资源来实现此模块。这些模块都是为了支持模型训练所需的操作而设计的。只有被选取的模块才能被综合。在训练过程中，一批数据的一次迭代类似做推理过程一样，也是逐层进行权重更新；每一批数据中，样本都是逐个处理的[1]。

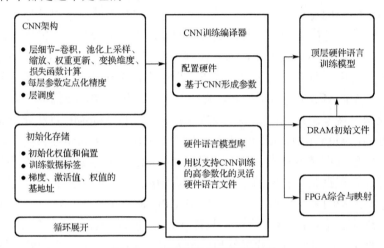

图 5-4　支持训练的编译器流程

　　硬件实现需要同时支持训练和模型的推理过程。下面以文献[2]所述架构为例进行说明，其架构如图5-5所示。其中图5-5(a)展示了CNN的训练和推理过程，在推理过程中，每层卷积层接受 Nc 个通道的输入数据，然后输出 Nr 个输出通道。全连接层被当成一种 1×1 的卷积操作进行。随机梯度下降法被运用在此训练过程中。在每一次数据迭代中，依据随机梯度下降规则，每一层网络的权重是根据回传的误差梯度、预先设定的学习率等参数进行更新的。为了能得到所有的权重梯度，每一层的特征图和权重梯度都需要进行计算。在第 i 层，输出特征层的梯度首先根据第 $i+1$ 的特征图梯度和权重计算出来。计算完成后，权重梯度可以根据 $i+1$ 层的特征图梯度和输入特征图计算出来。然后每个权重可以根据权重梯度与学习率乘积得到。为了能高效地支持片上训练和推理，硬件架构必须具有高灵活性来支持此两种任务。定点运算资源对于模型推理是足够的，但却并不太适用于片上训练。如图5-5(b)所示，此支持训练操作的架构包含8个处理单元、8个池化单元和一个优化的 Softmax 模块。为了解决上述问题，该架构在处理单元中设置了 16 比特的浮点数运算单元，以及 10/5 比特定点化运算单元来支持训练和推理过程。类似的工作可参考文献[3]～[7]。

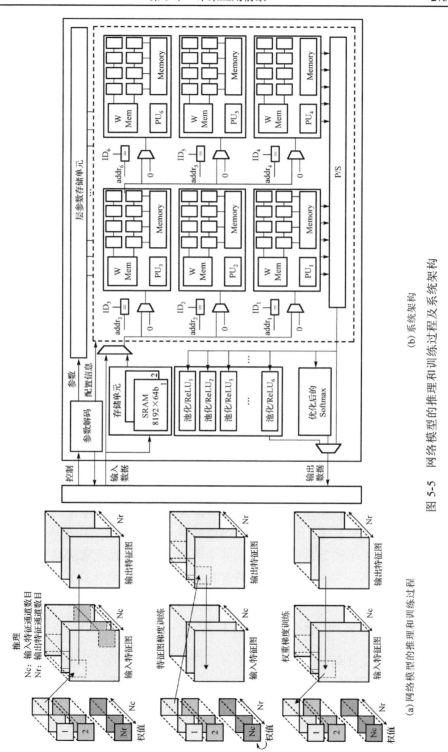

图 5-5　网络模型的推理和训练过程及系统架构

可演化智能计算主要解决如何让模型在运行过程中自我规避噪声和发现新类别，并且提升自我泛化能力的问题。具体来讲，可演化智能计算需要自我对抗外部环境有意或无意的噪声攻击和干扰，同时要发现采集样本中不同于已有类别的样本，根据该种样本的数据量大小来将其划分为新类别还是噪声。同时，可演化智能计算在硬件层面需要支持片上模型更新，以及需要提升自我硬件安全性，以能在硬件层面抵御人为的噪声攻击。

为了实现可演化智能计算，在算法以及硬件层面主要解决三个方面的问题：

(1)小样本学习问题，现实环境中往往缺少足够的样本，并且经常会出现新样本，故可演化智能计算从算法模型角度需要通过跨模态信息的相互辅助知识来提升新任务上的小样本学习和泛化能力。硬件层面，芯片不仅需要支持小样本更新模型时的梯度计算，还需要对小批量计算样本产生的所有梯度进行加和，然后更新存储在片上的权值。另外，还需要专门的硬件模块用以实现辅助知识信息的生成。

(2)无监督学习问题，样本除了数量少的情况，这些样本很可能并没有事先被人工打上标签，即无人工标定。从算法模型角度，可以通过构建具备逻辑推理能力的自监督学习任务，例如，根据事先标定的数据进行一个粗分类而非对每个样本进行准确分类；又如，从打乱顺序的图像块序列中推理出正确的排列方式，抑或从混杂的自然语言中恢复符合逻辑的词序等，以上的目的是让模型能从无标记数据中自动学习得到具备语义表征和逻辑推理的可泛化特征表示。硬件层面上，芯片需要对输入数据进行无规则打乱，这就涉及对存储中数据的无序访问，如何设计存储以让无监督学习模型涉及的数据重排更加硬件友好，不成为训练过程中的瓶颈，将是一个类似于传统人工智能芯片中的"存储墙"问题。

(3)可信模型设计问题，模型很重要的一点就是从算法完成到底层硬件实现，输出当前任务的结果要有高的可信度。在算法层面，可以通过利用传统的概率密度分布先验知识，以及基于基元属性或部件分解的结构模式识别系统的学习，来提升模型的可信度。也就是说，对于每一个预测结果，需要给出合理的置信度估计。在硬件层面，首先要做的就是提高芯片的安全等级，防止有意无意的噪声干扰对结果造成实质性的破坏。另外，概率模型需要设计单独的、安全等级更高的硬件化模块，以对每次主体模型的输出结果做出可信度判断。

5.1.3　软件定义可演化智能计算芯片

可演化智能计算中，芯片起着非常关键的作用，因为芯片需要能高效地支持可演化智能模型的运算，保证运行算力与实效性。但芯片拥有了高灵活性及足够的硬件资源，仍然需要上层软件根据具体任务，对其硬件资源进行合理的调度，已达到高效的任务执行目的。故而，在可演化智能计算中，芯片交由软件来进行定义是一种有效的方式。

软件定义可演化智能计算芯片，主要应包括两个方面：①研究智能硬件自动生成理论，包括软件可定义的硬件原语设计、应用牵引的硬件设计与敏捷开发方法研究；②研究智能硬件实时自主演化技术，包括面向硬件演化的在线训练方法、电路重构技术、配置信息在线生成技术。

智能硬件自动生成主要是指根据上层具体的任务情况及底层硬件的资源分配情况，自动对该任务进行硬件划分和分配，以期达到最高的硬件利用效率，可演化智能计算编译器可以很好地完成这份工作。此种编译器不仅需要能支持多种不同的任务，根据任务内部不同的模块，合理划分硬件资源，同时需要生成可以决定硬件如何进行模型更新的配置信息，这些配置信息将会直接决定现有硬件资源在开放环境中对采集到的新样本或者噪声的处理方式，以及对应模型的更新形式。

首先可演化智能计算的芯片不仅需要支持传统的随机梯度下降法来更新模型，同样需要支持其他更加行之有效的梯度下降算法，如 Adadelta、Adam 梯度下降法。在随机梯度下降法中，每次都是采用一幅图像来更新网络参数，而这些梯度下降法是需要一个批次的数据来进行迭代更新的。同时，更新的数据不仅是权值，还要更新的包括学习率、冲量等一些超参数。因为随机梯度下降法容易因为数据的不同，导致每次产生的梯度有较大的振荡，这种振荡有可能会使参数变动频率幅度加大，从而最终达到一个局部最优解而无法再下降。同时，因波动频繁存在超调量，且耗时不小，这明显将不适合可演化智能计算在开放的环境中进行自我更新和演进。另外，针对小样本问题中辅助信息的生成问题，可以考虑在软件层面根据具体应用场景，将场景特殊需求通过可智能演化计算编译器生成配置信息，然后调用额外的专用模块来支持此类辅助知识的处理；针对可演化智能计算中的无监督问题，芯片应当设计更加有效合理的存储结构和数据调度方法，尽可能减少数据的重排和读取；最后，为了提高芯片的安全等级，避免外部噪声的干扰和破坏，可以考虑使用额外的加密芯片保证可演化智能芯片能安全运行，保证最终结果的运行准确性。

5.2　后量子密码

最近几年来，一个原本相对陌生的词汇“量子霸权”（quantum supremacy，也称为量子计算优越性）开始日益频繁地为人们所提及。这主要得益于 Google 公司在 2019 年发布的 54 个量子位超导量子计算机“悬铃木”[8]，在短短 200s 内即可完成在 IBM 超级计算机上需要一万年才能完成的计算任务。Google 公司据此宣称其实现了“量子霸权”。同样在 2020 年的《科学》杂志上，中国科学技术大学潘建伟研究团队成功构建了 76 个光子的量子计算机“九章”[9]，在处理高斯波色采样（Gaussian boson sampling）问题上相比于最快的超级计算机快百万亿倍。事实上，“量子霸权”是指对特定问题的计算能力超过经典超级计算机；下一阶段则是实现具有实际应用价值的量子模拟系统，在组合优化、机器学习、量子化学等方面发挥积极作用；最终是实现通用可编程的量子计算机。

在存储及计算方面实现指数级增长的量子计算机虽然在复杂科学问题的求解上带来了前所未有的提升，但也给密码学领域带来了日益紧迫的安全风险。针对未来出现的量子计算机攻击，主要有基于更加复杂数学问题的后量子密码学和基于量子理论的量子密码两种量子安全技术。前者由于与目前使用的传统密码学一脉相承，与经典计算机兼容，有利于密码体系在硅基电路上的迁移实现。因此，本节仅针对与目前成熟的硅基数字集成电路技术相兼容的后量子密码展开讨论。

5.2.1　后量子密码算法的概念与应用

本节分别介绍后量子密码的产生背景、概念，以及当前后量子密码算法的标准化进展。

1. 后量子密码的产生背景

量子计算是一种遵循量子力学规律调控量子信息单元进行计算的新型计算模式。量子态叠加使得每个量子比特可以同时表达"0"和"1"两个值，从而使得 n 个量子比特同时表达 2^n 个数值。这一特性使量子计算机相比于经典计算机在存储及算力上实现指数级的增长，形成量子优越性。与此同时，1994 年提出的 Shor 量子算法[10]可以在多项式时间内分解大整数和离散对数求解等复杂数学问题。Grover 量子算法[11]则能够将无序数据库的搜索时间降为原来的平方根时间，即意味着当需要从 N 个无序实体中搜索出某特定实体时，经典计算机只能通过穷举逐一查询完成，而 Grover 算法则只需要 $N^{0.5}$ 次查询即可。需要强调的是，这两种算法并不能在传统的经典计算机上运行。而如果对当前使用的经典密码算法完成现实意义的破解，通常认为需要至少百万量子比特的量子计算机才可以。虽然目前的量子计算机尚未突破百量子比特，但根据 IBM 公司发布的量子计算机路线图[12]，其开发的量子计算机在 2023 年左右即可实现千量子比特级，并有望在十年内突破百万量子比特规模。DigiCert 公司委托专业调研公司对位于美国、德国和日本的400 家公司的信息技术专业人员进行调研[13]，其中有 59%的人员表示正在考虑或部署具有抗量子攻击能力的混合型证书。根据加拿大全球风险研究院(Global Risk Institute，GRI)发布的量子风险评估报告[14]，目前常用的 RSA-1024 和 RSA-2048，分别在 13min 和 50min 内即可由 480 万和 966 万物理量子比特的量子计算机攻破。基于如此严峻的安全挑战，美国国家安全局(National Security Agency，NSA)早在2015 年便开始呼吁切换到后量子密码体系以应对量子计算机造成的安全威胁。考虑到量子安全密码算法的标准化时间以及密码基础设施更新的时间(通常要 10 年以上时间)，同时在部分应用场景(如国家、机构、个人的敏感信息保密)可能会需要数十年甚至更长的保密时间，而攻击者完全可以对当前截获的信息进行存储，并在量子攻击条件允许时完成信息破解，因此提前开展具有抗量子攻击能力的密码算法研究，并在大规模量子计算机进入实际应用前完成密码基础设施的更新、密码技术体系的升级显得尤为重要。

接下来分析量子计算攻击对当前经典密码体系的影响。如本书 4.4 节介绍的，密码算法主要分为公钥密码、对称密码和杂凑函数。如表 5-1 所示，由于当前使用的 RSA、ECC 等公钥密码大多建立在大数分解和离散对数的困难问题之上，公钥密码算法在量子计算时代的安全性将不再成立。而对于对称密码，虽然运行 Grover 算法的量子计算机可以更快地破解对称密码，但完全可以通过将对称密码算法的密钥长度加倍来获得与此前相同的安全强度。因此，对称密码目前被认为是量子安全的。但由于大部分应用场景下的对称密码算法密钥都是通过公钥密码算法来进行交换的，所以公钥密码被破解造成对称密码密钥的泄漏仍然破坏了对称密码的安全性。对于无密钥参与的杂凑函数，也完全可以通过将输出长度加倍来提升其安全性。

表 5-1   大规模量子计算机对经典密码体系的影响

密码体系	密码算法	影响及解决方案
公钥密码	RSA	完全破解
	ECDSA	完全破解
	Diffie-Hellman	完全破解
对称密码	AES	安全强度降低，需要更大的密钥尺寸
	3-DES	安全强度降低，需要更大的密钥尺寸
杂凑函数	SHA-1/2/3	安全强度降低，需要更长的输出

目前对于量子安全(quantum-safe)的密码学研究主要分为两个方向：后量子密码算法(post-quantum cryptography，PQC)和量子密码算法(quantum cryptography)。后量子密码又称为抗量子攻击密码(quantum resistant cryptography，QRC)或量子安全密码(quantum safe cryptography，QSC)，是指基于更加复杂的数学困难问题、在传统攻击及已知量子攻击下均被证明安全的公钥密码算法。由于与当前密码算法及经典计算机的良好兼容性，获得了比较广泛的关注。需要强调的是，这些数学困难问题可以抵御所有已知的量子算法攻击，在没有进一步证据表明其容易受量子攻击前，均被认为是量子安全的。

2. 后量子密码算法现状

从 2015 年开始，以 NIST、欧洲电信标准化协会(European Telecommunications Standards Institute，ETSI)、国际电气和电子工程师协会(Institute of Electrical and Electronics Engineers，IEEE)等多个电信联盟或国际性学术组织便开始了后量子密码

的一些研究和标准化工作。中国密码学会在 2019 年举办了全国密码算法设计竞赛[15],包括分组密码和公钥密码两个竞赛单元。在公钥密码算法中收到基于格、多变量、超奇异同源等多种抗量子攻击的公钥算法提案,其中来自中国科学院信息工程研究所的 LAC 算法和来自复旦大学 Aigis 算法最终获得一等奖。同时,以此为契机,我国的后量子密码算法标准化工作也已提上日程。当前,从国际影响上,由 NIST 开展的后量子密码标准化工作[16]得到了全球范围内最广泛地参与和关注。如图 5-6 所示,自 2016 年 12 月开始算法征集,NIST 共收到 82 个算法提案。截止到 2017 年 12 月,除了被破解、审查不通过及主动撤回的提案,共有 64 个有效算法提案,其中包括 45 个公钥加密算法(public key encryption,PKC)和 19 个数字签名算法(digital signature,DS)。2019 年 1 月 NIST 公布了第二轮算法,包括 17 个 PKC 算法和 9 个 DS 算法共 26 个算法。截止到 2020 年 7 月的第三轮算法,NIST 公布了 7 个最终算法(finalist)和 8 个候选算法(alternate)。根据 NIST 的声明,大概在 2021 年底或 2022 年初公布初始的算法标准,主要从 7 个最终算法中选出。2022~2024 年是 PQC 标准的起草阶段,若在此阶段内的初始算法出现安全性风险等问题,则会在对候选算法完成深入分析的基础上挑选出新的标准算法。

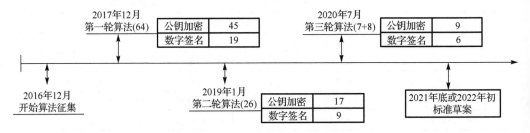

图 5-6　NIST 后量子密码标准化演进过程

1)评价标准

根据 NIST 的要求,主要采用三个指标来评估后量子密码算法的整体性能,分别为安全性、成本及性能,以及算法的实现特性。

安全性:不仅要实现在经典计算机条件下的安全,也要在量子计算机下安全。如表 5-2 所示,采用 AES 和 SHA 算法的不同破解强度来对后量子密码算法的安全强度进行量化。

表 5-2　NIST 对后量子密码安全等级的定义

安全等级	安全强度
I	穷举密钥搜索破解 AES128
II	碰撞搜索破解 SHA256
III	穷举密钥搜索破解 AES192
IV	碰撞搜索破解 SHA384
V	穷举密钥搜索破解 AES256

成本及性能：成本包括计算效率及存储需求，主要包括公钥、密文及签名的尺寸，密钥生成以及公私钥操作的计算效率，解密错误概率等。计算效率是指算法的运行速度，NIST 希望候选算法可以实现接近甚至超过当前公钥算法的执行速度。存储需求是指软件实现的代码大小、RAM 需求，硬件实现的等效门数。

算法和实现特性：具有更高灵活性的算法将比其他竞争算法更具优势，这里的灵活性包括可以在多种平台上高效运行，也包括具有一定的并行性或者支持指令集扩展来实现更高的性能。除此之外，更期望简洁高效的设计方案。

2) 当前的算法类型

目前后量子密码算法从其基础的数学困难问题出发主要可以划分为如下四个大类。

(1) 基于哈希 (hash-based) 的后量子密码算法，主要用于数字签名。基于哈希的签名算法由一次性签名方案演变而来，并使用 Merkle 的哈希树认证机制。哈希树的根是公钥，一次性的认证密钥是树的叶子节点。基于哈希的签名算法的安全性依赖于哈希函数的抗碰撞性。由于没有有效的量子算法能快速找到哈希函数的碰撞，因此 (输出长度足够长的) 基于哈希的构造可以抵抗量子计算机攻击。此外，基于哈希的签名算法的安全性不依赖某一个特定的哈希函数。即使目前使用的某些哈希函数被攻破，也可以用更安全的哈希函数直接代替被攻破的哈希函数。

(2) 基于多变量 (multivariate-based) 的后量子密码算法，使用有限域上具有多个变量的二次多项式组构造加密、签名、密钥交换等算法。多变量密码的安全性依赖于求解非线性方程组的困难程度，即多变量二次多项式问题。该问题被证明为非确定性多项式时间困难。目前没有已知的经典和量子算法可以快速求解有限域上的多变量方程组。与经典的基于数论问题的密码算法相比，基于多变量的算法的计算速度快，但公钥尺寸较大，因此适用于无须频繁进行公钥传输的应用场景，如物联网设备等。

(3) 基于格 (lattice-based) 的后量子密码算法，由于在安全性、公私钥尺寸、计算速度上达到了更好的平衡，被认为是最有前景的后量子密码算法之一。与基于数论问题的密码算法构造相比，基于格的算法可以明显提升计算速度、实现更高的安全强度且仅增加略微的通信开销。与其他几种实现后量子密码相比，格密码的公私钥尺寸更小，并且安全性和计算速度等指标更优[8]。此外，基于格的后量子密码算法可以实现加密、数字签名、密钥交换、属性加密、函数加密、全同态加密等各类密码学构造。近年来，基于容错学习 (learning with errors，LWE) 问题和环上容错学习 (ring learning with errors，RLWE) 问题的格密码学构造发展迅速，被认为是最有希望被标准化的技术路线之一。

(4) 基于编码 (code-based) 的后量子密码算法，使用纠错码对加入的随机性错误进行纠正和计算，主要用于公钥加密和密钥交换。McEliece 使用随机二进制的不可约 Goppa 码作为私钥，公钥是对私钥进行变换后的一般线性码。Courtois、Finiasz 和 Sendrier 使用 Niederreiter 公钥加密算法构造了基于编码的签名方案。基于编码的算法（如 McEliece）的主要问题是公钥尺寸过大。

表 5-3 是 NIST 第三轮后量子密码算法的统计情况。可以看到在 7 个最终算法中，只有一个基于编码的 Classic McEliece 算法和一个基于多变量的 Rainbow 算法，分别用于公钥加密和数字签名。根据 NIST 的声明，如果没有特殊安全风险或技术难题，那么这 2 个算法会默认成为最终的标准算法之一。而同时会在用于公钥加密的 3 个基于格的后量子密码算法和用于数字签名的 2 个基于格的后量子密码算法中分别选出一个作为最终的算法。

表 5-3　NIST 第三轮后量子密码算法统计

第三轮算法	数学困难问题	公钥加密	数字签名
最终算法	格	Crystals-Kyber	Crystals-Dilithium
		NTRU	Falcon
		Saber	
	编码	Classic McEliece	
	多变量		Rainbow
候选算法	格	FrodoKEM	
		NTRUPrime	
	编码	BIKE	
		HQC	
	超奇异同源	SIKE	
	多变量		GeMSS
	哈希		SPHINCS+
			Picnic

5.2.2　后量子密码芯片研究现状

如前文所述，较已有公钥密码算法，后量子密码算法基于更为困难的数学问题设计，造成当前的后量子密码候选算法无论在计算复杂度、存储开销以及带宽需求上相比于经典密码算法都提高很多。因此，尤其需要通过 ASIC、FPGA 以及 ISAP 等多种形态的密码硬件来对算法实现加速，以更好地推进后量子密码的产业化应用。但与此同时，由于当前后量子密码算法的标准还未确定，同时各候选算法在每一轮迭代中都会存在或大或小的改动及调整，后量子密码芯片的研究工作并未得到广泛开展。

1. 面向 ASIC 实现的后量子密码芯片

目前，MIT 的 Chandrakasan 教授团队发表的针对基于格的后量子密码处理器[17,18]是为数不多的经过硅片实现的后量子密码芯片。作为面向物联网应用的后量子密码芯片，在实现低功耗的同时实现了一定的可配置性，最多可支持 5 种基于格的后量子密码算法。如图 5-7 所示，为了对目标算法采用的采样功能实现完全支持，该处理器通过专用硬件分别实现了均匀采样、三元采样、离散高斯采样以及中心二项分布采样，付出了一定的面积开销。同时为了降低加解密的功耗开销，通过反复串行利用一个蝶形运算单元来完成相应的公钥加密功能。

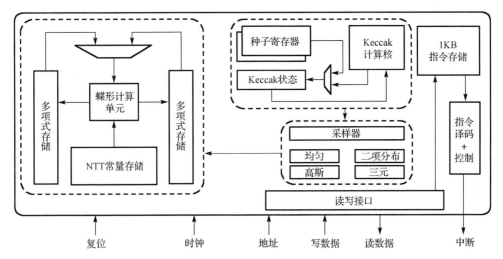

图 5-7 可重构密码处理器 Sapphire 的系统架构

另外一项工作针对采用数论变换(number theoretical transform，NTT)算法和模上规整学习(module learning with rounding，MLWR)算法的后量子密码芯片进行了设计探索。该项工作提出了一种低计算复杂度数论转换与逆转换方法[19]，以及一种高效的后量子密码硬件架构(图 5-8)。其不仅能降低一类基于格的后量子密码算法的计算复杂度，还能在提高算法执行速度的同时减少硬件资源开销。实验结果表明，与当时主流算法相比，该设计在计算速度上快了 2.5 倍以上，同时面积延时积减小了 4.9 倍。已有面向格密码的数论转换架构效率不高的症结在于其正变换和逆变换分别需要预处理与后处理。预处理与后处理的计算量巨大，是制约处理速度提升的瓶颈。通过将预处理部分融合进时域分解快速傅里叶变换中，将后处理部分融合进频域分解快速傅里叶变换，彻底去除了这两部分运算量。相比经典快速傅里叶变换，这个方法没有额外的时间开销，硬件代价也非常小。同时，研究人员还提出了一种能支持两种蝶形运算的紧凑型运算单元架构，针对 NewHope 算法的特定模数提出了一种无须执行乘法操作的恒定时间模约简方法，并据此设计了低复杂度数论转换硬件实现架构，在同规模数论转换的硬件架构中执行速度最快，且减小面积延时积近 3 倍。此外，这项研究还使用了双倍带宽匹配、时序隐藏等架构优化技术，进一步减小了执行 NewHope 算法的时钟周期数，设计了处理时间恒定的 NewHope 硬件架构。

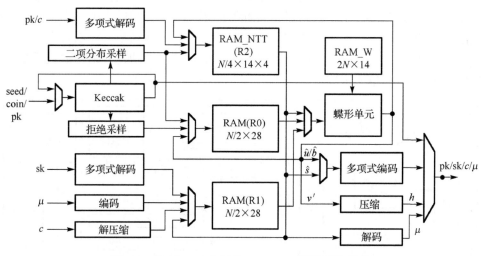

图 5-8 针对 NTT 友好的 NewHope 算法硬件架构

Saber 算法作为被认为最有可能成为最终标准的算法之一，得到了广泛的关注和深入的研究。在文献[20]中，作者针对 Saber 算法中用到的 256 阶多项式乘法提出了一种层次化 Karatsuba 乘法，并针对 Saber 算法中的计算模式进行了定制优化设计。如图 5-9 所示，该项工作的架构设计采用了一个乘法器阵列来完成两个多项式 16 个系数间的 Karatsuba 乘法，同时针对 Saber 算法中二项分布的数据采样特点，对相应的乘法器完成了定制设计。

2. 基于 FPGA 平台的后量子密码芯片

乔治梅森大学 Kris Gaj 教授研究团队一直致力于国际密码算法标准化过程中的算法硬件性能评估工作，并在 AES 算法、SHA 系列算法的标准化工作中起到了至关重要的作用。如图 5-10 所示，目前该团队利用高层次综合工具对目前的后量子密码算法在 Xilinx 公司的 FPGA 平台上进行软硬件协同设计[21]。高层次综合主要用到的优化技术包括循环展开(loop unrolling)和循环流水(loop pipelining)两种技术。循环展开是指将循环体中没有数据依赖关系的功能单元进行并行执行，主要用于对计算延迟比较敏感的应用场景，相当于用资源换时间。循环流水的意思很简单，则是将循环体内串行执行的功能单元进行流水化操作，从而降低整体循环体计算的执行时间。但同时从 C/C++语言的算法实现到 RTL 级的硬件代码的转

换并非完全自动实现的，仍然需要对原始算法代码进行必要的人工优化。此外，
当前的高层次综合工具不能对动态数组、系统函数及指针进行很好的支持，需要
在综合前进行必要的修改。

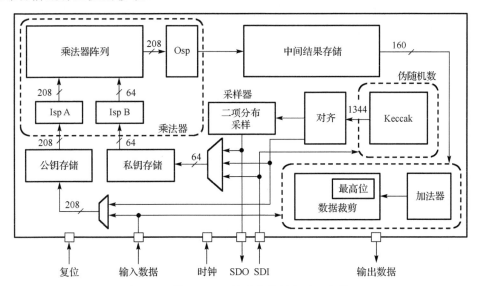

图 5-9　针对 Saber 算法优化的加速器架构

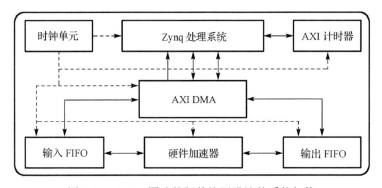

图 5-10　GMU 团队软硬件协同设计的系统架构

在文献[22]中，作者利用 HLS 对格密码中的核心计算模块 NTT 的设计空间进行
了探索，并与人工设计优化得到的代码进行对比，发现高层次综合实现的性能要明
显低于人工设计的结果，但相比于人工设计的 ASIC 实现，HLS 可以加快设计周期，
同时对设计空间进行多样化探索。

3. 基于 ISAP 架构的后量子密码芯片

德国慕尼黑工业大学的研究团队发表了一篇面向后量子密码的 RISC-V 处理

器[23]，在对后量子密码算法中的新型计算操作进行定制设计的同时，对 RISC-V 指令集进行了扩展。在该项工作中，作者将目前的后量子密码芯片分为紧耦合加速器和松耦合加速器两种形态。松耦合加速器也就是基于 ASIC 实现的硬件加速器，执行完整的密码算法功能，缺点在于会有比较大的数据通信开销。如图 5-11 所示，该工作首先针对后量子密码算法中的计算模式，设计实现了一系列硬件加速器，包括并行的蝶形操作、随机多项式生成、向量化的模运算实现以及旋转因子生成。其次在 RISC-V 指令集的基础上扩展出 28 条新的指令，用以支持后量子密码算法中的计算。最终，该设计在 FPGA 平台以及 ASIC 实现上进行了性能评估。

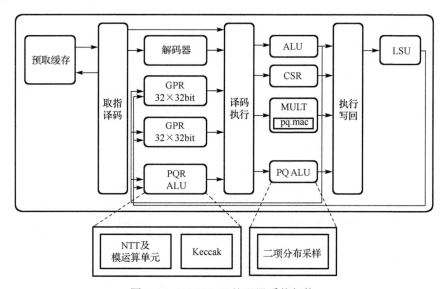

图 5-11　RISCQ-V 处理器系统架构

此外，复旦大学的研究团队针对格密码算法发表了基于 RISC-V 架构的领域定制后量子密码处理器架构[24]。这项工作的主要创新点在于：挖掘 RLWE 和 MLWE 候选算法中的数据级并行，实现 NTT 和采样过程的向量化处理。文献[25]在 RISC-V 指令集下提出了针对 NTT 计算的体系架构。作为基于格的后量子密码计算复杂度最高的瓶颈模块，多项式乘法的实现是高效硬件实现的重点。该项工作将 NTT 集成到 RSIC-V 流水架构中，实现 NTT 处理的加速。

5.2.3　软件定义后量子密码芯片

软件定义后量子密码芯片一个挑战是算法标准还没有形成，当前的候选算法数量虽然得到了大幅减少，但仍然存在算法、参数多样化的问题，同时随着标准化工作的进行，每个算法都有进行修改迭代的可能。

目前，从硬件实现的角度，首先需要解决的问题是算法的计算复杂度。当前阶段安全性是算法设计团队的首要设计指标，而算法实现的难易程度，尤其是硬件实现的方便性并没有得到充分的考虑。同时这些算法往往涉及数论、抽象代数、编码理论等相关学科的知识，对于电子工程背景出身的硬件设计人员，完全理解这些算法的文档还是有一定难度的。虽然基于 C 语言实现的参考实现可以作为高层次综合工具的输入，但采用高层次综合后同样无法对设计空间进行完全深入的探索，失去一些潜在的优化空间。同时，当前的后量子密码算法主要包括基于不同数学难题的多种类别。并且每一类算法还有不同的区别，如基于格的算法还分为结构化格和非结构化格，基于编码的算法还被 NIST 分为基于代数、短汉明以及低秩等三种。整体而言，后量子密码算法中涉及的计算类型与传统公钥密码算法的差别十分明显。大整数乘法(包括大素数上的大整数乘法模操作、两个大素数的乘法等)决定了当前公钥密码算法的计算复杂度，但这仅仅适用于后量子密码算法中的超奇异同源一类。部分后量子密码算法中存在着一定的解密错误概率问题，这可能会造成比较耗时的重复计算，进而影响平均及最差解密时间。另外就是一些加密操作、密钥生成操作以及密钥封装操作需要满足一定分布的随机数来作为输入，随机采样操作会需要真随机数发生器以及满足不同分布的后处理。这部分电路功能在当前的密码芯片设计中很少涉及。

侧信道防护的问题，针对面向服务器应用的高性能实现而言，因为假设物理接触场景是不存在的，因此在设计时仅需要满足恒定执行时间就可以。但对于针对移动设备及物联网设备应用的轻量级实现，就需要对可能存在的时序、功耗、电磁攻击及内存泄漏问题进行充分的考虑。而且很多针对侧信道防护方法并非通用，而是与算法的计算特性紧密相关。因此，侧信道防护也是硬件设计过程中的一个难题。同时侧信道防护造成的额外资源开销，以及防护效果评估都是十分具有挑战性的工作。

5.3　全同态加密

云计算是一种新型的提供信息技术资源的服务模式，它将海量的计算存储等资源集合起来，作为商品通过互联网便捷地提供给用户。由于它可以大幅节省用户购置软硬件以及运维系统的成本，受到广大个人及中小企业用户的推崇。然而，由于用户数据的存储计算完全由云服务提供商负责，因此这些数据对服务商是完全可见的。因此，一些安全敏感型的应用与数据，不适合采用云服务模式。传统的密码体系不支持在密文情况下对数据处理，若想对数据进行计算操作就必须先将数据解密。全同态加密(fully homomorphic encryption，FHE)技术的出现从根本上解决了这个问题，它支持在保持密文的情况下直接对数据进行运算，而无须解密。因此，全同态加密技术在云计算以及其他不可信场景中有着光明的应用前景。

全同态加密技术仍在高速发展过程中，目前主要存在性能过低以及所需存储空间过大等问题。该技术在目前主流的实现平台上存在着通用处理器性能不足、图形处理器功耗过大、现场可编程逻辑器件配置量大、专用集成电路灵活性不足等问题。全同态加密技术具有参数大、计算密集、灵活性要求高、并行性丰富等特点。软件定义芯片的高性能、高灵活性、高能效和高效配置等特性使其非常契合全同态加密技术目前的发展状态和特点，非常有潜力作为全同态加密技术的实现平台。本章在介绍全同态加密技术的基础上，讨论使用软件定义芯片方法实现该技术的潜力，并分析关键部件的可能实现方法。

5.3.1 全同态加密的概念与应用

传统加密技术是一项广泛应用的用于保护敏感信息安全性的技术，然而一个信息系统对于加密的信息仅可以加以存储，而无法对其进行任何计算操作。同态加密(homomorphic encryption，HE)技术就是为了克服这种困难而产生的，它是指一种允许直接对加密信息进行计算的密码方案，而不会泄露明文信息。根据所允许的操作类型及次数对同态加密方案进行分类，同态加密可以分为以下三种[26]：部分同态加密(partially homomorphic encryption，PHE)，仅允许一种类型的操作而无次数限制；有限同态加密(somewhat homomorphic encryption，SWHE)，允许有限次数的多种类型的操作；全同态加密，允许无限次的任意操作。

使用符号 m 表示敏感信息，$\mathrm{En}(m)$ 表示加密后的敏感信息，$f(\cdot)$ 表示想要对信息处理的任意函数，则全同态加密方案可以表述如下：存在某种函数 $F(\cdot)$，在不用知道密钥或明文 m 的情况下，就可以直接使用密文 $\mathrm{En}(m)$ 计算得到 $F(\mathrm{En}(m))=\mathrm{En}(f(m))$。

一个简单的通过全同态加密使用云计算服务的例子如图 5-12 所示，其流程大致可分为 6 步：

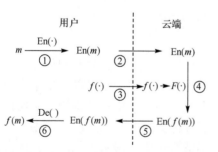

图 5-12 全同态加密的云计算流程图

(1)用户首先产生全同态加密所需的公钥和私钥，并使用公钥加密其私有数据；

(2)用户将其加密后的数据发送到云服务器，并以密文的方式存储；

(3)用户希望对他的数据执行某种操作时，将他所要执行的算法发送给云服务器；

(4)云服务器按照用户要求的算法，映射到对应的同态下的算法，对密文数据进行处理；

(5)云服务器将处理后的密文结果发送给用户,且云服务器无法知晓该结果内容;

(6)用户使用私钥对密文结果进行解密,恢复计算结果的明文内容。

由于全同态加密可以对密文进行操作,而不会泄露密文信息,很多原本不可能或者很困难的应用场景成为可能。安全搜索(secure search)就是一个典型的例子,它是指在服务器端预先上传并保存了一系列加密的未排序数据,且服务器端没有解密的密钥,用户向服务器发送一条加密的查询指令,服务器在处理之后向用户返回一条满足查询指令的索引及数据,且该返回值是加密的并对服务器端不可见。这项功能对应的应用场景有很多,如安全的搜索私人电子邮件、机密的军事文档或者公司的敏感商业文档、根据某些特定的条件在医疗数据库中搜索患者的记录,以及安全的搜索引擎等。而以往的安全搜索协议总是面临着如下几个问题之一:协议只提供一种受限的搜索功能;协议的计算复杂度与数据库大小呈线性关系,因此非常低效;或者协议的安全性不足,会泄露重要的搜索信息[27]。基于全同态加密的安全搜索有望解决以上问题。

密文统计是另外一个典型应用,它是指用户将大量的加密后的数据提供给外包商,然后外包商对密文状态下的数据进行统计分析,得到加密的统计结果并返回给用户。由于现有的云计算服务中,交给云服务提供商的数据对其都是透明的,因此想要对一些机密或隐私的数据进行统计分析就无法使用云计算,而全同态加密技术使得将这些私密数据交给云服务提供商进行统计分析变为可能。

机器学习是近年来各个领域的一个研究热点,它可以通过对大量数据进行学习,更高效地获取知识,更智能及个性化地提供各种服务。然而,某些领域,由于数据隐私性,无法方便地使用机器学习这一高效的工具。例如,在医学和生物信息学中,机器学习可以用来高效分析大量的医学和基因组数据,但是这些数据由于道德和法规无法随意共享,而使用全同态加密技术就可以克服这些问题,在使用医学数据及基因组数据等隐私应用中实现安全的机器学习[28]。又如,信息通信应用中,若将端到端的通信信息加密,则服务商无法过滤其中非法信息或者垃圾信息;若通信信息对服务商可见,则有可能导致隐私泄露问题;若使用基于全同态加密技术的机器学习方法,则可以在保护用户隐私的同时过滤掉非法信息或其他不遵守平台策略的信息。

同态加密的概念最早于 1978 年由 Rivest 等[29]提出,用于描述某种不用解密就可以对加密数据进行计算的密码体系。这一概念提出后,研究人员进行了各种构建同态密码体系的尝试,但是构建的同态密码方案都是部分同态或者有限同态的,直到 2009 年 Gentry 提出了第一个基于理想格(ideal lattice)的全同态加密方案[30]。此后,相继出现了基于近似最大公约数(approximate greatest common divisor, AGCD)的方案[31]、基于 LWE 或 RLWE 的方案[32]、基于 NTRU(number theory research unit) 的方案[33]等。Gentry 在第一个 FHE 方案中提出的名为自举(bootstrapping)的方法，可以将有限同态加密方案转换为全同态加密方案。此后的研究中，所提出的 SWHE 方案大部分是全同态加密(fully homomorphic encryption，FHE)方案的一部分[26]。并且由于自举操作的计算量过大，研究人员开始研究只能进行预定的有限操作次数的有界/层次性全同态加密(bounded/leveled fully homomorphic encryption)方案，这种方案可以看成 SWHE 方案。因此，后面将 SWHE 方案和 FHE 方案一同讨论。

目前全同态加密的主流方案主要为以下几个方案及其优化变种：Brakerski-Gentry-Vaikuntanathan(BGV)方案[34]、Brakerski/Fan-Vercauteren (BFV)方案[35, 36]、Lopez-Alt-Tromer-Vaikuntanathan(LTV)方案[33]、Gentry-Sahai-Waters(GSW)方案[37]、Cheon-Kim-Kim-Song(CKKS)方案[38]、TFHE 方案[39]等。BGV 方案是基于 LWE 或者 RLWE 困难问题的，它消除了自举步骤，采用层次化的同态方案。BGV 方案采用了 SIMD 的方式将多个明文编码在一个密文中同时处理，极大地提高了密文操作的效率。文献[40]基于该方案构造了一个全同态电路模型，并对 AES 算法进行同态计算。GSW 方案是基于 LWE 困难问题的。LTV 方案是基于 NTRU 困难问题的。BFV方案、CKKS 方案和 TFHE 方案都是基于 RLWE 问题的。TFHE 方案是基于 GSW 方案的 RLWE 变种，它擅长逻辑计算，可以在每个逻辑门之后进行快速自举。CKKS方案擅长浮点计算，能够快速进行近似计算。

5.3.2　全同态加密芯片研究现状

尽管全同态加密方案近年来持续改进，效率得到了很大的提高，但是与实际应用需求之间仍然存在着巨大的差距。全同态加密较低的实现性能是发挥其巨大的应用价值的主要瓶颈。解决这个问题有四个途径：一是研究新的全同态方案，降低全同态方案的复杂性；二是改进具体实现算法，降低矩阵乘、多项式乘、大整数乘等关键运算的数量和计算复杂度；三是优化密文应用算法，减少密文乘的数量，降低密文乘的深度；四是提高全同态加密硬件平台的处理能力，采用多种软件、硬件技术提高全同态计算平台处理性能。前三个途径从本质上来说都是为了降低计算量，第四个途径是提高全同态加密平台的算力。目前全同态加密方案的硬件平台主要有通用处理器、GPU、FPGA 和 ASIC 等。全同态加密芯片的研究主要基于 FPGA 或者 ASIC 进行硬件架构的研究。

由于具有较好的灵活性，FPGA 成为加速同态加密的重要硬件平台。FPGA 一般作为协处理器完成高计算复杂度的运算，它和通用处理器组成异构架构，共同完成全同态加密计算。在 FPGA 上一般实现大整数乘法或者多项式乘法，甚至仅仅实现 NTT 转换和系数相乘的环节。例如，文献[41]基于 Stratix-V FPGA 实现了 768k 的乘法器。文献[42]基于 Stratix-V FPGA 实现了基于 RLWE 问题的全同态加密方案

（如 YASHE）的同态乘法、同态加法和密钥交换。文献[43]基于 Virtex-7 XC7V1140T 实现了 YASHE 方案的同态密文数据运算以及 SIMON-64/128 分组算法。文献[44] 基于 Virtex-7 XC7VX690T 实现了 LTV 方案的 AES 和 Prince 算法。文献[45]基于 Virtex 6 FPGA 实现了 FV 方案的加密、解密和再加密运算。文献[46]针对全同态加密中的大整数乘法和高阶多项式乘法，提出了一种混合数论转换 NTT 方法和一种 NTT 解耦的硬件架构，如图 5-13 所示。该架构分解了 NTT 和 INTT，降低了一半的存储开销；并采用基于交叉存储访问的并行计算架构，降低了一半的时钟周期数。基于 FPGA 的硬件平台较大地提升了全同态加密的性能，相比 GPU 功耗有所降低，但是 FPGA 属于通用器件，并未针对全同态应用进行优化。FPGA 还存在细粒度重构特性造成的配置数据量大、不能动态重构等缺点。FPGA 的开发由于缺乏高级语言良好的支持，相对 CPU 和 GPU 比较困难。

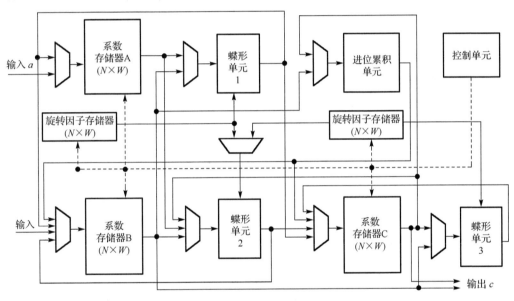

图 5-13　NTT 解耦的乘法器硬件架构

ASIC 硬件平台灵活性较差，一般面向固定的全同态加密方案和固定参数，追求极致的性能、面积效率或者能量效率，设计专门的硬件进行加速。ASIC 相比 FPGA 进一步提升了全同态加密的处理性能，并降低了功耗。文献[47]采用 IBM 90nm 工艺实现了 768Kbit 整数乘法。文献[48]采用 TSMC 90nm 工艺实现了百万比特的整数乘法。文献[49]采用 TSMC 90nm 工艺实现了 GH 全同态方案的加密、解密和重加密，基本实现了全同态加密的完整运算。文献[46]提出的 NTT 解耦架构也可以用于 ASIC 设计中。文献[50]采用 55nm 工艺设计了面向物联网设备的低功耗芯片，支持同态加密和同态解密操作。DARPA 在 2020 年发布了 DPRIVE 项目，计划开发针对全同态加密的硬件加速器，其系统架构如图 5-14 所示。其提出的大计算数(large arithmetic word size，LAWS)架构预计能够处理数千比特的数据位宽，大幅降低全同态加密的执行时间。基于 ASIC 的硬件平台可以在性能、面积、功耗、费效比等多个方面提升全同态加密的实现性能，但是专用集成电路的设计难度大，开发成本高，而且灵活性差，一旦芯片设计完成，不能再编程或重构，难以适应全同态加密不断演化的方案和潜在多样的应用。

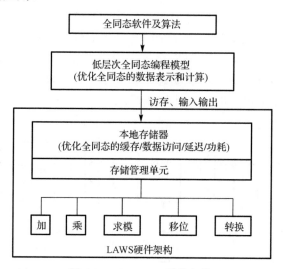

图 5-14　DPRIVE 系统架构

5.3.3　软件定义全同态加密计算芯片

基于 FPGA 或者 ASIC 的实现平台由于各自的特点难以满足全同态加密对硬件平台高灵活、高性能、低功耗、易开发等方面的综合需求。全同态加密技术具有灵活性要求高、计算密集且并行度丰富等特点，是灵活性、性能、功耗、易用性等各指标综合优异的硬件平台，因此非常适合使用软件定义芯片方法来实现。本节首先对全同态加密使用软件定义芯片方法的必要性进行具体分析，然后分别讨论全同态加密中的关键模块使用软件定义芯片技术进行设计的方法。

1. 软件定义全同态加密计算芯片的必要性

使用软件定义全同态加密计算芯片的必要性主要体现在两个方面：一方面全同态加密应用对实现平台在灵活性、速度及能量效率方面有着较高的要求；另一方面体现在全同态加密计算本身具有参数大、计算密集、并行性丰富等特点。下文分别从这两个方面对使用软件定义芯片方法进行设计的必要性进行分析。

1) 应用需求

从应用需求的角度来看,全同态加密技术对其实现平台具有很高的灵活性要求,这个要求体现在多个方面。

首先,由于全同态加密是一项没有完全成熟的技术,所以其方案的数量和种类很多,并且每年都会出现针对已有方案的优化,以及全新方案的提出。这些方案在计算复杂度、密钥大小、密文大小、噪声增长速率等方面各有优势与不足,目前还没有一个在各方面具有绝对优势的方案出现,因此对于不同应用场景下的不同需求,需要有针对性地选择不同的方案。由于全同态加密方案构建的基础有多种,即基于理想格的方案、基于 AGCD 的方案、基于 LWE 或 RLWE 的方案以及基于 NTRU 的方案,这些不同类型的方案所处理的基本数据类型有较大区别,所需要的处理操作也多种多样,因此对实现平台的灵活性提出了很高的要求。

其次,在选定特定全同态加密方案之后,每个方案仍有多个参数集,分别对应不同的安全性等级以及噪声容限。安全性等级与参数集的关系与传统密码算法相同,需求的安全性等级越高,对应的参数值就越大。关于噪声,全同态加密在将明文加密产生密文时就带有一定的噪声,在密文状态下的每次同态加或同态乘都会导致噪声增长,而当噪声增长超过一定界限就会导致解密出现错误。因此,在不同的应用场景下,所需要的同态下操作数量不同,需要据此选择不同的参数集,对应不同的噪声容限以保证计算的正确性。

此外,有些方案在确定参数集后,计算中仍然会使用不同的参数。例如,在 LTV 方案中有多个同态计算层次,在每个层次中所使用的模数 q 均不同,在第一层中的模数最大,之后逐层递减。在此方案的计算过程中,需要在计算层次推进的同时,对模数的值进行修改。

综上所述,对于不同应用场景需求,需要选择不同的全同态加密方案以及不同的参数集,某些方案内还会使用不同的参数,这些均要求实现平台具有较大的灵活性。然而,目前具有较好灵活性的平台,如通用处理器、图形处理器、现场可编程逻辑器件,其上的全同态加密方案实现具有速度过慢、功耗过大等问题。在追求灵活性的同时,也需要保证其实现具有较高的速度和能量效率,所以软件定义芯片技术是一个非常有潜力的全同态加密平台。

2) 计算特点

从具体计算特点的角度来看,全同态加密有一些与传统密码算法不同的特点,这些特点也使其非常适合使用软件定义芯片方法进行实现。

全同态加密方案具有参数巨大的特点。全同态加密方案参数巨大的原因主要有两点:一是实用性;二是安全性。实用性主要是指全同态电路的深度,深度越大表示在同态下可进行的操作越多,也就意味着其应用范围越广。目前研究的热点集中在深度为 40~80 级的全同态电路,这样的深度对应可以完成 10 轮 AES 迭代类似的同态计算。以基于 LWE 的全同态加密方案为例，其电路深度的增加伴随着噪声的增加，为了保证计算的正确性，必须增加噪声容限，也就对应着增加模数 q。为了保证较大的计算深度，需要保证 q 尽可能大。而对于安全性，仅增加模数 q 会意味着对应 LWE 难题的困难性降低，也就是安全性降低。为了在增加模数 q 的同时保证安全性不下降，就需要同时增大多项式或矩阵的维数 n。因此，全同态加密方案为了同时保证计算深度和安全性，往往使用较大的 q 和 n。大部分情况下，多项式的项数 n 在 2^{15} 或 2^{16} 左右，系数在 1200bit 或 2500bit 左右[43]。

全同态加密具有计算密集的特点。对于项数多、系数大的多项式，进行乘法操作所需要的计算量十分庞大。而在全同态加密方案的各个阶段中，如密钥生成、加解密、同态乘以及线性化等操作，都会用到多项式乘法。因此，在全同态加密中存在很多需要庞大计算量的多项式乘法，这决定了全同态加密是一种计算密集型的算法，使用软件定义芯片方法实现会获得较大的收益。

全同态加密的计算具有并行性丰富的特点。由于各全同态加密方案中最具有共性的逻辑，也最耗时的运算环节就是多项式乘法，所以这里主要对多项式乘法的并行性进行分析。如果使用简单教科书式方法进行多项式乘法，那么需要进行 n^2 次多项式系数的模乘，这些模乘操作是完全可以并行的。然而，在实际中，简单的教科书式乘法的实现面临着两个主要问题：一是计算复杂度高；另一个是系数的比特数过大。首先，教科书式乘法的计算复杂度为 $O(n^2)$，对于典型的参数取值 $n=2^{15}$，意味着需要进行约十亿次的模乘操作，会消耗大量的逻辑资源或运算时间。其次，由于多项式系数长度在千比特量级，因此将整个系数作为基本的单位，在存储以及计算上都非常困难。

为了解决这两个困难，研究者常使用中国剩余定理(Chinese remainder theorem，CRT)变换和 NTT 对多项式乘法进行优化[51]。使用 CRT 进行优化的方法如图 5-15 所示，CRT 可以将每一个很大的系数分解为多个较小的数，这样对一个多项式 A 的每个系数使用相同的 CRT 分解，就可以得到多个系数较小的多项式，即 $A^{(1)},A^{(2)},\cdots,$ $A^{(k)}$。对另一个多项式 B 使用相同的方法进行分解，得到 $B^{(1)}$，$B^{(2)}$，$\cdots$，$B^{(k)}$。此后分别将对应的小系数多项式 $A^{(i)}$ 与 $B^{(i)}$ 进行多项式乘法，再对乘法的结果 $C^{(i)}$ 进行中国剩余定理逆(inverse Chinese remainder theorem，ICRT)变换，即可得到原始多项式乘法的结果 $C=A\times B$。CRT 算法使得一个大系数多项式乘法变为了可以并行的多个小系数多项式乘法，若分解为 k 组，那么并行度就提升了 k 倍。

CRT 变换算法可以将大系数多项式乘转换为小系数多项式乘，NTT 算法则可以将多项式乘法的计算复杂度由 $O(n^2)$ 降低至 $O(n\log n)$。使用 NTT 加速多项式乘法的方法，类似于使用 FFT 加速卷积的方法，其具体的步骤如下：将多项式 A 的 n 个系数通过 NTT，得到 n 个 NTT 域的系数，再用相同的方法将多项式 B 变换到 NTT 域，然后将两个 NTT 域多项式的各个系数两两对应相乘，最后对结果使用逆数论变换

(inverse number theoretic transform，INTT) 得到多项式乘法的结果。下面分析这种方法的并行性，基于 NTT 的多项式乘法可以分为三步，即 NTT、各系数两两相乘以及 INTT，其中 NTT 与 INTT 的计算方法基本一致。首先，各系数两两相乘的部分，显然是可以完全并行的。其次，NTT/INTT 变换包含 $\log n$ 层运算，每层运算内包含 $n/2$ 次乘法、$n/2$ 次加法及 $n/2$ 次减法。这些运算中，同一层内的乘法可以并行，同一层内的加减法可以并行，而同一层内的乘法和加减法之间存在数据依赖关系无法并行，各层运算之间也无法并行。

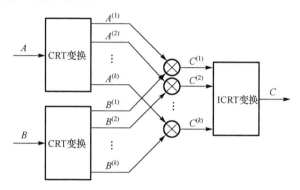

图 5-15　CRT 变换优化多项式乘法

总之，全同态加密方案的参数巨大，决定了它是计算密集型算法，可以从软件定义芯片方法中获得较大收益；同时，它的计算还具有丰富的并行性，非常适合使用软件定义芯片方法进行实现。

2. 常用关键模块的设计

在全同态加密计算中，常用的关键模块主要包括高阶多项式乘法、中国剩余定理等模块，本小节分别讨论这些模块在使用软件定义芯片方法进行设计时的相关问题。

1) 高阶多项式乘法

前文已经提到，在全同态加密方案中所使用的多项式阶数都非常高，如果直接使用教科书式多项式乘法，计算复杂度为 $O(n^2)$，过于庞大，因此常使用 NTT 算法、Karatsuba 算法等方法降低计算复杂度。

当模数 q 为质数时，可以使用 NTT 算法降低多项式乘法的复杂度，使其由 $O(n^2)$ 降至 $O(n\log n)$，此时主要的计算变为 NTT 的正变换和逆变换，因此下面主要对 NTT 的正逆变换进行分析。NTT 的实际计算方法与 FFT 类似，是由 $\log n$ 层的蝶形运算构成的，每层的 $n/2$ 个蝶形运算都可以并行。除了主要的蝶形运算，多项式环上乘法所需的 NTT 经常还需要前处理和后处理，但是可以通过特殊处理将其合并到蝶形运算中。

　　首先讨论 NTT 算法使用软件定义芯片方法设计的阵列结构。最直接的阵列结构就是将每个 NTT 中的蝶形运算映射到一个处理单元上，即对于具有 n 项的多项式，需要 $n/2$ 行 $\log n$ 列处理单元。这种阵列结构的优点是配置一次就可以完整地计算整个 NTT 算法，并且若有多个 NTT 变换任务还可以高效地流水计算，但是缺点在于所需要的阵列规模过大，在多项式阶数很大时完全无法实现。第二种阵列结构就是将 NTT 中的一层映射到处理单元上，即需要 $n/2$ 个处理单元。在这种阵列结构下，每次可以计算 NTT 中的完整一层蝶形运算，但是由于 NTT 各层运算的差别较大，每次运算之后都要进行重新配置，效率较低，需要采取特殊的配置策略以提高效率。第三种阵列结构是使用小规模的矩形处理单元阵列，如使用 8 行 4 列的处理单元阵列。在处理前 4 层 NTT 运算时每次计算 8 行，还可以进行流水处理，但是缺点在于后面层数的数据依赖关系更加复杂，要根据层数调整配置，所需配置量较大。在实际应用中，应根据具体要求与可用的资源选择合适的阵列结构。

　　其次讨论处理单元的功能设计。由于在我们的映射中，每个处理单元对应一个蝶形运算，因此每个处理单元应包含的功能有：存储预计算的旋转因子，蝶形运算中的模乘、模加及模减，根据 NTT 的种类调整模乘、模加、模减的顺序。因此，处理单元需要的寄存器包括存储系数输入的寄存器、存储预计算的旋转因子的寄存器、存储模数的寄存器、选择时域抽取（decimation in time，DIT）或频域抽取（decimation in frequency，DIF）的状态寄存器。处理单元需要的逻辑功能有模乘运算模块、两个模加/减运算模块、根据配置功能选择数据路径的控制逻辑。

　　再次讨论处理单元的粒度设计。这里的粒度主要是指模运算的粒度，因此其大小取决于模数的大小。虽然对于不同的全同态加密方案以及参数集，模数的位宽各自不同，但是在使用中国剩余定理之后，大模数可以被分解为一系列的小素数模数，通过将这一系列的小素数模数选择为相同位宽的素数，可以使得参与 NTT 运算的系数粒度相同。为了提高数据传输以及处理的效率，常选择和系统其他部分的位宽相同的素数，因此一般选择 32bit 或 64bit。

　　然后讨论阵列的互连结构。互连结构与整体的阵列结构、映射方法有较大关联，若采用前文所述的第一种阵列结构，则处理单元之间的互连结构就十分简单，每个处理单元只需要有 DIT 和 DIF 对应的两种互连结构即可，这里不做过多讨论。对于其他阵列结构，同层内的处理单元不需要互连结构，相邻层处理单元之间的互连关系由于存在一定的规律，不需要设计全互连结构。通过对 NTT 算法的具体分析，可以知道每个处理单元只需要与上层 $\log n$ 个处理单元相连即可。此外，注意当阵列无法映射 NTT 所有层时，需要提供从最后一层阵列输出到第一层阵列输入的数据通路。

最后讨论配置的策略。对于 NTT 算法的处理单元，需要配置的信息包括处理单元的功能选择、模数以及旋转因子的值、互连结构等。为了减少配置信息的数据量，同时加快配置的速度，不用在每次配置中都使用完整的配置信息，而是使用层次化的配置方法。主要方法是根据不同种类配置信息变化的频率不同，将配置信息划分为多个层次，以最小化配置信息的大小。此外，由于每个处理单元所需的旋转因子个数有限，可以考虑在初次配置时将多个旋转因子全部存储在处理单元本地，之后的配置信息只需传输对应的 NTT 层数，处理单元根据层数选择对应的旋转因子即可，这样可以进一步压缩计算时的配置量，代价是会增加处理单元的寄存器数。

另外一种在全同态加密算法中常用的加速多项式乘法的算法是 Karatsuba 算法，它常在模数不是质数，无法使用 NTT 算法时用来对多项式乘法进行加速。下面对 Karatsuba 算法进行简要介绍，简单起见，下面以偶数项多项式为例，但是奇数项多项式也可以简单地通过零扩展或非对称分解的方法使用 Karatsuba 算法。假设输入多项式 A 和 B 均有 n 项，可以将多项式划分为高 $n/2$ 项和低 $n/2$ 项，即 $A=A_L+A_H x^{n/2}$，$B=B_L+B_H x^{n/2}$。当按照直接的方法计算 A 和 B 的乘积时，有 $A \times B=(A_L+A_H x^{n/2})(B_L+B_H x^{n/2})=A_L B_L+(A_L B_H+A_H B_L) x^{n/2}+A_H B_H x^n$，需要 4 次 $n/2$ 项多项式乘法。Karatsuba 算法将中间一项 $(A_L B_H+A_H B_L)$ 变形为 $(A_L+A_H)(B_L+B_H)-A_L B_L-A_H B_H$ 进行计算，其中 $A_L B_L$ 和 $A_H B_H$ 已经计算过了，所以只需再计算 $(A_L+A_H)(B_L+B_H)$ 即可。因此，Karatsuba 算法将 4 次多项式乘法降低到 3 次乘法，代价是增加了前处理的两次加法和后处理的一些加减法。

当多项式的项数非常多时，常常将 Karatsuba 算法迭代使用多次，将高阶多项式一直分解到项数较少的小多项式，再对各个小多项式使用教科书式的多项式乘法计算，最后通过后处理的迭代将最终的乘法结果恢复出来。这三个步骤均具有较好的并行性，可以使用软件定义芯片的方法进行实现。

首先讨论使用软件定义芯片方法加速 Karatsuba 算法的阵列结构。想要对前处理、教科书式多项式乘、后处理三个步骤进行加速，其中前处理和后处理步骤由于采用递归的方式，所以结构不是非常规整，而教科书式多项式乘步骤所占计算量最大并且结构十分规则，因此可以先按照多项式乘步骤的需求对阵列结构进行设计，再尽可能高效地将另外两个步骤映射到此阵列上。由于 Karatsuba 算法迭代到一定程度，减少的乘法运算与增加的加减运算代价相当，所以对于不同的全同态加密方案使用 Karatsuba 算法分解后的多项式项数是十分相近的，具体项数可以由具体平台的乘法与加法代价之比确定。因此，阵列结构可以选择以多项式项数为长和宽的矩阵，根据具体的资源约束和速度要求确定矩阵个数。

其次讨论处理单元的功能设计。处理单元的功能要满足 3 个步骤的需求，多项式乘步骤需要处理单元具有乘累加和暂存部分积的功能，前处理步骤需要加法和暂存系数的功能，后处理步骤需要加法和将三个数加减减的功能。综合以上需求，处理单元应包含乘法器、加减减、加法器三个逻辑模块，1 个以上的系数寄存器，以及功能控制模块。

再次讨论处理单元的粒度设计。粒度设计的考虑与上文 NTT 算法设计中的考虑类似，一般采用中国剩余定理，使得粒度取为与系统其他部分相同。若要支持不采用中国剩余定理的算法，则可以考虑在乘法器中使用串行的方法以节约硬件资源，这样乘法器的粒度仍然可以取为 32bit 或 64bit。然后，讨论阵列的互连结构。根据多项式乘法映射的需求，每个处理单元需要三个数据输入，分别来自左侧单元、左下侧单元以及同一列外部输入广播，输出需要连接右侧单元、右上侧单元。同时为了前处理和后处理方便在阵列上映射，可以将每个处理单元与周围相邻的八个处理单元进行数据互连，这样可以提高前后处理在阵列上映射的效率。

最后讨论配置的策略。类似 NTT 算法中的配置策略，为了减少配置信息同时加快速度，需要使用层次化的配置方法。由于进行多项式乘法运算过程中处理单元的功能几乎不变，因此此功能对应的配置信息可以极大压缩，令各控制信号在处理单元本地进行译码，配置信息只包含多项式乘法功能码以及项数和模数即可。而对于前处理和后处理，每个处理单元的计算操作比较简单，但是运算结构并不规整，如果频繁进行配置会浪费大量时间，所以在映射功能时可以考虑让部分单元在一些周期内闲置，以减少改变配置的频率。

前文分别对使用 NTT 算法以及 Karatsuba 算法加速高阶多项式乘法进行了介绍，并分别从阵列结构、处理单元功能设计、处理单元粒度选择、阵列互连结构、配置策略几个方面，对使用软件定义芯片技术实现这两个算法的思路进行了分析。这几个方面是使用软件定义芯片方法设计时必须要考虑的，在实现其他模块时也可以参考以上分析方法。

2) 中国剩余定理

全同态加密方案中常使用数百甚至上千比特的模数，为了降低如此大系数的计算复杂度，研究人员常使用中国剩余定理将大模数上的计算转换为若干个小模数上的计算。而在方案中常用到的密钥交换(key switching)及模交换(modulus switching)步骤中，需要进行中国剩余定理的正逆变换。

在使用软件定义芯片方法加速中国剩余定理之前，要先分析该算法中的关键运算。设中国剩余定理所使用的模数分别是 M 和 m_i，满足 $M=\Pi\ m_i$。则正变换所需要的运算为：将大小为 0 到 $M-1$ 的数 x 计算对各个 m_i 的模 $a_i = x \bmod m_i$。记 $M_i=M/m_i$，$c_i=M_i\times(M_i^{-1} \bmod m_i)$，则逆变换为计算 $\Sigma\ a_ic_i \bmod M$。设 M 的位宽为 N，m_i 的位宽为 n，则正逆变换包含的关键操作为以下三个：求位宽 N 的数对位宽 n 的数的模；求位宽 N 的数乘位宽 n 的数并求和；求位宽约为 $N+n$ 的数对位宽 N 的数的模。若使用 Montgomery 约简算法或 Barrett 约简算法进行求模运算，其中的关键运算均是

位宽约为 N 的两个数相乘。因此，可以使用软件定义芯片的方法加速此大整数乘法运算，下面讨论具体设计思路。

首先讨论阵列结构的设计。由于做乘法的整数位宽较大，因此考虑使用分治法将操作数划分为位宽为 n 的若干部分，求出部分积再进行累加。因此，可以使用长宽为 N/n 的阵列结构，每周期中同一列计算同一个乘法的部分积，并在下一周期将部分积结果传递给右上单元，进位传递给右侧单元，使用流水的方法可以增大吞吐量。此外，若硬件资源有限，也可以使用单列 N/n 行的阵列结构，在 N/n 个周期完成一个乘法运算。

其次讨论处理单元的功能设计。处理单元需要的功能非常简单，主要包括一个乘累加单元、操作数寄存器以及部分积寄存器。乘累加单元含有四个输入，即两个位宽为 n 的乘法输入、一个位宽为 $2n$ 的部分积输入和一个位宽为 $\log_2 N/n$ 的进位输入，以及两个输出，即一个位宽为 $2n$ 的部分积输出和一个位宽为 $\log_2 N/n$ 的进位输出。

再次讨论处理单元的粒度设计。由于当全同态加密方案使用中国剩余定理时，常常将小模数 m_i 的位宽 n 取作 32bit 或 64bit，所以乘法器也就设计为对应的粒度即可。然后讨论阵列的互连结构。若使用长宽为 N/n 的矩形阵列结构，则每个单元需要四个输入连接，即左侧操作数输入、同列操作数广播输入、左侧进位输入以及左下部分积输入。因此，每列单元需要一个广播输入连接，左右相邻单元需要位宽 $n+\log_2 N/n$ 的连接，左下和右上相邻单元需要位宽 $2n$ 的连接。若使用单列 N/n 行的阵列结构，则需要广播输入连接以及上下相邻单元互连。

最后讨论配置的策略。因为在此计算过程中，各处理单元的功能几乎不变，所以只需要控制整个阵列的输入和输出即可。各单元的配置信息只需要根据参与运算的操作数位宽，选择对应的计算模式即可，在计算过程中无须改变。

参 考 文 献

[1] Venkataramanaiah S K, Ma Y, Yin S, et al. Automatic compiler based FPGA accelerator for CNN training[C]//The 29th International Conference on Field Programmable Logic and Applications, 2019: 166-172.

[2] Lu C, Wu Y, Yang C. A 2.25TOPS/W fully-integrated deep CNN learning processor with on-chip training[C]//IEEE Asian Solid-State Circuits Conference（A-SSCC）, 2019: 65-68.

[3] Dey S, Chen D, Li Z, et al. A highly parallel FPGA implementation of sparse neural network training[C]//International Conference on ReConFigurable Computing and FPGAs, 2018: 1-4.

[4] Chen Z, Fu S, Cao Q, et al. A mixed-signal time-domain generative adversarial network accelerator with efficient subthreshold time multiplier and mixed-signal on-chip training for low

power edge devices[C]//IEEE Symposium on VLSI Circuits, 2020: 1-2.

[5] Zhao Z, Wang Y, Zhang X, et al. An energy-efficient computing-in-memory neuromorphic system with on-chip training[C]//IEEE Biomedical Circuits and Systems Conference, 2019: 1-4.

[6] Tu F, Wu W, Wang Y, et al. Evolver: A deep learning processor with on-device quantization-voltage-frequency tuning[J]. IEEE Journal of Solid-State Circuits, 2020, 56(2): 658-673.

[7] Siddhartha S, Wilton S, Boland D, et al. Simultaneous inference and training using on-FPGA weight perturbation techniques[C]//International Conference on Field-Programmable Technology, 2018: 306-309.

[8] Arute F, Arya K, Babbush R, et al. Quantum supremacy using a programmable superconducting processor[J]. Nature, 2019, 574(7779): 505-510.

[9] Zhong H, Wang H, Deng Y, et al. Quantum computational advantage using photons[J]. Science, 2020, 370(6523): 1460-1463.

[10] Shor P W. Algorithms for quantum computation: Discrete logarithms and factoring[C]//The 35th Annual Symposium on Foundations of Computer Science, 1994: 124-134.

[11] Grover L K. A fast quantum mechanical algorithm for database search[C]//The 28th Annual ACM Symposium of Theory of Computing, 1996: 212-219.

[12] Gambetta J. IBM's Roadmap for scaling quantum technology[EB/OL]. https: //www. ibm. com/blogs/research/2020/09/ibm-quantum-roadmap[2020-10-01].

[13] Digicert. 量子的前景与风险：2019 年度 DIGICERT 后量子加密调研[EB/OL]. http: //www. digicert. com/resources/industry-report/2019-Post-Quantum-Gypto-Survey-cn. pdf [2020-05-01].

[14] Michele M, Vlad G. A Resource Estimation Framework for Quantum Attacks Against Cryptographic Functions - Improvements[EB/OL]. https: //globalriskinstitute. org/publications/ quantum-risk-assessment-report-part-4-2[2020-12-02].

[15] 中国密码学会. 关于全国密码算法那设计竞赛算法评选结果的公示[EB/OL]. https: //www. cacrnet. org. cn/site/content/854. html[2020-12-10].

[16] NIST. Post-Quantum Cryptography Standardization[EB/OL]. https: //csrc. nist. gov/Projects/ post-quantum-cryptography/post-quantum-cryptography-standardization[2020-09-01].

[17] Banerjee U, Pathak A, Chandrakasan A P. An energy-efficient configurable lattice cryptography processor for the quantum-secure Internet of Things[C]//IEEE International Solid-State Circuits Conference, 2019: 46-48.

[18] Banerjee U, Ukyab T S, Chandrakasan A P. Sapphire: A configurable crypto-processor for post-quantum lattice-based protocols[J]. IACR Transactions on Cryptographic Hardware and Embedded Systems, 2019, (4): 17-61.

[19] Zhang N, Yang B, Chen C, et al. Highly efficient architecture of NewHope-NIST on FPGA using

low-complexity NTT/INTT[J]. IACR Transactions on Cryptographic Hardware and Embedded Systems, 2020: 49-72.

[20] Zhu Y, Zhu M, Yang B, et al. A high-performance hardware implementation of saber based on Karatsuba algorithm[EB/OL]. https: //eprint. iacr. org/2020/1037[2020-11-01].

[21] Mohajerani K, Haeussler R, Nagpal R, et al. FPGA benchmarking of round 2 candidates in the NIST lightweight cryptography standardization process: Methodology, metrics, tools, and results[EB/OL]. https: //eprint. iacr. org/2020/1207[2020-03-10].

[22] Ozcan E, Aysu A. High-level-synthesis of number-theoretic transform: A case study for future cryptosystems[J]. IEEE Embedded Systems Letters, 2019, 12(4): 133-136.

[23] Fritzmann T, Sigl G, Sepúlveda J. RISQ-V: Tightly coupled RISC-V accelerators for post-quantum cryptography[J]. IACR Transactions on Cryptographic Hardware and Embedded Systems, 2020, (4): 239-280.

[24] Xin G, Han J, Yin T, et al. VPQC: A domain-specific vector processor for post-quantum cryptography based on RISC-V architecture[J]. IEEE Transactions on Circuits and Systems I: Regular Papers, 2020, 67(8): 2672-2684.

[25] Karabulut E, Aysu A. RANTT: A RISC-V architecture extension for the number theoretic transform[C]//The 30th International Conference on Field-Programmable Logic and Applications, 2020: 26-32.

[26] Acar A, Aksu H, Uluagac A S, et al. A survey on homomorphic encryption schemes: Theory and implementation[J]. ACM Computing Surveys, 2018, 51(4): 1-35.

[27] Akavia A, Feldman D, Shaul H. Secure search via multi-ring fully homomorphic encryption[J]. IACR Cryptology ePrint Archive, 2018: 245.

[28] Wood A, Najarian K, Kahrobaei D. Homomorphic encryption for machine learning in medicine and bioinformatics[J]. ACM Computing Surveys, 2020, 53(4): 1-35.

[29] Rivest R L, Adleman L, Dertouzos M L. On Data Banks and Privacy Homomorphisms[M]. New York: Academic Press, 1978.

[30] Gentry C. A fully homomorphic encryption scheme[D]. Stanford: Stanford University, 2009.

[31] van Dijk M, Gentry C, Halevi S, et al. Fully homomorphic encryption over the integers[C]// The 29th Annual International Conference on the Theory and Applications of Cryptographic Techniques, 2010: 24-43.

[32] Brakerski Z, Vaikuntanathan V. Fully homomorphic encryption from ring-LWE and security for key dependent messages[C]//Proceedings of the 31st Annual Conference on Advances in Cryptology, 2011: 505-524.

[33] López-Alt A, Tromer E, Vaikuntanathan V. On-the-fly multiparty computation on the cloud via multikey fully homomorphic encryption[C]//The 44th Annual ACM Symposium on Theory of

Computing, 2012: 1219-1234.

[34] Brakerski Z, Gentry C, Vaikuntanathan V. （Leveled） fully homomorphic encryption without bootstrapping[C]//Proceedings of the 3rd Innovations in Theoretical Computer Science Conference, 2012: 309-325.

[35] Brakerski Z. Fully homomorphic encryption without modulus switching from classical GapSVP[C]//The 32nd Annual Cryptology Conference, 2012: 868-886.

[36] Fan J, Vercauteren F. Somewhat practical fully homomorphic encryption[J]. IACR Cryptology ePrint Archive, 2012: 144.

[37] Gentry C, Sahai A, Waters B. Homomorphic encryption from learning with errors: Conceptually-simpler, asymptotically-faster, attribute-based[C]//The 33rd Annual Cryptology Conference, 2013: 75-92.

[38] Cheon J H, Kim A, Kim M, et al. Homomorphic encryption for arithmetic of approximate numbers[C]//Advances in Cryptology—ASIACRYPT, 2017: 409-437.

[39] Chillotti I, Gama N, Georgieva M, et al. TFHE: Fast fully homomorphic encryption over the torus[J]. Journal of Cryptology, 2020, 33（1）: 34-91.

[40] Gentry C, Halevi S, Smart N P. Homomorphic evaluation of the AES circuit[C]//The 32nd Annual International Cryptology Conference, 2012: 850-867.

[41] Wang W, Huang X M. FPGA implementation of a large-number multiplier for fully homomorphic encryption[C]//IEEE International Symposium on Circuits and Systems, 2013: 2589-2592.

[42] Poppelmann T, Naehrig M, Putnam A, et al. Accelerating homomorphic evaluation on reconfigurable hardware[C]//The 17th International Workshop on Cryptographic Hardware and Embedded Systems, 2015: 143-163.

[43] Sinha Roy S, Järvinen K, Vercauteren F, et al. Modular hardware architecture for somewhat homomorphic function evaluation[C]//The 17th International Workshop on Cryptographic Hardware and Embedded Systems, 2015: 164-184.

[44] Ozturk E, Doroz Y, Savas E, et al. A custom accelerator for homomorphic encryption applications[J]. IEEE Transactions on Computers, 2016, （99）: 1.

[45] Roy S S, Vercauteren F, Vliegen J, et al. Hardware assisted fully homomorphic function evaluation and encrypted search[J]. IEEE Transactions on Computers, 2017, （99）: 1.

[46] Zhang N, Qin Q, Yuan H, et al. NTTU: An area-efficient low-power NTT-uncoupled architecture for NTT-based multiplication[J]. IEEE Transactions on Computers, 2020, 69（4）: 520-533.

[47] Wang W, Huang X M, Emmart N, et al. VLSI design of a large-number multiplier for fully homomorphic encryption[J]. IEEE Transactions on Very Large Scale Integration （VLSI） Systems, 2014, 22（9）: 1879-1887.

[48] Doroz Y, Ozturb E, Sunar B. A million-bit multiplier architecture for fully homomorphic encryption[J]. Microprocessors and Microsystems, 2014, 38(8): 766-775.

[49] Doroz Y, Ozturk E, Sunar B. Accelerating fully homomorphic encryption in hardware[J]. IEEE Transactions on Computers, 2015, 64(6): 1509-1521.

[50] Yoon I, Cao N, Amaravati A, et al. A 55nm 50nJ/encode 13nJ/decode homomorphic encryption crypto-engine for IoT nodes to enable secure computation on encrypted data[C]// IEEE Custom Integrated Circuits Conference, 2019: 1-4.

[51] Dai W, Doröz Y, Sunar B. Accelerating NTRU based homomorphic encryption using GPUs[C]//IEEE High Performance Extreme Computing Conference, 2014: 1-6.

彩　　图

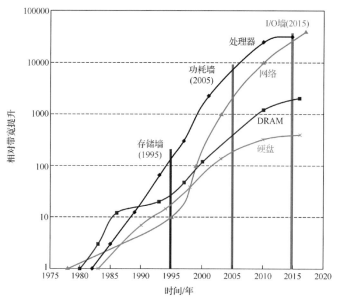

图 1-2　1980～2020 年 CPU 计算性能、内存带宽、磁盘带宽和网络带宽随时间的变化(当硬件性能错位的张力无法在之前的体系结构-编程模型的设计中得以解决时,计算系统遇到了"内存墙"、"功耗墙"和"I/O 墙")

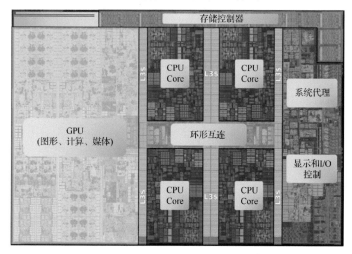

图 1-11　Intel Skylake 架构的处理器版图(单个芯片上有 4 个 CPU 核和一个 GPU,在任何给定的时间点,只有部分电路在工作,从而满足了功耗的约束)

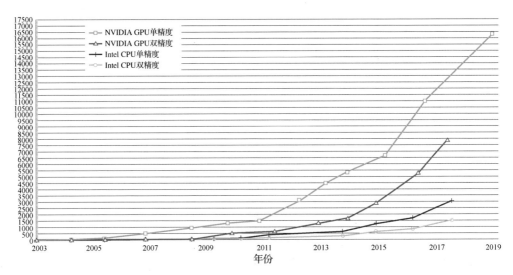

图 1-15　CPU 与 GPU 的浮点峰值算力（GFLOPS/s）对比

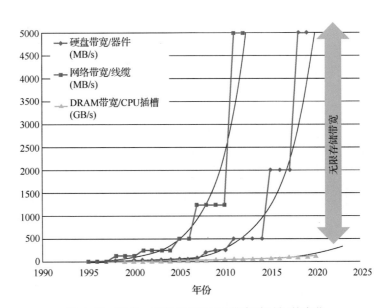

图 1-17　硬盘、网络和 DRAM 带宽随时间的变化

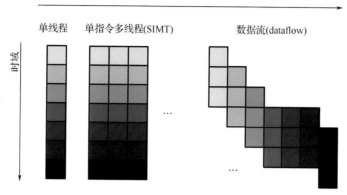

图 1-24　利用 SIMT 计算范式和数据流计算范式对一个规则的单线程程序进行并行

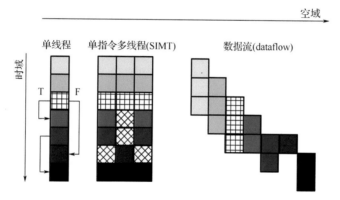

图 1-25　任务中的分支语句(if-else)在 SIMT 范式和数据流范式下的并行

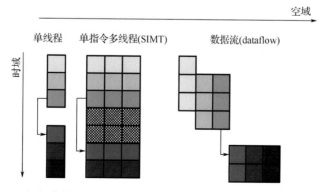

图 1-26　任务中的运行期依赖关系在 SIMT 范式和数据流范式下的并行

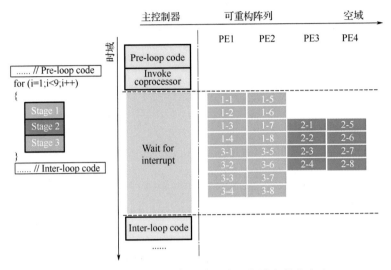

图 1-27 可重构计算范式在时域和空域上的自由度

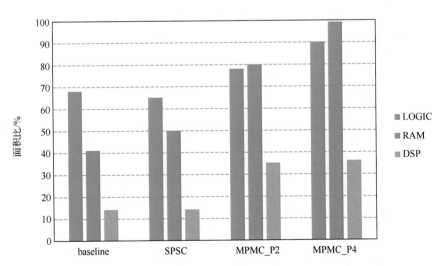

图 1-42 不同 *K*-means 滤波算法实现的硬件资源对比

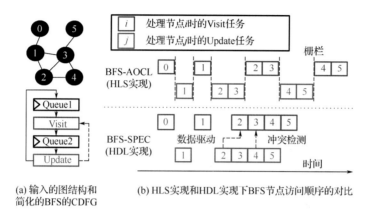

图 1-44 HLS 和 HDL BFS 算法在 CGRA 上调度的调度图

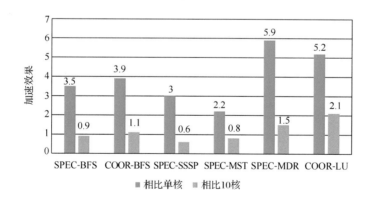

图 1-48 FPGA 上 6 种算法的实现相对于通用处理器上的串行(单核)和并行(10 核 20 线程)的加速比

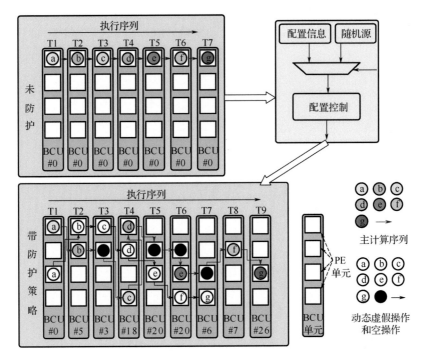

图 2-10　时空动态混杂重构策略示意图

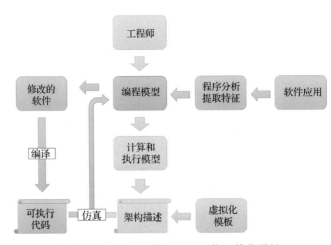

图 3-2　融入编程模型的软硬件一体化设计

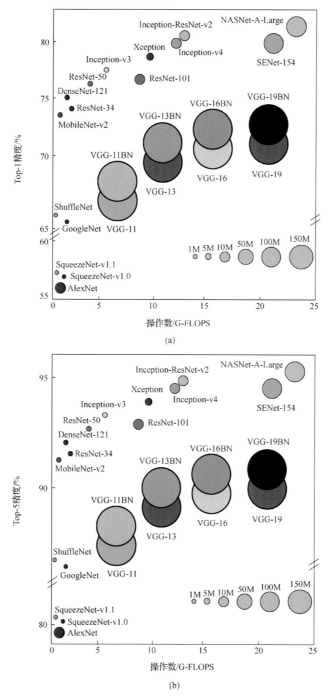

图 4-3 主流网络的复杂度以及在 ImageNet 上 Top-1 和 Top-5 的精度(复杂度使用
处理一幅图像所需要的浮点数操作数(FLOPS)来表示，图中圆形的大小
代表该网络模型的尺寸大小，即参数数目)

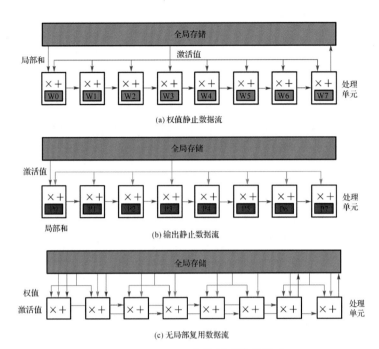

图 4-5　CNN 处理中使用到的数据流

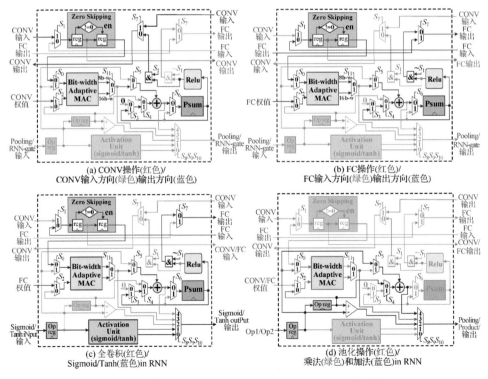

图 4-19　卷积操作、全连接操作、激活函数及递归神经网络和池化

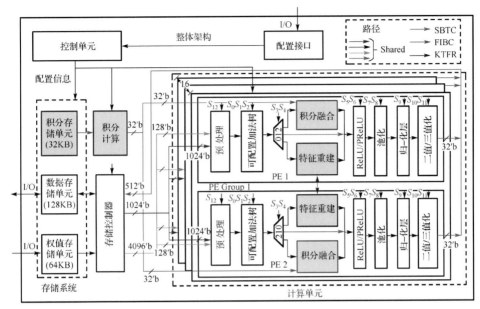

(a) 二值/三值可重构架构

功能		S_0	S_1	S_2	S_3	S_4	S_5	S_6	S_7	S_8	S_9	S_{10}	S_{11}	S_{12}
加法树模式	8×2b	1	1	1	×	×	×	×	×	×	×	×	×	×
	4×4b	0	1	0	×	×	×	×	×	×	×	×	×	×
	2×8b	0	0	1	×	×	×	×	×	×	×	×	×	×
	1×16b	0	0	0	×	×	×	×	×	×	×	×	×	×
卷积计算方法	SBTC	×	×	×	0	1	×	×	×	×	×	×	×	×
	FIBC	×	×	×	1	0	×	×	×	×	×	×	×	×
	KTFR	×	×	×	0	0	×	×	×	×	×	×	×	×
ReLU模式	无 ReLU	×	×	×	×	×	0	0	×	×	×	×	×	×
	ReLU	×	×	×	×	×	1	0	×	×	×	×	×	×
	PReLU	×	×	×	×	×	0	1	×	×	×	×	×	×
池化模式	不池化	×	×	×	×	×	×	×	0	0	×	×	×	×
	最大值	×	×	×	×	×	×	×	1	0	×	×	×	×
	平均	×	×	×	×	×	×	×	0	1	×	×	×	×
归一化模式	否	×	×	×	×	×	×	×	×	×	0	×	×	×
	是	×	×	×	×	×	×	×	×	×	1	×	×	×
量化模式	否	×	×	×	×	×	×	×	×	×	×	0	0	×
	二值化	×	×	×	×	×	×	×	×	×	×	1	0	×
	三值化	×	×	×	×	×	×	×	×	×	×	0	1	×
负载平衡	否	×	×	×	×	×	×	×	×	×	×	×	×	0
	是	×	×	×	×	×	×	×	×	×	×	×	×	1

(b) 状态机

图 4-21　二值/三值可重构架构硬件和状态机(b 代指 bit)

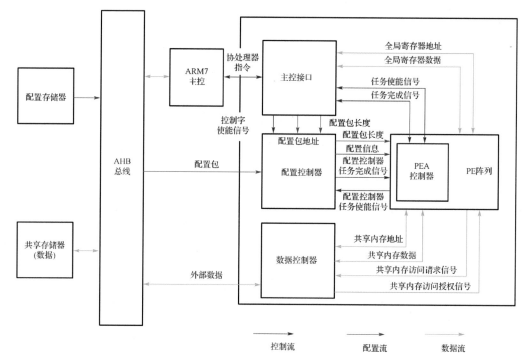

图 4-35 PEA 结构图

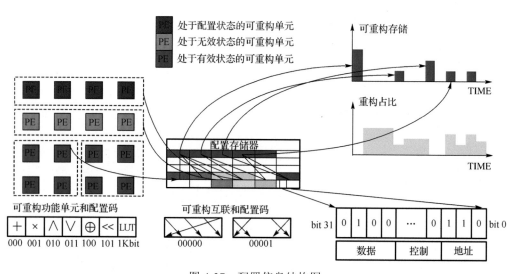

图 4-37 配置信息结构图

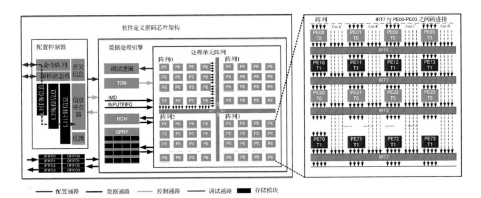

图 4-46　软件定义密码芯片的计算架构

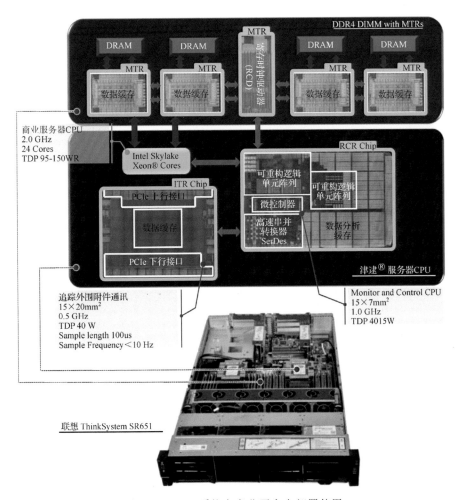

图 4-58　DSC 系统在商业平台上部署使用

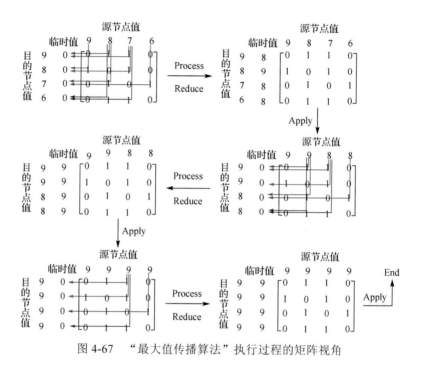

图 4-67　"最大值传播算法"执行过程的矩阵视角

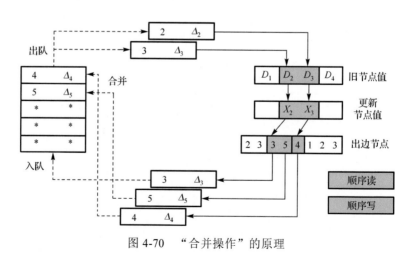

图 4-70　"合并操作"的原理

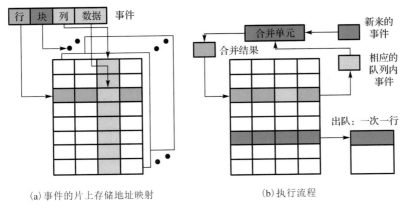

(a) 事件的片上存储地址映射　　　　　(b) 执行流程

图 4-71　"合并操作"的实现

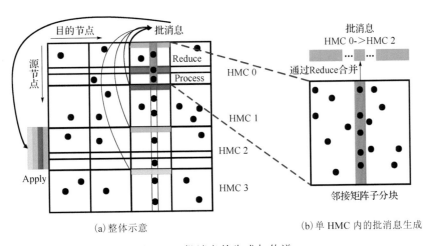

(a) 整体示意　　　　　　　　　　(b) 单 HMC 内的批消息生成

图 4-75　批消息的生成与传递